NF文庫
ノンフィクション

飛行機にまつわる11の意外な事実

新しい視点で眺めるWWⅡ

飯山幸伸

潮書房光人新社

①零戦とそっくりな戦闘機

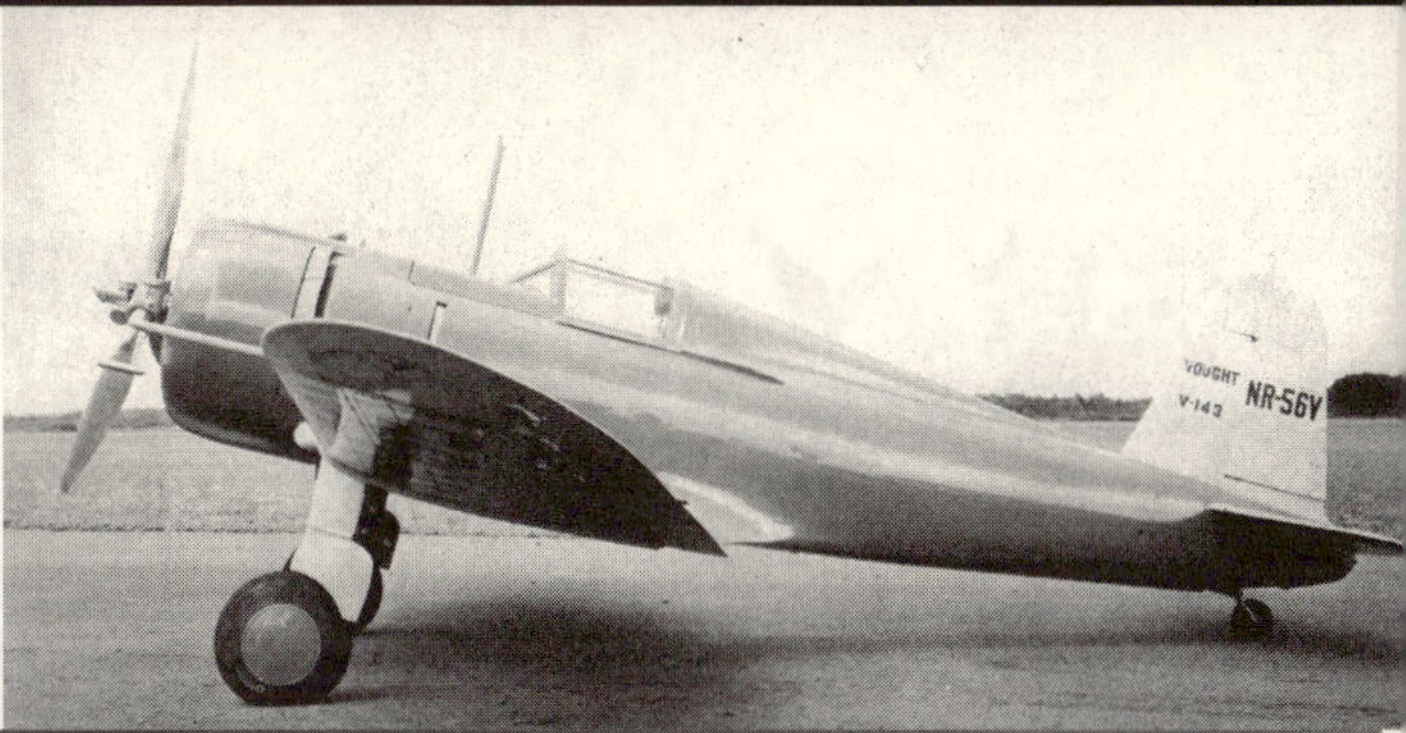

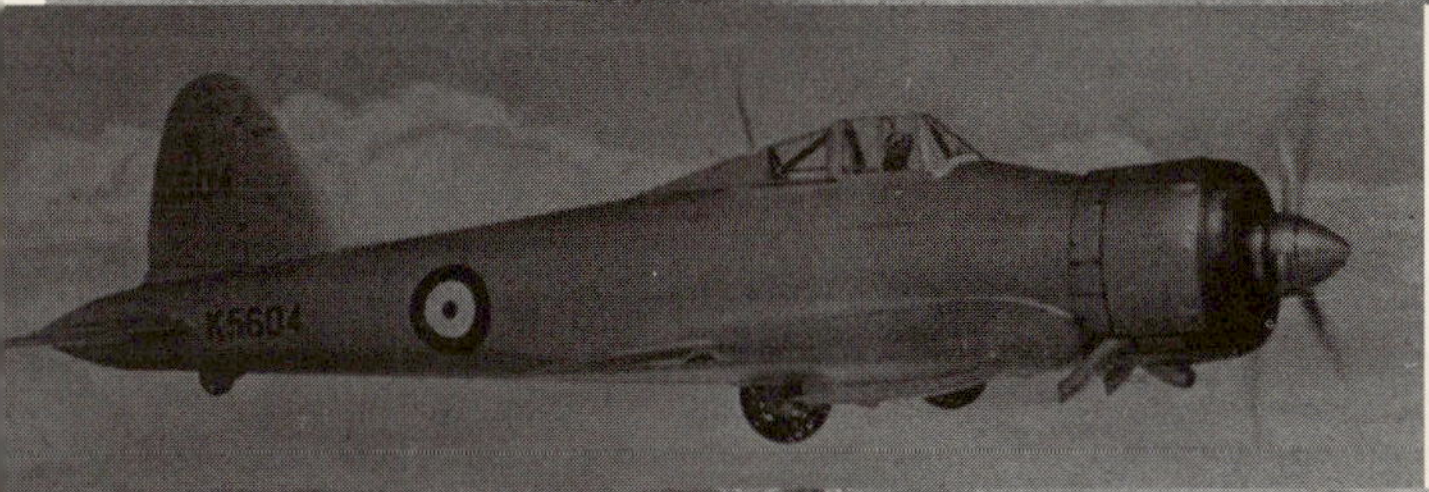

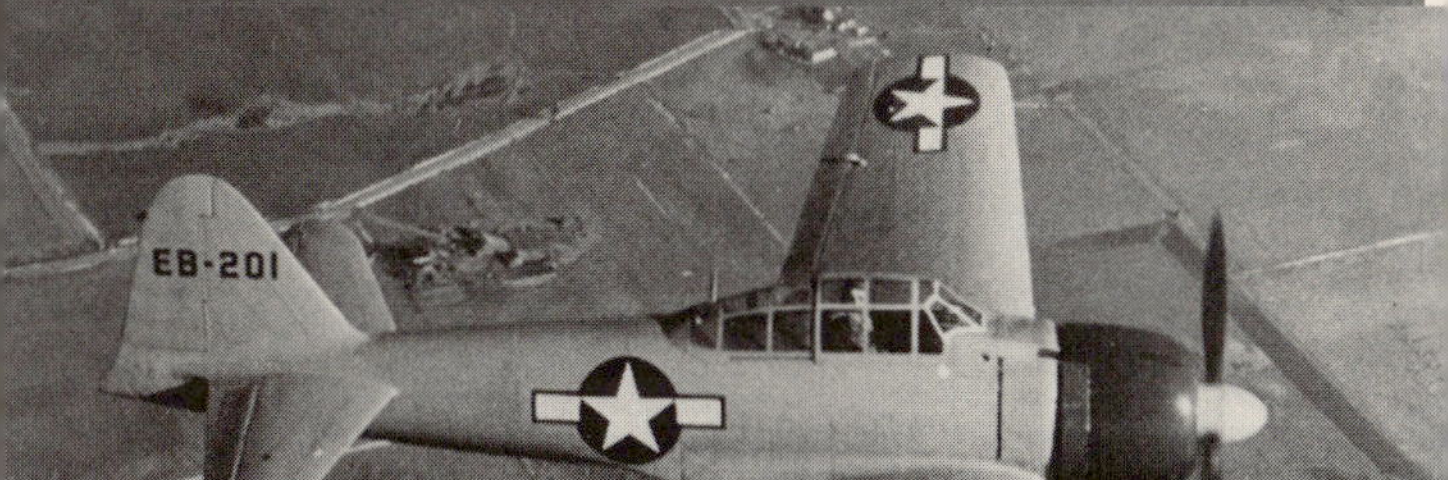

(上)ヴォートV-143　(中)グロスター F.5/34
(下)零式艦上戦闘機32型

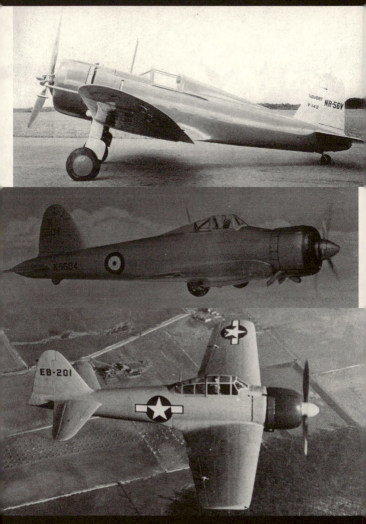

(上)ボーイングDB-17P（QB-17の母機）　(中)ボーイングPB-1W
(下)ボーイングPB-1G（B-17Hの沿岸警備隊型）

③米海軍のジェット化直前の騒動

(上)ライアンFR-1　(中)カーチスXF15C-1
(下)マクダネルFD-1

(上)月光23型　(中)ユンカースJu88G
(下)二式複戦屠龍

⑤本当に役立ったロケットは

(上) 5インチ・ロケット弾を発射したP-51D　(中) Fi103を搭載するHe111
(下) メッサーシュミットMe163B

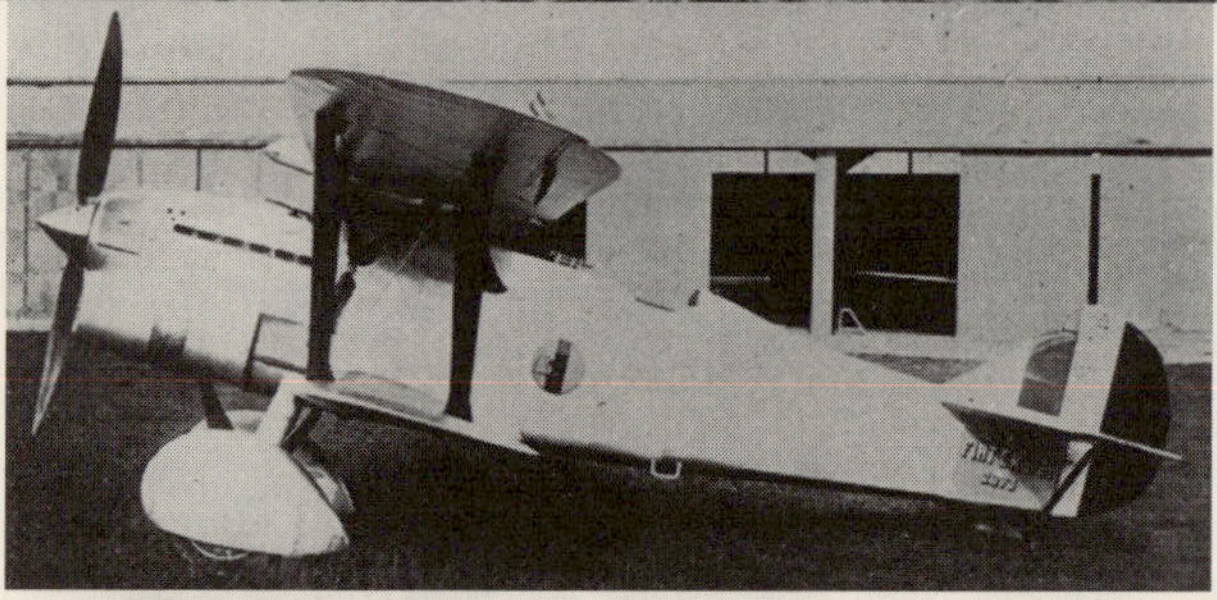

(上)フォッカーDⅦ　(中)フィアットCR32
(下)シーグラディエーター

⑦航空先進国で活躍した複葉機

(上) グラマンFF-1　　(中) グラマンF2F-1
(下) グラマンF3F-1

（上）デ・ハヴィランドD.H.89　（中）ダグラスDC-2
（下）ファルマンF221

⑨独学だったムスタングの生みの親

(上)ノースアメリカンP-51A　(中)ノースアメリカンP-51B
(下)ノースアメリカンP-51D

(上)ドルニエDoN　(中)八八式偵察機２型
ブローム・ウント・フォスBv141B

⑪中国空軍の日本本土初空襲と「ふ号兵器」の恐怖

（上）ツポレフSB-2m　（中）マーチン139W
（下）風船爆弾

写真提供／野原茂・雑誌「丸」編集部

飛行機にまつわる11の意外な事実——目次

第1章　零戦とそっくりな戦闘機　21
第2章　爆撃機以外のB‐17の仕事　43
第3章　米海軍のジェット化直前の騒動　61
第4章　日独・斜め銃の秘密　99
第5章　本当に役立ったロケットは　117
第6章　前時代軍用機が使われる理由　151

第7章　航空先進国で活躍した複葉機　171
第8章　旅客機の本気の戦い　203
第9章　独学だったムスタングの生みの親　227
第10章　日本航空界の父・フォークト博士の先見性　251
第11章　中国空軍の日本本土初空襲と「ふ号兵器」の恐怖　277
本書収録機体 要目表　308
あとがき　319
参考文献　322

飛行機にまつわる11の意外な事実

——新しい視点で眺めるＷＷⅡ

第１章　零戦とそっくりな戦闘機

本邦において永らく代表的な戦闘機と目されてきたのは、やはり旧海軍の零式艦上戦闘機となる。その零戦につきまとう伝説として忘れた頃になるとしばしば指摘されてきたのが、ヴォートV‐143にまつわるエピソードだろう。過ぎ行く時間も六十年、七十年と経過したので、ヴォート社側の健在な関係者もそう多くは残っていないだろうが、一九三七年当時に試作戦闘機V‐143に関わったひとのなかにはその後も延々と「ミツビシ・ゼロファイターはV‐143をベースにしている」と主張し続けるひとたちもいるのだという。

日本の単発・単葉の軍用機のなかでも、最初期に引き込み脚の機構が採られたのは、昭和十～十一年（一九三五～三六年）頃に開発された中島飛行機のキ‐12試作戦闘機（完成十一年十月）と九七式一号艦上攻撃機の原型となった十試艦攻（完成同年十二月）。零戦の試作型（十二試艦上戦闘機）の開発はこれらよりも後で、キ‐43隼の試作も十二年暮れに着手されている。

第一次大戦が終わってから列強国からの技術移入によってその力を高めてきたニッポン航空工業だったが、大戦間の時期も欧米列強国においては、航空技術進展の動向は緩められることがなかった。よって諸外国では単葉引き込み脚の機体が珍しくない存在になりつつあった一九三〇年代の前半、日本の軍用航空においても双発機での引き込み脚採用がはじまり（海軍の八試特偵や九試中攻――後の九六陸攻）、続いて単発機での引き込み脚化が進みはじめたということだった。

双発機の場合は主車輪支柱をエンジン・ナセル内に引き上げる機構が多かったが、単発機に関しては外国機の写真などが資料とされて一〇試艦攻が試作されたものの、初期不具合がたびたび発生。引き降ろしたはずの車輪支柱がロックされていなかったこともあれば、油圧異常のため引き込んだ車輪が出てこないトラブルも発生した。そんなこともあり十二試艦戦やキ・43の開発の際には、昭和十二年に輸入されて国産戦闘機（九六艦戦や九七戦）との比較審査を受けていたヴォートV・143の主車輪・引き込み機構が参考にされた。

ヴォート社というとよく知られているのは逆ガルの主翼の艦上戦闘機＝F４Uコルセア。大戦間の時期は、やはり「コルセア」と称された、車輪とフロートを選べる複葉の観測機や複葉急降下爆撃機などのメーカーとして活動してきたが、実際のところV・143はノースロップ３Aとして一九三五年に開発された、P・26ピーシューターの後を狙った試作戦闘機の権利を買い入れて作られた機体というのがその正体。そしてそのノースロップ３Aもさらにもと

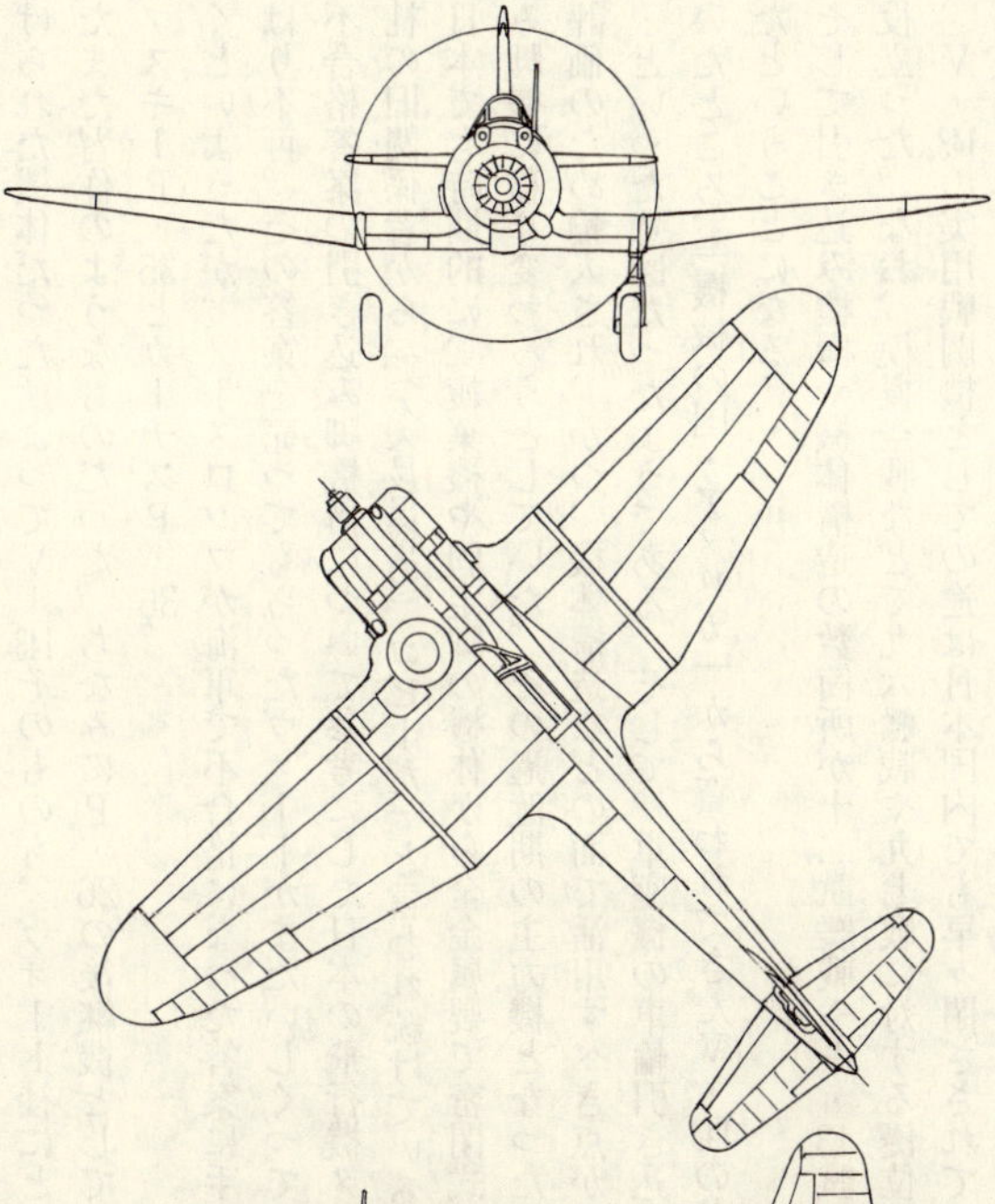

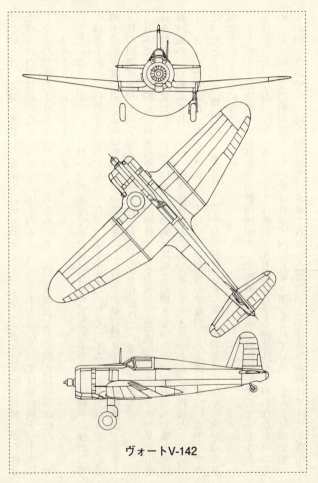

ヴォートV-142

はといえば、開発が難航した海軍向けのＸＦＴ－１、－２（ズボン式の固定脚機）から作り上げられた機体だった。よってＶ－143そのものも、ヴォート社にとっては他社機をベースにしたまだ習作のようなものだった。ちなみにＰ－26の後継機として制式採用されたのは、セヴァスキーＰ－35とカーチスＰ－36。

くどいようだが、ノースロップが海軍で不合格になった答案に手を加えて陸軍に提出してやはり不可。その答案を売ってもらったヴォートがまたいじくってみたがやっぱり不可。その不合格答案の引き込み脚機構について参考にした日本の飛行機メーカーの機体が、ヴォート社の旧関係者から「（不合格機の）コピーだ」と言われ続けていることになる。

日本でも時期的に、複葉機や固定脚の機体から全金属製で密閉式コックピットの単葉引き込み脚機に移り変わろうとしていた。その過渡期の主力機となった九六艦戦や九七戦との比較評価のため輸入され、かつ、機体構造などの面で活用すべき点があれば教材機として活用……といった意図だったようである。そして、単座機の車輪引き込み機構について手こずっていたところ、「機械の国・アメリカ」から買われてきたＶ－143の参考になる技術が適用されたということになる。

そして引き込み機構や機体構造の数箇所が十二試艦戦やキ－43試作機開発のサンプルとして役立った。なお、模擬空戦などで九六艦戦や九七戦に対する優位性が認められなかったため、Ｖ－143の実用戦闘機としての途は日本国内でも早々閉ざされていた。そんな経緯を知ってか知らないでか、局所的に参考にさせてもらった零戦が太平洋戦争初期にアメリカ機相手に大きな戦果を挙げたため、ヴォート社の関係者たちは舞い上がってしまったのだろうか。

だがいま少し冷静になってV‐143と零戦、隼の形状を改めてみると「似ているところがあったりなかったり……平面図なら零戦よりも隼の方が似ている印象」と気づく。やや強めに前進した主翼の後縁と、前進せず、後退もしていない前縁から成る独特の主翼（※翼弦の最厚部は前進している）を日本側で考えついたのは、中島飛行機で戦闘機開発を指揮した小山悌技師長。「翼端失速を起こさせない、高速飛行に有利な形状」として、その後の中島戦闘機にも適用した。操縦席直後から後部胴体上部のレザー・バックは、日本側が良好な全周囲視界にこだわったため、零戦にも隼にも用いられなかった。このようにそれなりに相違点もあるので「零戦も隼も同じ機体に見えた訳でもあるまいし」と思いたいが、件のヴォート社勢は「ゼロはV‐143のコピー」と主張し続けてきたのだという。

間もなく一九三八年になるとヴォート社は、プラット&ホイットニー（P&W）社の二千馬力級新型エンジンを動力とするF4Uコルセアの開発に着手。V‐143とF4Uとではエンジン出力の違いもあって全く別の戦闘機となった。V‐143のなんらかが反映されているとしたら尾翼部くらいだろう。

その意義を見出すことが難しかった試作戦闘機は、交戦相手国側の主力機にまとわりつくような話題を関係者の一部に対してのみ提供したが、その人たちが存命の間は忘れ去られることから免れられているようである。

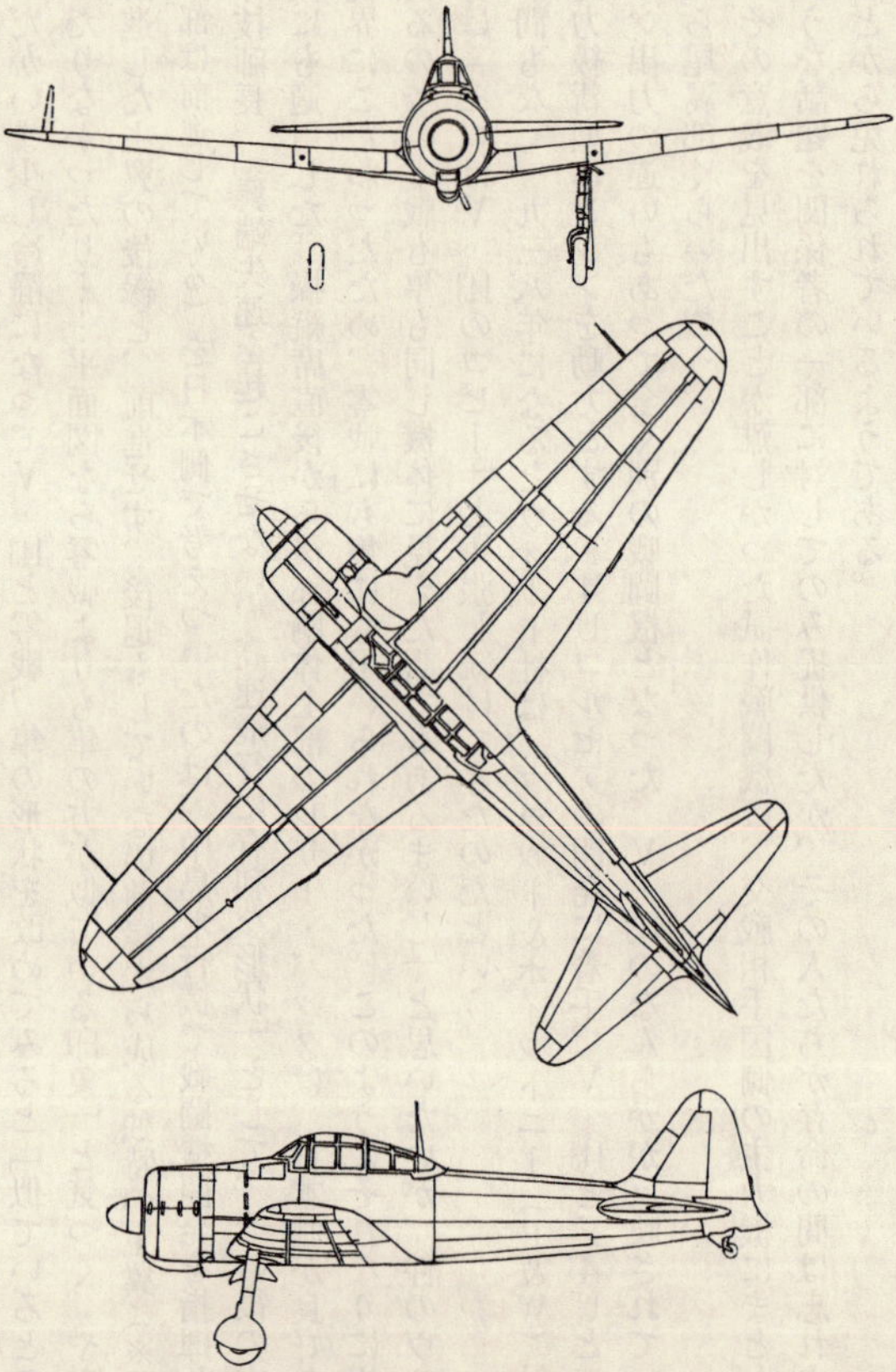

三菱零式艦上戦闘機21型

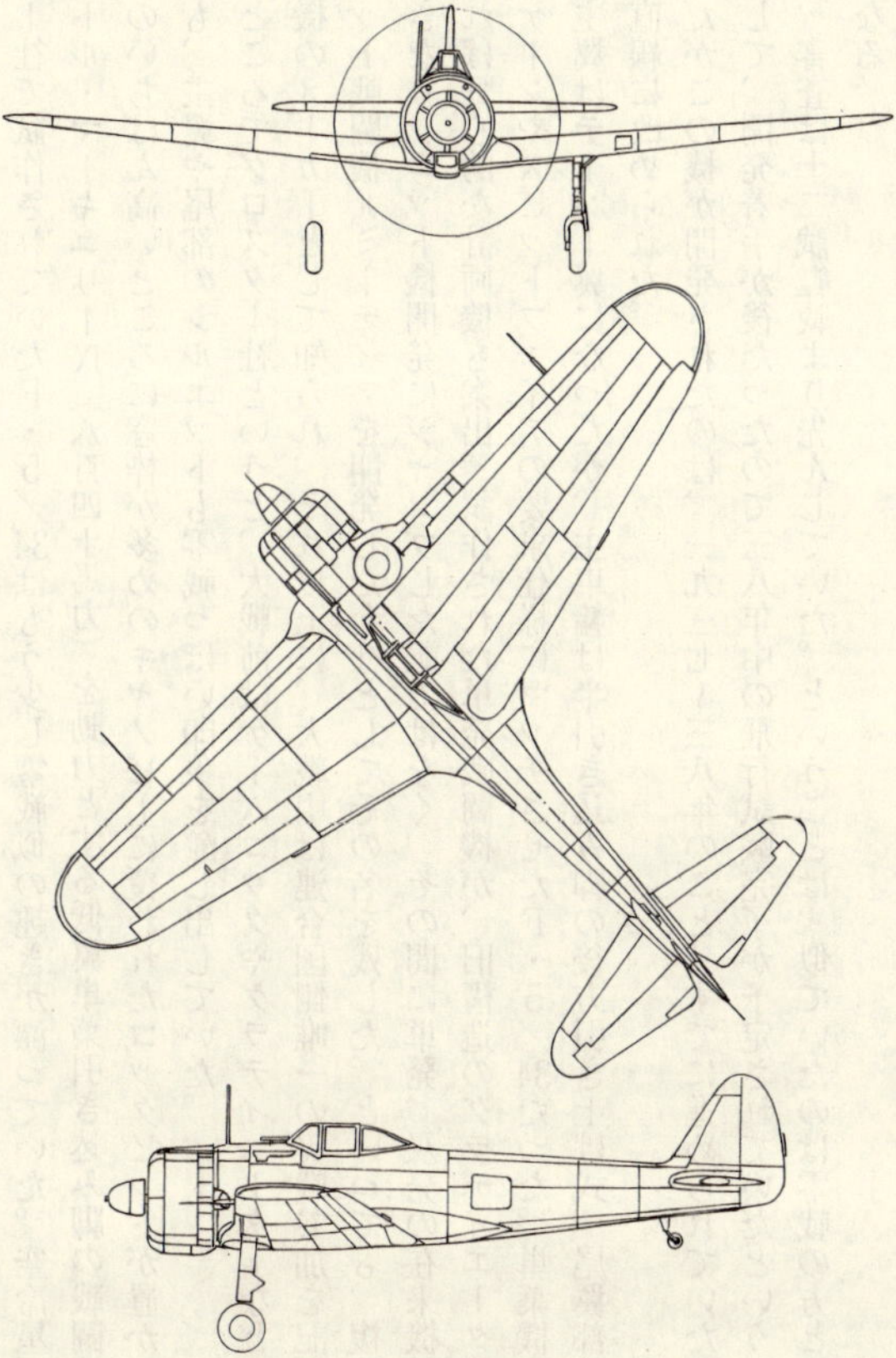

中島一式戦闘機隼1型

米側の関係者たちが主張するほど似ているとは思えないV・143と比べると、英国のグロスター社で試作されていたF・5／34はもう少し零戦似の趣きが漂っていた。空冷星型のブリストル・マーキュリーIX（八百四十馬力）を動力とする低翼単葉引き込み脚の戦闘機で、胴体のいちばん高いところに窓枠が多めのキャノピーに覆われたコックピットが置かれたところも、主翼や尾部のシルエットも零戦っぽい印象を醸し出していた。

ところでグロスター社というと、大戦前はゲームコックやグラディエーターなどの複葉戦闘機のメーカーとして知られ、それ以上に、大戦中は連合国側唯一の実戦参加を記録したジェット戦闘機＝ミーティアを開発した会社としてその名を残した。といっても、複葉機からいきなりジェット機開発にジャンプした訳ではなく、その間に単発、双発の在来機種も試作すれば野心的な計画機も案出。試作された単発戦闘機が、旧構造のグラディエーターからハリケーンやスピットファイアの要求仕様にマッチさせたF・5／34だった。単葉機化された新主翼はテーパー翼になったが、主車輪は半引き込み脚の後方引き上げ式。尾翼部分も前縁が直線に改められた。

だがこの機が開発されたのは、一九三七～三八年のこと。すでに進められていた同僚機に対して、開発着手が後だったので三八年中の飛行試験完了が予定されていたというから、開発、審査は十二試艦戦より先んじていた。ということは、似ていたのは零戦の方ということになる。

しかしながら外見上のちょっとした印象が似ていようとも、搭載エンジンの差（零戦二一

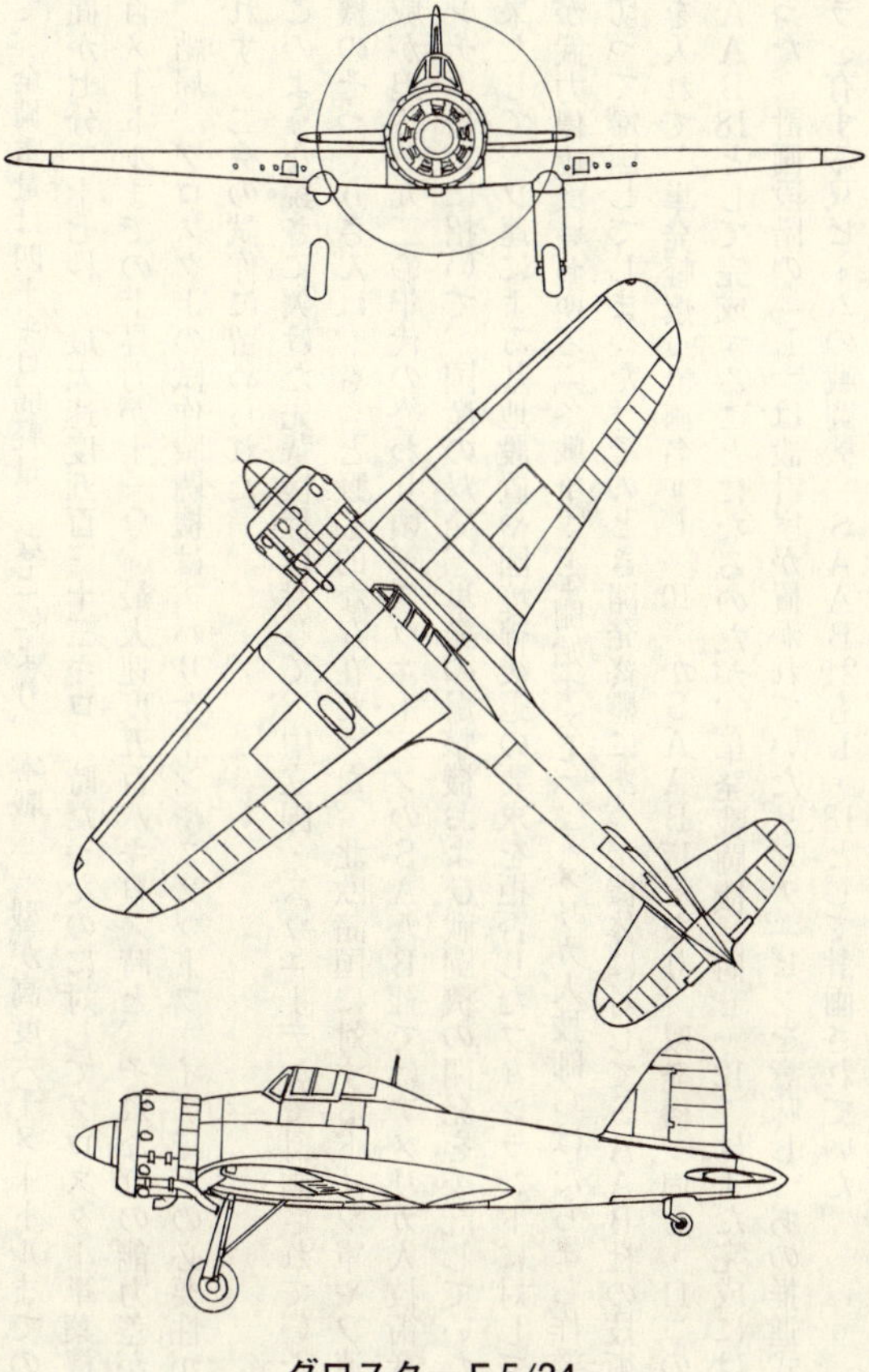

グロスター F.5/34

型で百馬力高出力）や空力処理の違い（翼面積は零戦二一型が一平方メートル強大きいのに対して、全備重量は四十キロ弱軽量）などにより、零戦二一型が高度六千メートルまでの上昇時間が七分二十七秒、最大速度五百三十三キロ／時だったのに対してグロスター単葉機は六千百メートルまでの上昇力が十一分、最大速度五百八キロ／時と、それなりの能力差があった。結局、グロスターの試作戦闘機は、ハリケーンやスピットファイアほどの必要性が認められず、二機の試作に留められた。

このような鋭さに欠けた先輩機種に対して、中立国・スウェーデンで計画されていたもう一機のそっくりさんは、もっと野心的な存在だった。北欧諸国に対するドイツ軍やソ連軍の脅威が迫る一九三〇年代の終わり頃、スウェーデンのSAAB社ではアメリカ人技術者らをリンチェピンに招いて、国産の双発、単発の爆撃機および戦闘機の開発を委託していた。果たして、ソ連による基地設置や国境線後退の要求を拒否したフィンランドに対してソ連軍が武力侵攻（いわゆる「冬戦争」）を開始すると、アメリカ人技師らはたちまち作業を打ち切って帰国してしまった。そのとき開発終盤にあった機体に対してSAAB社の技術者が手を入れて、単発軽爆（計画名＝L‐10）がSAAB17となり、双発機（同L‐11）の方はSAAB18として完成することになるのだが、単発戦闘機（同L‐12）はまだ完成には程遠かった。計画段階の「L」は設計室が置かれていたリンチェピンを意味し、あの推進式プロペラを有する双ビームの戦闘機、SAAB21もL‐13として計画されていた。

そのL‐13のひとつ前のL‐12は完成の暁にはSAAB19と呼ばれる予定だったが、エン

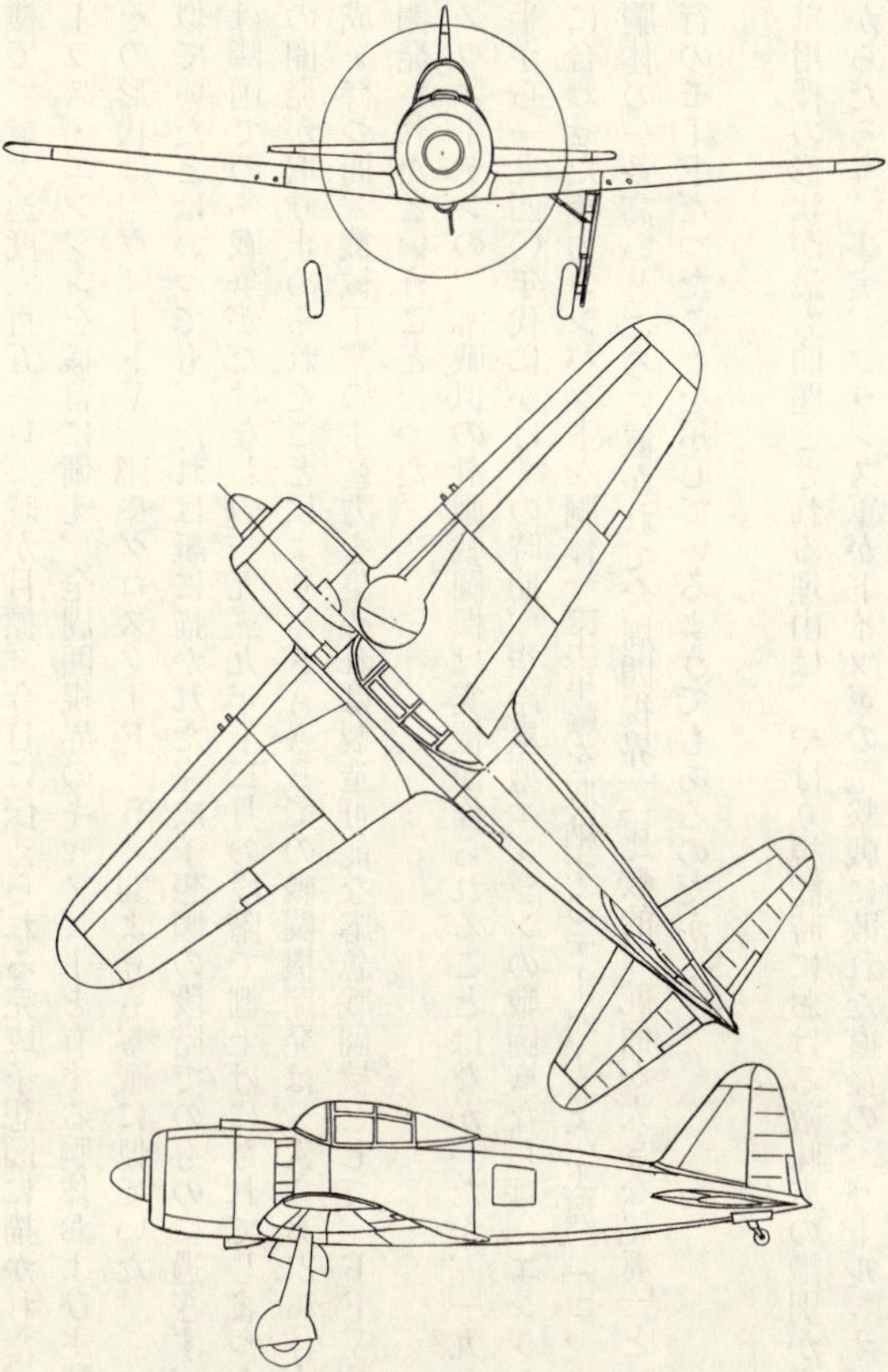

SAAB L-12

ジンにはブリストル・トーラス（千二百十五馬力）を搭載する低翼単葉引き込み脚の単座戦闘機で、最大速度六百五キロ／時が目標。今日に伝えられる完成予想図に描かれた、大きなトーラス・エンジンを機首に備え、全周囲視界のキャノピーを有する胴体および主翼や尾部のその形状は、ヴォートV・143やグロスターF・5／34よりも零戦に似ていた。

似ていたとはいっても、それは紙に描かれた完成予想図の段階でのものに過ぎず、その開発は隣国での冬戦争がたけなわの一九三九年十二月の段階で棚上げにされてしまった。この機の開発が取り止められたことにより、ＳＡＡＢでの戦闘機開発はＳＡＡＢ21に注力。その完成を待つ間、機械工業の生産力を集めれば製造可能な応急戦闘機として、ＦＦＶＳ・Ｊ22が開発されたということだった。

スウェーデンの、零戦似の計画戦闘機は実機が作られることはなかったが、一九三〇年代後半から一九四〇年代にかけての時期、空冷星型エンジンの戦闘機ならば「エンジンの大きさに合わせた極力コンパクトな胴体」「主車輪を収納するテーパーした主翼」「コックピットは胴体の一番高いところに置かれて全周囲視界」「比較的、舵面が大きな尾翼」というのが流行のモードだったことを示しているようでもあるのだが……。

軍用機の形状が最も問題とされる理由は、やはり視認時における敵味方の識別が必要になるからだろう。事実、フランス軍がドイツ軍の電撃戦に敗れた直後の、バトル・オブ・ブリテンに突入したばかりの時期には、接近してくる空冷エンジンの単発機を、ドイツ軍が接収したヴォート・ビンディケーター艦爆と思い込んだ英空軍の戦闘機パイロットが撃墜……帰還後、英海軍側の「ブラックバーン・スキュア艦爆（やはり空冷エンジンの単発機）が行方不明」という発表に触れて事の真相が判明する事件も発生。英国内に米・戦略爆撃機を擁する第八航空軍が展開してドイツ勢力圏下への昼間爆撃を頻繁に行なうようになると、護衛についたノースアメリカンP-51が独空軍のメッサーシュミットBf109と誤射される事件が多発するようにもなったという。

このような事態は戦闘突入の時点で当然、想定されたことでもあり、両陣営とも敵方の機材の存在とその能力の分析や識別方法の把握に懸命になっていた。今日にも伝えられる有名な情報分析の成果がTAICレポートだろう。日本軍の場合、すでに中国大陸で戦闘状態になっていたため、それゆえ太平洋戦争突入時にはそれなりに日本機についての分析も進められてはいた。ところが、実際に戦闘状態にはいってみて、米側の戦闘機搭乗員たちを驚かせたのがゼロ・ファイターの存在だったということなのだろう。

この時期に戦った零戦（二一型）ほか日本機の多くは、主翼の端が円形状に整形されていた。太平洋の戦域を行く角張った翼の戦闘機というと、まず米海軍のグラマン（F4F）くらいしかなかった。ところが一九四二年のガダルカナル攻防戦の頃になると、見慣れない翼端が角張った日本の単発機も出没。それまでのゼロ（コードネーム＝ZEKE）とは異なるシルエットだったため「HAP」と呼称されたが、この機こそ零戦二一型の発展型にあたる「二号零戦」こと零戦三二型だった。その後、この呼び名は「HAMP」に変更されるが、

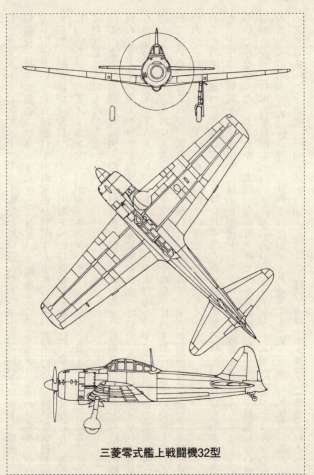

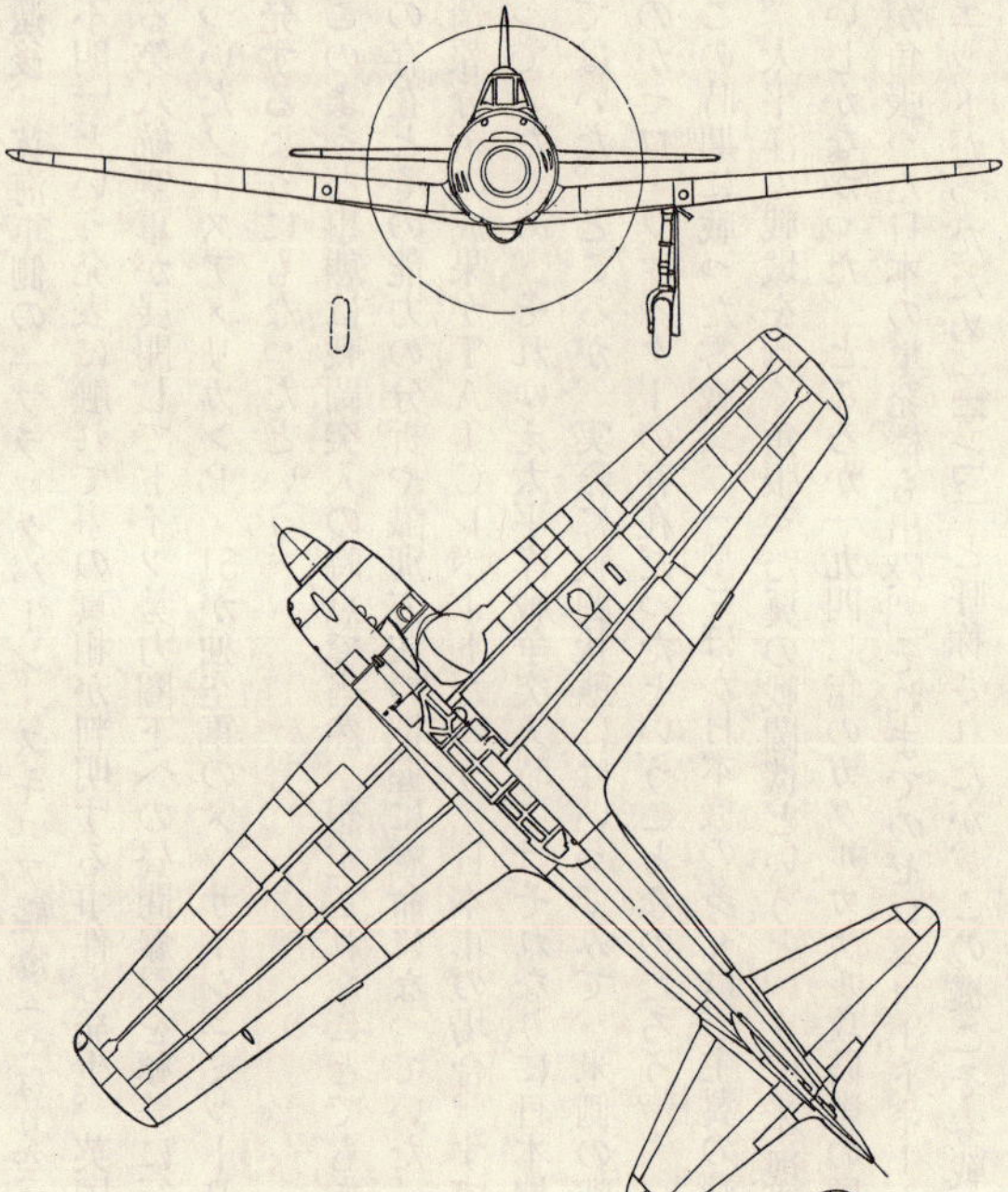

三菱零式艦上戦闘機32型

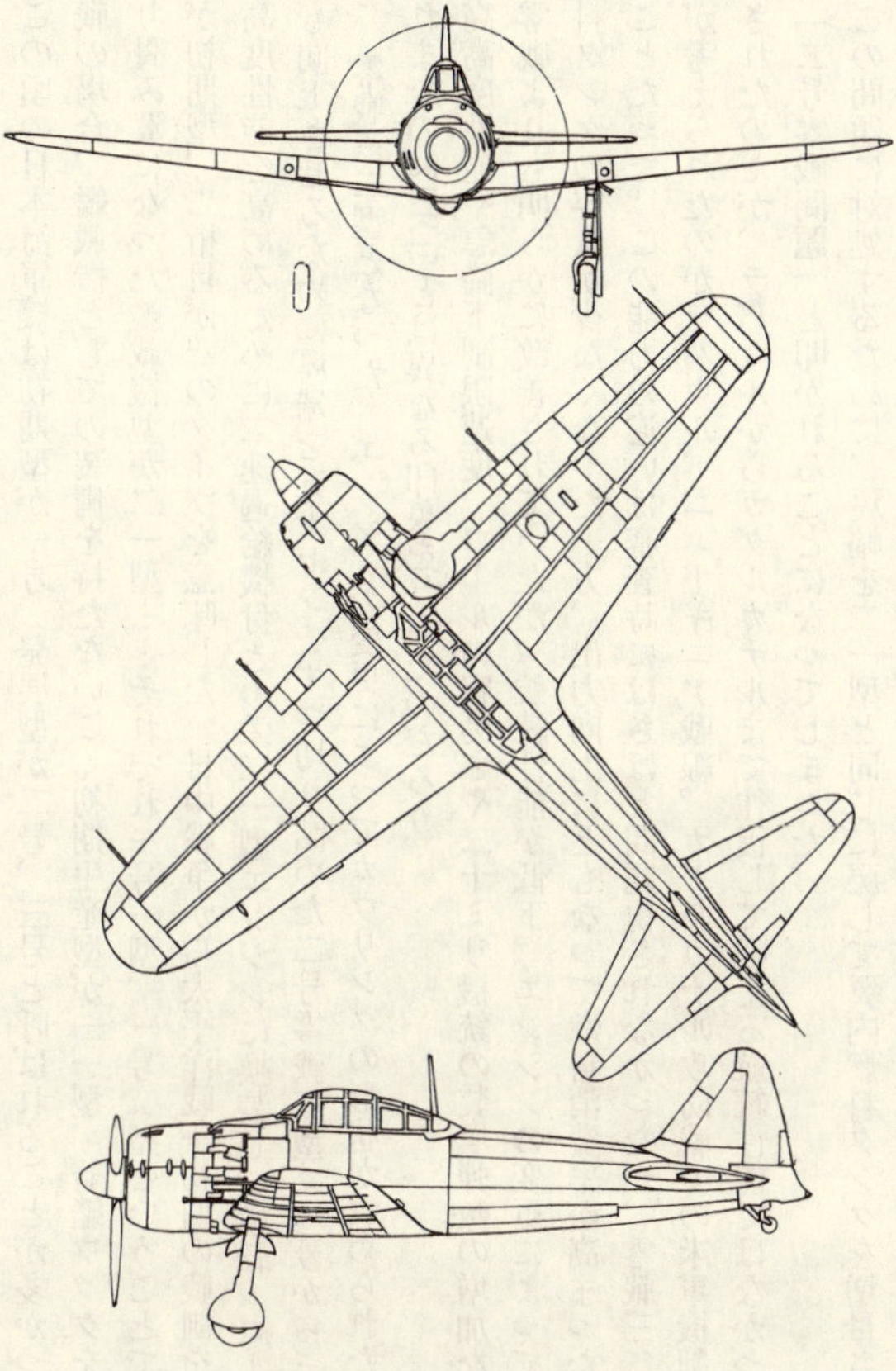

三菱零式艦上戦闘機52型

零戦の系列の機体、発展型と判明するのはもっと先のことだった。

この頃の日本海軍機は初期型が一号、発展型が二号、三号と呼ばれることが多かったが、零戦の場合、艦載機としての装備を持たないごく初期生産型が一一型、着艦フックを有して折り畳み翼になった艦載機型が二一型……それぞれ一号一型、一号二型ということで、一桁目が初期型、二桁目がそのタイプを意味した。日中戦争から太平洋戦争初期の戦訓を受けて、高高度性能を高めるために二速過給機付きの栄二一型エンジンに換装し、横転（ロール）性能も向上させるために翼端を五十センチずつ切り詰めた二号零戦三型（一号から三タイプ目）、零戦三二型となった。エンジンの変更によってカウリングの形状が改められたこともそれまでのZEKEとは異なる印象を与えたのだろう。

高高度性能や急降下制限速度、ロールの容易さや二十ミリ機銃の装塡弾数の増加など、一号零戦よりも明らかに改善されていたが、航続性能が低下。エンジンの変更によって胴体内燃料タンクの容量が少なくなった一方、出力向上にともなって燃料消費率が高まったがゆえのことだった。この能力の違いは審査時にはさほど問題視されなかったが、零戦三二型の投入が考えられたのがラバウル、ニューギニア戦線。ガダルカナル攻防戦での米軍機制圧が期待されたのだが、ラバウルからガダルカナルまで往復して戦える航続性能ではなかったことが「二号零戦問題」と叩かれることになってしまった。

この問題に対処するために、翼幅を二一型と同じに戻して翼内燃料タンクを増量させた長距離型の二二型も作られたが、結果的にはこのような長大な航続能力を要する航空戦そのものが無理な作戦。かといって航続性能に優れる二一型でも、すでに対抗し得ないほど米軍戦闘機の能力向上は進められていた。やがてガダルカナル島を奪還した米軍は戦域を拡大し過ぎた日本軍への反撃を強化。ニューギニアのブナやラエなどで捕獲したHAMPの残骸から復元して調査したところ「ZEKE・Type2」と判明したのだった。

米英の戦闘機と交戦したことから、高高度での戦闘能力向上が認識されて、比較的大きな改造が施されたのにもかかわらず、零戦系列では三百四十三機という例外的に少ない生産機数（中島飛行機で改造、生産された二式水戦よりは多かったが）。そのためか、内外で異端のゼロ・ファイターと位置づけられがちな零戦三二型だが、このタイプがあったからこそ最多量産型の五二型やその後の戦闘爆撃機型につながった。けれども、動力を栄二一型系に頼る以上（後に五二型以後で水メタノール噴射装置付きの栄三一型の搭載も考えられたが、この装置が付加されなかったため三一型も栄二一型と大差ない能力に留まった）、零戦の能力向上が頭打ちに近いことを米軍側に悟らせることになったのも零戦三二型だったということになるのだろう。

先に挙げた米、英、スウェーデンの例は「似ていると思い込まれているもの」や「他人の空似」または「流行のスタイル」の領域のものだろう。だが零戦に最もよく似ていた機体となると、やはり三菱製の試作戦闘機、烈風ということになるだろう。

「エンジン部の断面形が異なる」「烈風は外翼のみ上反角がついている」「キャノピーが違う

……」と両機の相違箇所を挙げればキリがないうえ、中学校の数学で習う相似条件がきっちり当てはまるものでもない。けれども本来なら、前のタイプの反省を踏まえて開発されることが多い新型機でありながら、旧型機の形状面での特徴がこれだけ反映された例は、ほかにはなかなか見られない。零戦の性能向上が佳境にはいっていた一九四一年（昭和十六年）に、零戦の後継戦闘機として開発を指示されたが、多忙を極めていた三菱側の都合によって先延ばしになり、翌年に「十七試艦上戦闘機」として開発が着手されている。

しかしながら、使用エンジンについて海軍側（中島・誉の使用を指示）と三菱側（自社製のより高出力のMK9Aを希望）とのくい違いなどにより開発はひどく難航。さらに零戦を大きく上回る飛行性能が要求されつつ、零戦三二型なみの空戦能力まで求められただけでなく、翼面荷重も百三十キロ／平方メートルまでと制限されてしまった。要求と制限に縛られ過ぎたため、機体重量の増加が翼面積の拡大（三十一㎡）にはねかえってしまい、日本の戦闘機としては異例の、翼幅十四メートルにも及ぶ大型戦闘機になってしまった。要するに零戦のシルエットを重視しつつ、相似形の大型機にさせたような具合だった。

だが翼幅十四メートル、全長十一メートルというサイズは、単座戦闘機として異様な大型機だった。「巨人戦闘機」という枕詞を付されることが多いリパブリックP‐47、それに艦上戦闘機としては大型のグラマンF6FやヴォートF4Uなども、翼幅はこれより一メートル前後小さかった。そうなると、これらの各機と同じクラスの二千馬力級エンジンで同等の性能ならば空力処理がうまくいった方となるが、三菱側の予想どおり誉エンジンでは荷が重

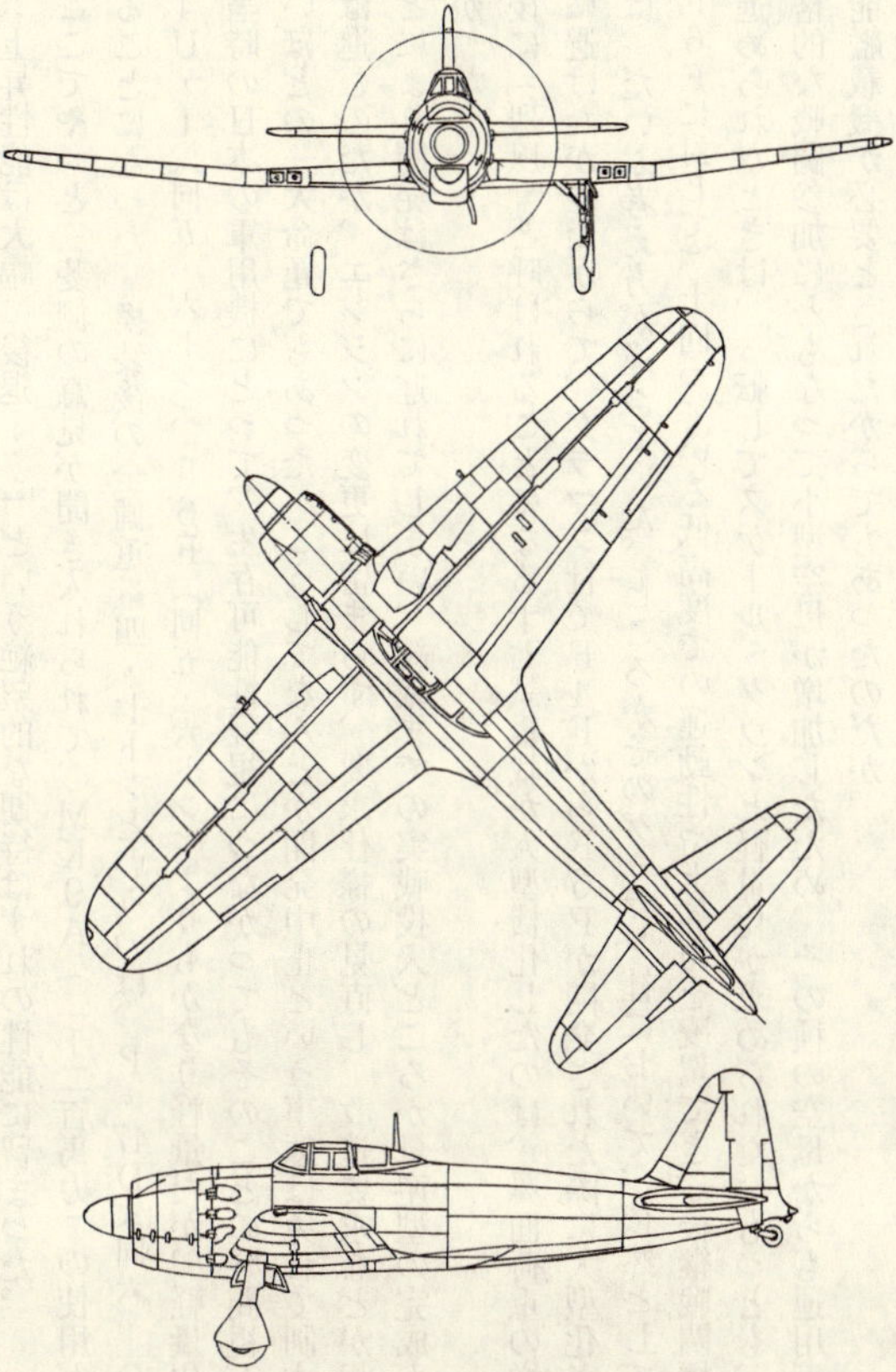

三菱十七試艦上戦闘機烈風

過ぎた。一九四四年（昭和十九年）春からの飛行試験では「零戦五二型と速度性能は大差なく、上昇性能は大幅に後退……」という絶望的な期待はずれの性能に留まった。

ここでやっと三菱側の意見が聞き入れられて、ＭＫ９Ａ（二千二百馬力）の使用が認められることになった。換装後の全備重量四・七トンというのは、Ｐ‐47Ｄ（同六・六トン）、Ｆ４Ｕ‐１（同五・六トン）、Ｆ６Ｆ（同五・六トン）よりもかなり軽量だが、軽量化の極限は当時の日本の軍用機にとって、生存可能性軽視につながってもそのことの疑問視が許されないほどの一大命題でもあった。こうしてなんとか開発中止という事態は免れて制式採用までは進むのだが、エンジンの変更に留まらず、要求仕様の見直し、改造要求などが相次いだことにより開発はさらに遅れてしまい、終戦までの実戦投入どころか量産型の完成も果たせなかった。

後に「烈風」と呼ばれることになる十七試艦戦が大型機化したのは、翼面荷重の増加を極端に避けたがったからで、グラマン社でＦ４ＦからＦ６Ｆが開発された際に大型化されたのとは、だいぶ考え方が違っていた。ところがそのグラマン社において、依然として零戦が（Ｆ６Ｆに対して）上回っている低高度での運動性や上昇力を凌駕できる後継戦闘機の開発が進められたときは、一転してスケール・ダウンと軽量化が求められた。もっとも、米軍の本格的な戦闘参加にともなって小型空母が増加したため、その種の空母からも運用可能な高性能艦載機が必要とされたからでもあったのだが。

初の実用双発艦上戦闘機を目指したＦ７Ｆが当時の艦載機としてビッグ・サイズを究めた

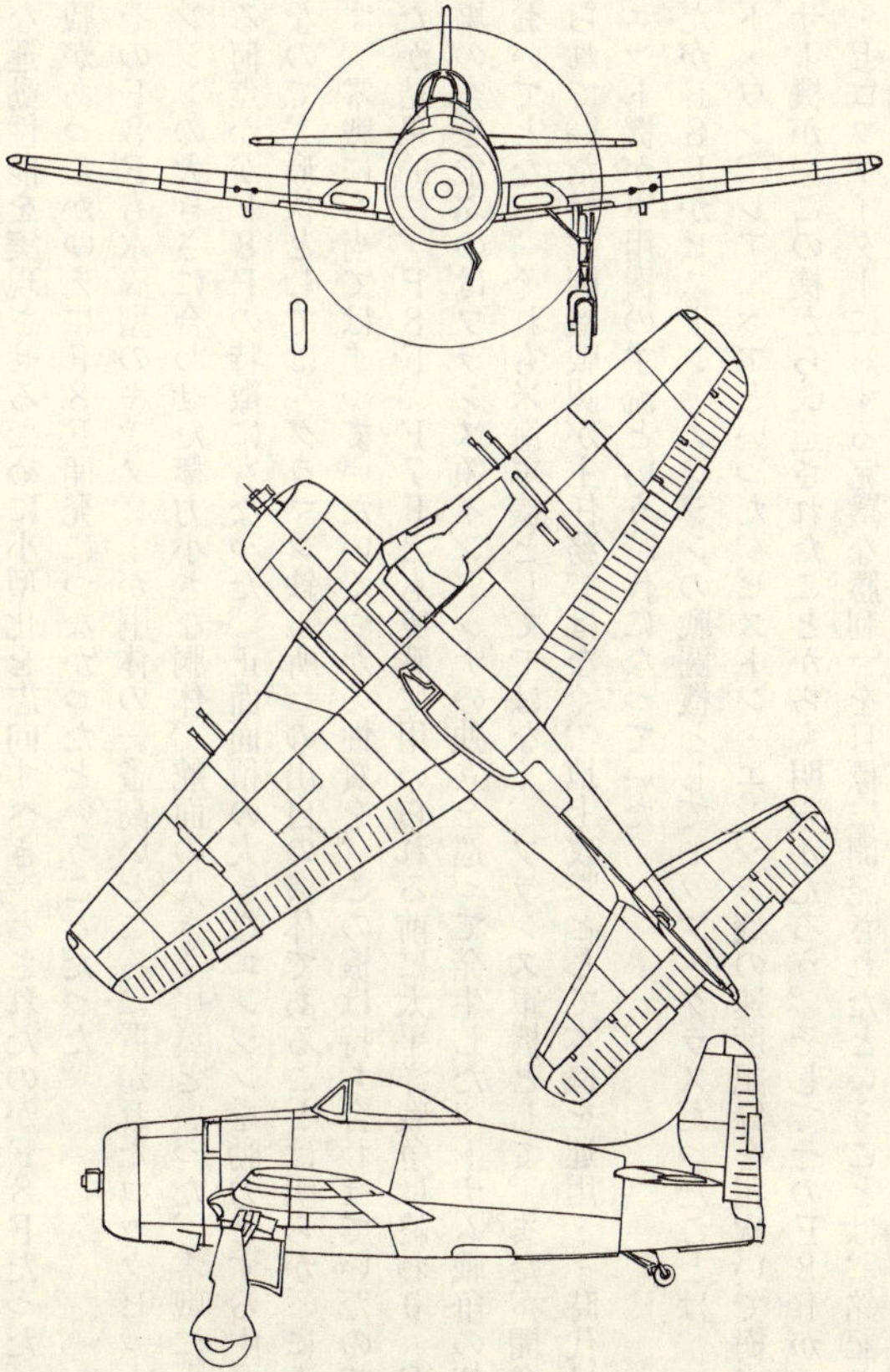

グラマンF8F-2

が（同等の大型艦載機はシーモスキートくらいか）、対戦闘機戦闘を重視するならば「より良好な運動性能を実現させるために小型化を志向すべき」とされたのがF8Fだった。つまり、零戦があったがゆえにF8F開発につながったということだった。

そのF8Fも水滴型のキャノピーが胴体の一番高いところに置かれたコックピットを覆い、エンジンの大きさに合わせた極力小さな胴体、舵面の大きな尾翼といった、零戦にも指摘できる何点かがF8Fの特徴にもなった。正面面積の大きなエンジンを動力とする中翼の単発機なので、形状としては「グラマン鉄工所」の出自の機体であることは明らか。にもかかわらず、零戦にも当てはまっていたいくつかの性質を、この機は持ち合わせていたのである。

だが結果的に、F8F、F7Fとも実戦に用いられる前に太平洋戦争は終わり、F8Fが戦場の空を飛ぶのはフランス領インドシナの独立を巡って発生したベトナム戦争の初期段階においてとなる。それも米海軍機としてではなく、フランス軍機として。また、開発時に考えられていた対戦闘機戦闘が主任務ではなく、地上攻撃として本機を運用……時代はすでにジェット機が軍用機の主流という時代になっていた。

だがF8Fがピストン・エンジンの戦闘機としてトップ・クラスだったことは、コンクエスト・ワン、レア・ベアといった、ピストン・エンジン機の速度記録を相次いで樹立したレーサー機が、この機から改造されたことからも明らかだろう。そしてそのF8Fが「ミツビシ・ゼロファイター」に対する完璧な勝利」を目標に開発されたということは、銘記されて然るべきだろう。

第2章　爆撃機以外のB-17の仕事

ヨーロッパ諸国や日本、中国に後れて全面戦争に参戦したアメリカ合衆国だったが、その武器生産能力はやはり桁外れのものがあった。一週間に一隻ずつ護衛空母を完成させたり、翼幅四十メートル超の四発大型爆撃機を千〜万単位で作り上げたりと並外れていた。それゆえアメリカと敵対することになる可能性が高かった枢軸国側の慎重な上級指導者らをして「敵に回してはならない国」と目されていた。戦争に加わった当初こそ、必ずしも適切とはいえない機材数機種が戦場に送られもしたが、真珠湾が攻撃されてから一年も経たないうちにヨーロッパ、太平洋の両戦線に、枢軸国側にとっても垂涎の高能力軍用機が組織的に送られはじめた。その代表格がボーイングB-17ということになるだろう。

じつはB-17が合衆国参戦の半年以上も前に、欧州自由圏の最後の砦となった大英帝国に引き渡されていた。そして限定的ながら対独戦での実戦を経験し、戦略爆撃機として至らないところが洗い出されていった。英空軍機となって戦場の空を飛びはじめたばかりの機体（フォートレスＭｋ・Ｉ）は動力銃座や尾部銃座も備えていなければ、尾翼や後部胴体もまだ貧弱な形状。機体のサイズは枢軸軍機をすでに圧倒していたが、機数もずっと少なかったこともあり（最初はＢ‐17Ｃ相当が二十機供与という程度で米国内ではＢ‐17Ｄを配備）、注目すべきではあってもそれほどの脅威とはなり得なかった。

けれどもこの頃の戦訓はただちにボーイング社の開発担当に反映された。間もなく、高高度での能力発揮と防御火器の充実を意図して、後部胴体、尾翼とも大型化され、動力銃塔や尾部銃座なども設置されたＢ‐17Ｅ、Ｆへと発展。日本軍の奇襲攻撃を受ける頃にはこれらの発展型の生産がはじまっていた。アメリカ参戦から半年後には、これらのタイプがフォートレスＭｋ・Ⅱ系（Ｂ‐17Ｆ＝Ｍｋ・Ⅱ、同Ｅ＝Ｍｋ・ⅡＡ）となって英国に送られはじめていた。

同時にＢ‐17Ｅ、Ｆは米陸軍の戦略爆撃機として東西両戦線に到着。先に戦闘状態になっていた英空軍爆撃機陣がドイツ空軍による迎撃体制を破ることができず夜間爆撃に切り替えたのに対して、大ブリテン島に展開した米陸軍のＢ‐17運用部隊、第八航空軍は昼間爆撃を継続。損害の拡大は避けられなかったが、Ｂ‐17の防御力強化、護衛戦闘機の充実を図りながら、戦果を挙げていった。

だが、Ｍｋ・Ⅱ系を受領していた英空軍では搭載される電子機器類等を改めて、沿岸軍団の洋上偵察機として運用した。攻撃目標への高空からの爆弾投下を要塞からの砲撃になぞら

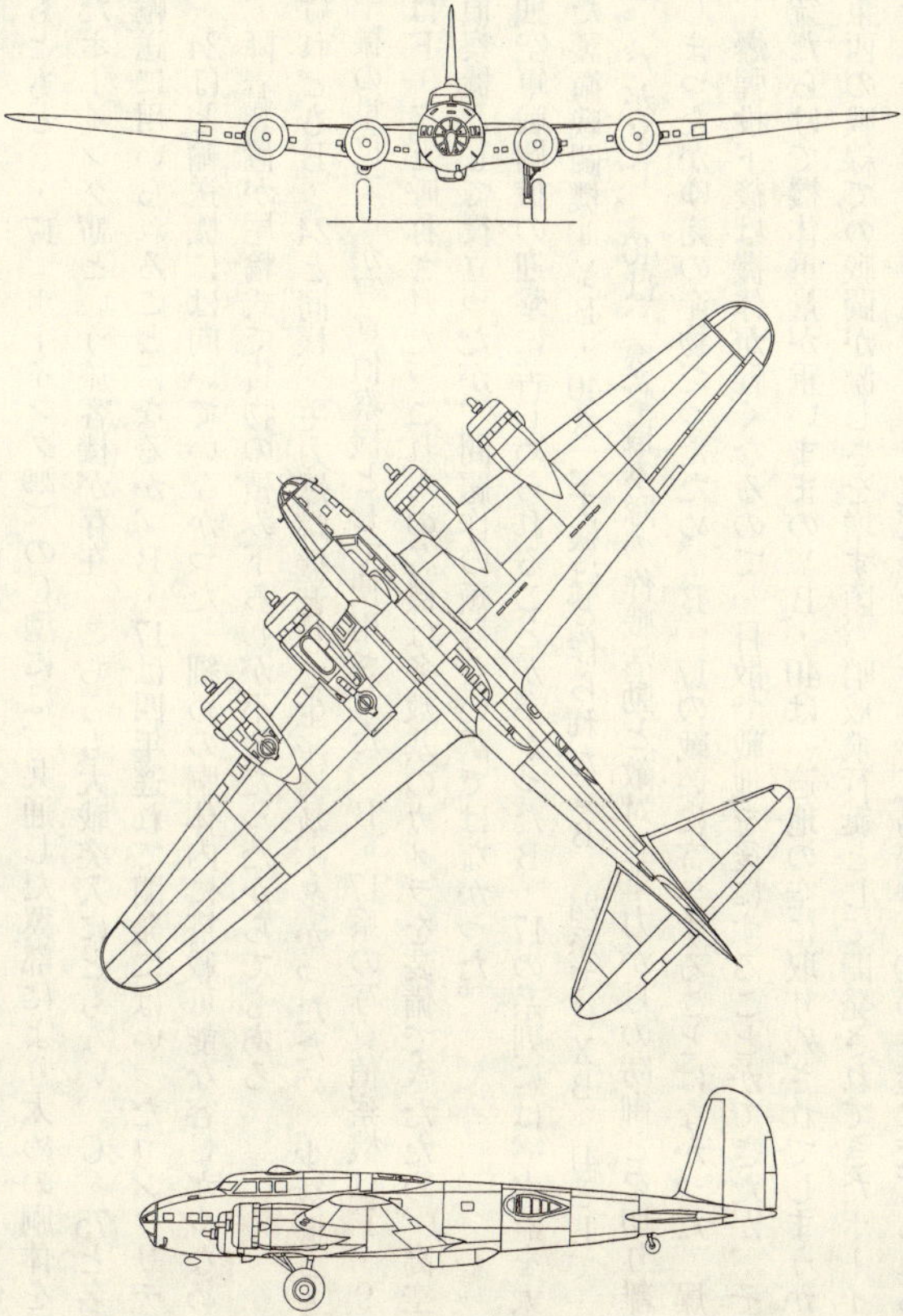

ボーイングB-17D

えて「フライングフォートレス」と呼称したＢ‐17の任務は、早くも爆撃以外に及んでいた。もともとＢ‐17（ボーイング299）のＣ型には、共通した翼部により太めの胴体を組み合わせたボーイング307という旅客機が存在。こちらも大戦突入にともない、Ｃ‐75と名乗って軍用輸送に用いられることになるが、Ｂ‐17は四年遅れて開発にはいったコンソリデーテッドＢ‐24ほど輸送機には向いていなかった。細めの胴体内に搭載可能な容量が少なめだったうえ、降着装置が尾輪式で貨物の積み下ろしが不便だったからでもある。

けれどもＢ‐24と同様、主力爆撃機として生産機数が多かったため、少数機（といっても数十機の単位で）が写真偵察機として使用された。Ｂ‐17系の写真偵察機はＦ‐9、Ｂ‐24系はＦ‐7と呼称された。これらの各機は多数基のカメラを装備できたため、高空からの戦略偵察機として役立ったが、問題作の類もない訳ではなかった。

独空軍戦闘機の迎撃に苦しめられることが多かったＢ‐17の系列には、火器を大幅に増加した護衛戦闘機＝ＹＢ‐40も二十機ほど作られた（Ｂ‐24系ではＸＢ‐41として一機のみ試作）。だがＹＢ‐40は、爆撃機本隊の作戦活動と敵対空軍力からの防御とを切り離して考えてしまったがゆえの産物だったため、Ｂ‐17の戦いに寄与することはなかった。爆撃機本隊は、爆弾投下後は機体が軽くなるので一目散で戦地を後にすることができたが、そうなると機銃だらけで機体重量が重いままのＹＢ‐40は、適地の空に取り残されてしまうからだった。

東西の戦線での戦闘が激しさを増す頃、哨戒飛行艇として開発されてきたボーイングＰＢＢシーレンジャーを生産する予定だったレントン工場がＢ‐29の生産に充てられることになってしまった。そのため、米海軍が得られなくなった哨戒機の分としてB‐24の洋上哨戒機型のPB4Y‐1を供給（その後、さらに発展型のPB4Y‐2も開発）。そんな経緯もあって、リベレーターの方が海軍にとっても馴染みの深い機種へと育っていった。

昼間爆撃作戦行によって拡大した損害を「受容できる損失」という、犠牲者の家族ならば到底納得できそうもないことばで表現してきた米陸軍当局も、わずかながらの性能向上よりも防御火器充実を重視したB‐17Gの大増産に移る。このタイプでは、YB‐40に備えられていた機首下部の遠隔操作の銃塔が標準装備となったが、これにより、それまでのB‐17E、Fは危険な任務から引き上げ……という訳にはゆかなかった。

実戦任務から外された大型爆撃機のうち一定機数はその後、大量の爆発物を搭載し、無線誘導される無人機へと改装。無人の飛行爆弾と化したこれらの機体は、V兵器の発射基地やUボートのドックといった、強固な防護が施された特殊な攻撃目標に対する体当たり攻撃「アフロダイティー作戦」に供されることになった。

より多数機が使用されたのはB‐17Fから改造されたBQ‐7の方で二十五機ほど改装され、B‐24系をベースにしたBQ‐8はわずか二機程度。「無人機」とはいっても、離陸から上昇、コントロール担当機（やはりB‐17を改造したCQ‐4）に無線操縦を引き継ぐまでは有人機として飛行しなければならなかった。

不要な装備品が取り払われたBQ‐7には約九トン（BQ‐8では約十一トン）ものトル

ペックス火薬（TNT火薬よりも強力）が搭載された。離陸時には操縦士と機関士のふたりだけが搭乗する。今日に残されたBQ‐7の写真によると、コックピット背後から通信士用銃座あたりまでの胴体上面の段差部分は撤去され、キャノピーも取り払われている。風防だけになった座席にふたりの乗員が着席した。ふたりはBQ‐7の初期操縦のほか、攻撃目標への突入を控えて信管の準備に取り掛かり、僚機となるCQ‐4への操縦系の引き継ぎの準備も済ませる。開放式のコックピットに改めたのは、ベイルアウトを容易にさせるための方便でもあったのだろうか。

爆装した無人機による攻撃というと、南太平洋ではすでに米海軍が日本軍の艦船やラバウル方面の前進基地に対して、インターステートTDR‐1による突入作戦を実施していた。TDR‐1の機首のテレビ・カメラの映像を見ながら、随伴する誘導担当機となったTBMのドローン・コントロール・パイロットが無線で操縦し、攻撃対象に命中させるというシーケンスで行なわれていた（「異形機入門」で記述）。アフロダイティー作戦においても、BQ‐7からの機体前方およびコックピット内の計器類等を映すテレビ映像をCQ‐4でモニタリングしながら誘導するやり方が採られることになった。

ヨーロッパでの最初の作戦活動は、一九四四年八月四日のパ・ド・カレーのV1号の発射サイトへの攻撃だったが、実際のアフロダイティー作戦は概して通信・操縦系のトラブルや天候不良との戦いとなった。何よりも、対空射撃に遭うと不具合発生が避けられず、作戦の実施は絶望的になった。

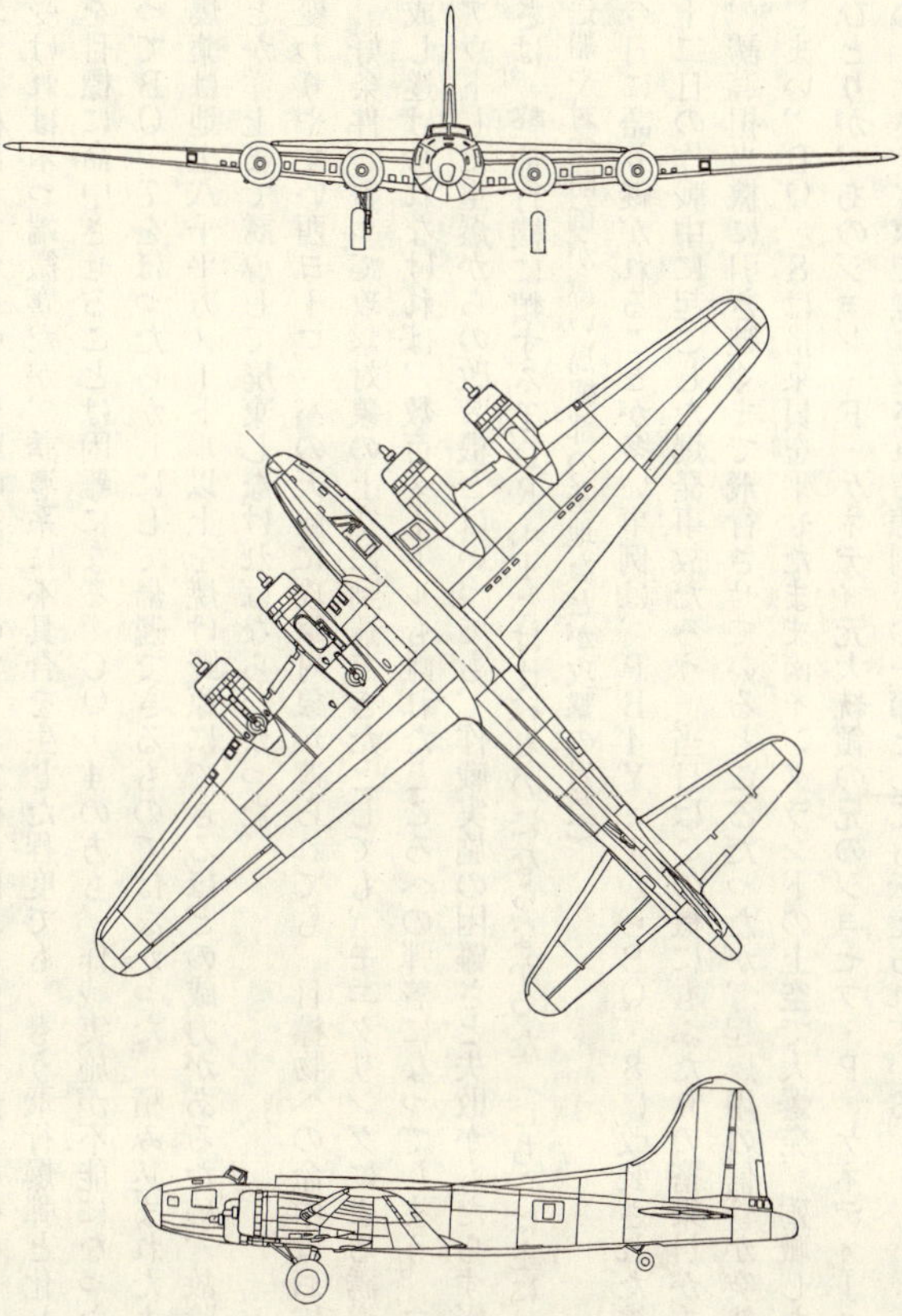

ミサイル機BQ-7

攻撃目標は赤丸付きの重要戦略基地なので、対空砲火陣地は強固。無人機そのものが直撃を受ければ木っ端微塵だが、誘導系に不具合を生じた程度でも、もう飛行爆弾と化した無人機を目標に命中させることは困難になる。CQ‐4の方も、作戦実施が不能になったからといってBQ‐7をほったらかしにして帰還できるものではなかった。積み込まれた九トンもの爆薬は地上八千平方メートル以上を焼け野原にできるほどの威力があるため、故障機をなんとか洋上まで誘導して廃棄しなければならなかった。

変わりやすい西ヨーロッパの天候に攻撃対象が遮られても、目標物への命中はおぼつかない。好条件が整って攻撃対象の上空に到達できたとしても、モニタリングによる誘導が完璧に成し遂げられなければ、数百メートルも離れたところへの弾着になってしまう。フェイズ・アウトした重爆からの改装機とはいっても、作戦実施の困難さと失敗がもたらす影響の大きさは、軽飛行機に類するTDR‐1とは比べものにならなかった（こちらは主に外地への輸送船や対空防御が薄い島嶼部の基地などが攻撃の対象）。

今日に語り継がれることが多い事例は、PB4Y‐1からBQ‐8に改装された機体が八月十二日の作戦中に起こした爆発事故だろう。当日はこの機にもふたりの搭乗員が乗り込んで、誘導担当機に引き継ぐまで飛行させているところだったが、起爆用の信管が突然作動してしまい、BQ‐8は搭乗員を乗せたまま南イングランドの上空で大爆発。殉職した搭乗員のひとりが、あのジョン・F・ケネディ元大統領の兄のジョセフ・P・ケネディJrだったため「ケネディ家で繰り返される悲劇」の一節としても伝えられている。

ロケット、ジェットを動力としている訳ではないのでイメージが異なるかもしれないが、BQ‐7、BQ‐8（それにTDR‐1）も、歴《れっき》とした誘導弾＝ミサイル。「強固な重点目標を破壊するにはたくさんの爆薬が必要」「それには耐用期限を過ぎた重爆を充てればよい……」という思いつきまではよかった。事実、大戦終了後に各種の地対空ミサイルが開発された時期には、耐用期限を過ぎたB‐17などの軍用機の多くが、無人の標的機（QB‐17）となってミサイル発射場の空に散っている。

だが実際の戦場においては、重点目標の防御態勢、ヨーロッパ特有の天候、急激に発展した電気通信技術の不安定さや妨害電波の影響ほか、クリアしなければならないハードルが多過ぎた。それゆえ、B‐17改造機は有用なミサイルにはなり得なかった。

開発年代の違いもあるだろうが「万能機」「多目的機」としての性格は、B‐17よりもB‐24の方が強かっただろう。海軍型のPB4Y‐1が多用されるようになると、洋上での哨戒・爆撃の任務を飛行艇に頼る時代が終わりに近いことを示した。特に軍用貨物を空輸する任務においては、B‐24系は輸送機としても立派に機能した。

対日爆撃作戦の初期段階で中国の成都に展開したB‐29の出撃を可能にするために、B‐24改造のタンカー型＝C‐109が危険を究めた「ハンプ越え」（ヒマラヤ山脈上空往復飛行）を繰り返した。兵員や貨物の空輸用途に特化したC‐87も東西の戦線で重宝され、高官空輸機としても用いられた。大戦末期には少数機だったが、海軍型のPB4Y‐2から十二トンもの貨物空輸能力を誇ったRY‐3が作られた。

B‐17も空輸任務で使用されない訳ではなかったが、先にも記述したように搭載能力や航続性能、輸送車輌からの積荷の積み降ろし要領などの面でB‐24系に譲るところが少なくなかった。そのためB‐17系の輸送機というと新造機はごく稀で、爆撃機としての役割を終えた機体からの転用機が多かった。

しかしながら激しさを究めたヨーロッパ西部の空を制する戦いにおいて、B‐17が爆撃機としては最も戦争の趨勢に影響し得る存在だったという評価はこれからも変わりないはずである。今日に目にすることができる資料によると、第八空軍隷下の四十二個航空群のうちヨーロッパの戦い～第二次大戦終結時にB‐17を擁していたのは二十六個群で、うち五個群がB‐24からB‐17に変更された部隊とのこと。太平洋～中国、北アフリカ～地中海方面の爆撃航空群ではB‐17からB‐24に変更されるのが普通だったのだから、それだけヨーロッパでの戦略爆撃にはB‐17が向いていたということなのだろう。

だが終盤まで戦火が止まなかったヨーロッパの空だっただけに、犠牲になったB‐17も大変な数に上ったうえ、墜落による喪失を免れられたとしても友軍基地まで帰り着けなかったB‐17も多数機に及んだ。作戦中に敵方迎撃機や対空砲火などの攻撃に見舞われて損害を受けた各機は、連合軍側勢力圏までの帰着が困難な事態に陥ると中立国領を目指した。

「領空侵犯」のかどで一定期間、抑留されるとしても、枢軸国（ドイツ）圏内の捕虜収容所に終戦まで抑留されるのとは雲泥の差。ナチスを共通の敵とするとしても共産圏のソ連の領内に逃れるよりも、その後の先行きがなんとかなりそうなバルト海の対岸のスウェーデンやアルプス山系のスイスを目指すという具合だった。

だが逆に、たまったものではなかったのは「招かれざる損傷機」を受け入れなければならない中立国の側だった。修理不能の機体はスクラップにして始末しなければならなかったうえ、連合軍側からは返還を求められることもあった。そんななか、数奇ともいえる運命を歩んだのがスウェーデンで接収された九機のB‐17だろう。

大戦の長期化により、スウェーデンも民間航空交通のための機材が不足する事態に陥っていた。そこでSAAB社では、接収したB‐17九機の軍用機としての装備を撤去して客席数十四席の旅客機に改造。武器類は機体から外されて機首もガラス張りからソリッド・ノーズに変更、胴体の左右側面にも客室のための窓が設けられた。こうして作り上げられた改造旅客機の多くは、一九四四年中からSILA（スウェーデン・インターコンチネンタル航空）などで運用された。

そのうちの一機、一九四四年五月二十九日のフォッケウルフ社航空機工場爆撃作戦の際にエンジン・トラブルに見舞われてスウェーデン領内に不時着したB‐17G「シューシューベビー号」からの改造機は、デンマークで民航機として用いられることになった。こうして旅客機に転用された機体は、四発機としては乗客の席数が少なめだったが、大戦直後の余剰B‐17の再利用の具体例を示していた。アメリカ国内でも民間旅客機に改装されるものや、高官空輸専用機として新たな役割を仰せつかうものも現われはじめた。

だがスウェーデンで生まれ変わった改造旅客機群も、戦後、ホンモノの旅客機が入手できるようになるとお役御免にされた。デンマークに渡った改造旅客機もその後、フランスの国際地理学協会に転出され、終戦から二十六年めの一九七一年にフランスからアメリカに返還。今度は民間輸送機としての装備からオリジナルのシューシューシューベビー号の姿に復元されて、米空軍博物館に保管されることになった。四半世紀にも及ぶ長旅から祖国への帰還を果たしたB‐17は、数奇な運命の物言わぬ証人として、今も往時の姿を伝えているという。

B‐24と比べると海軍機として使用されるケースがずっと限られていたB‐17だったが、戦争が終わりに近づいた頃に開発された早期警戒型のPB‐1Wについては「世界の仰天機」のなかで述べさせていただいた。同時期に開発され、運用された艦載機のグラマンTBM‐3Wと同様、胴体下部にAN／APS‐20レーダーを収納する巨大かつ異様なドームを装備した変形型だった。爆弾を積まず、防御火器も撤去すると、その大きさや搭載能力からして、多少の改造に耐えられる余裕があるということだった。

大型爆撃機の多くに課せられる過酷な任務というと、大量の爆弾類を搭載しての長距離爆撃がまず考えられる。だが東西の戦線とも、その種の作戦を遂行するにはそれなりに長距離に及ぶ洋上飛行をしなければならなかった。欧州戦線では英本土を離れると、北海の上空かなりの距離を飛行してからドイツ領内に侵入する。対日戦において攻撃目標が日本本土の都市部となると、長時間に及ぶ渡洋爆撃が負担の大きな任務となった。

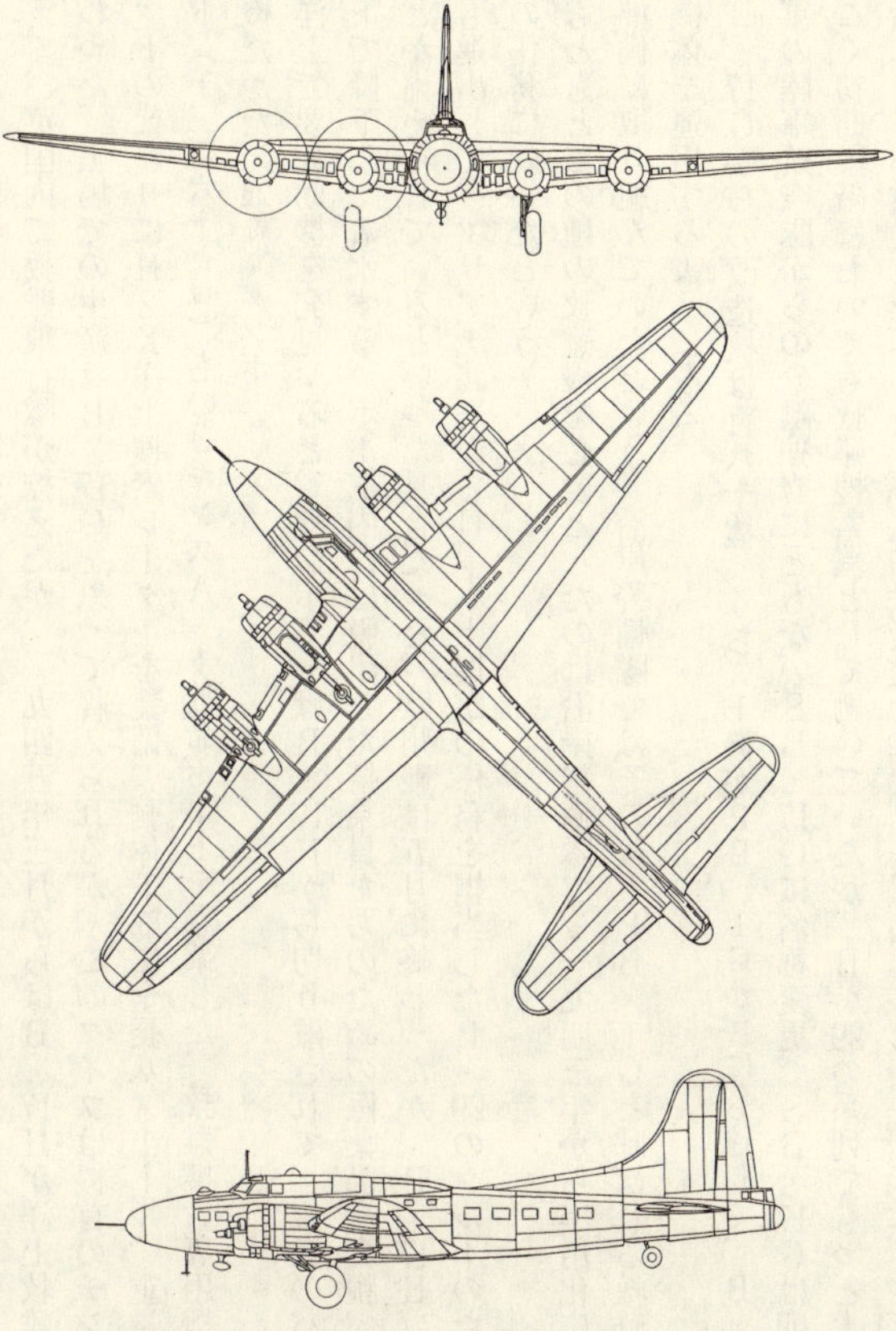

サーブ社で旅客機に改造されたB-17G

そのために欧州戦では、作戦中に損傷を受けて洋上に不時着水せざるを得なくなる場合に備えて、英国内で救難飛行隊が控えたが、一九四五年三月からはB‐17Hが洋上救難任務に加わった。工場での生産はB‐17Gを以って終えられるが、このタイプは機首のチン・ターレットの代わりにH2X洋上捜索レーダーを装備、胴体下部に全長八メートル、重量三千ポンド（千三百六十キロ）ものヒギンズA‐1救命ボートを懸架した、救難捜索専用機への改装機だった（通称＝ダンボ）。

洋上で要救助機を発見すると、救命ボートはB‐17Hから切り離されて、複数のパラシュートで降下して着水する。ボート内には脱出した搭乗員たちのための医薬品や食糧、通信機などが備えられているといった具合だった。欧州戦は五月に終わったが、B‐17Hは太平洋にも進出して、マリアナ諸島から日本本土爆撃の任務を担当したB‐29のクルーのために同様の任務に就いたという。

もともとこの種の救難機を必要としたのは沿岸警備隊で、一九四三年から実用化に向けての準備に取り組んでいたという。沿岸警備隊ではその後、PB‐1Gと呼ばれる救難機仕様の機体を運用するようになる。

B‐17Gからの改造機は百八十機（うち五十機がPB‐1Gか）にも達して、B‐17Hは空軍の陸軍航空隊からの分離独立にともないSB‐17Gに名称変更。SB‐17Gは朝鮮戦争のごく初期段階においても救難捜索機として働いていたが、B‐29の系列でもっと大きめの救命ボートが搭載可能なSB‐29が現われた（通称＝スーパーダンボ）。したがって朝鮮戦

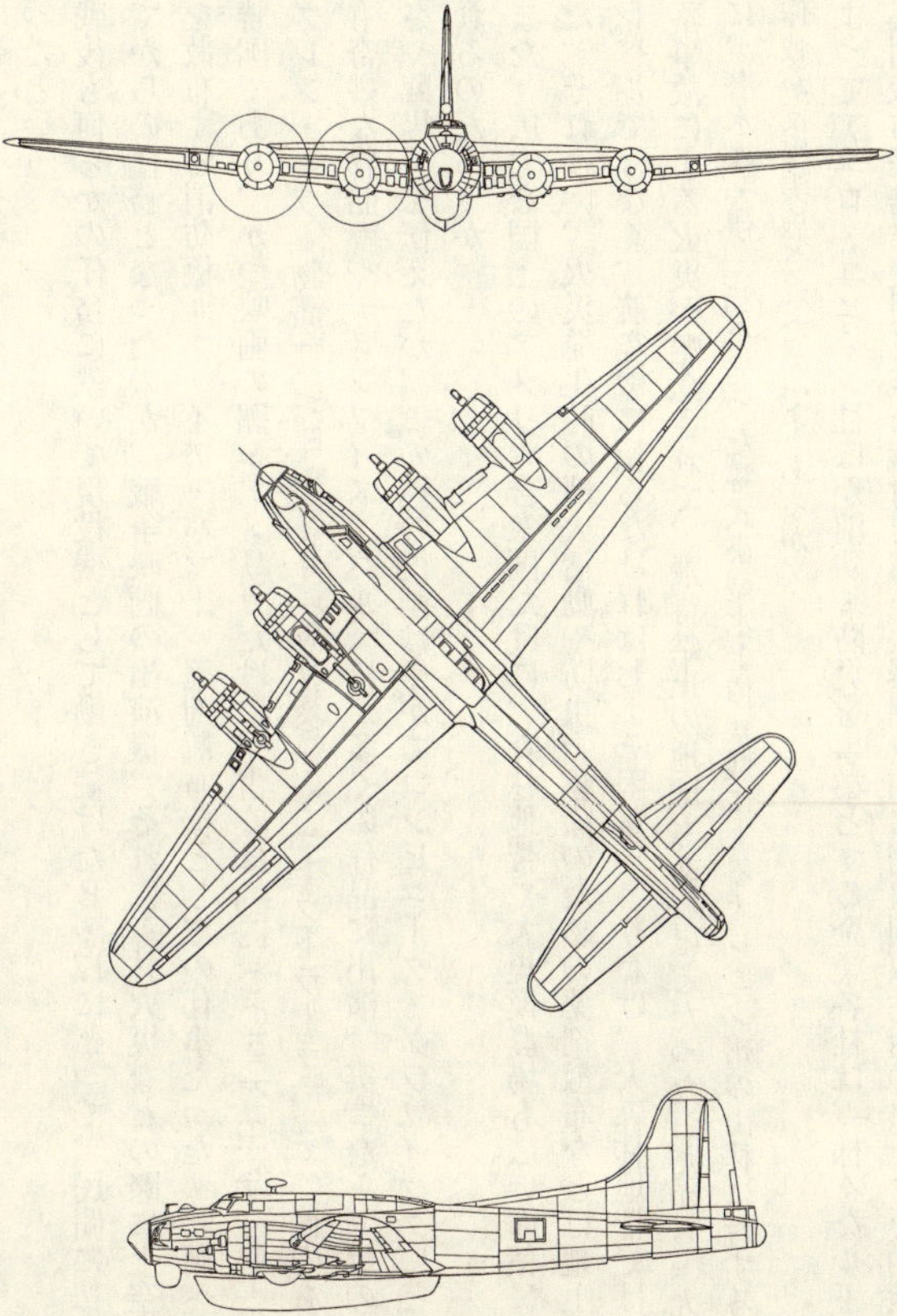

ボーイングB-17H

争ではSB‐29と交代しはじめたが、沿岸警備隊のPB‐1Gの方は一九五八年まで現役機だったという。

戦後も何らかの任務に就いて現役機として働き続けたB‐17にとって、民間に払い下げられてからの任務となったのが、戦争映画の出演機、それに森林火災などの際に上空から消火剤を散布する消防機＝ファイア・バマー、薬剤散布機としての仕事だった。映画への出演は戦勝国であり、かつ映画の国・アメリカだけに、古くは「12 O'Clock High（頭上の敵機）」「グレン・ミラー物語」「War Lover（戦う翼）」や「トラトラトラ」、その後のもので「世にも奇妙な物語」や「メンフィス・ベル」ほか多くの作品に出演。実機ならではの戦場の厳しさや臨場感を伝えたが、この種の役割はやがてコンピュータ・グラフィックにとって代わられるのだろうか。

また、広大な国土のアメリカ合衆国だけに、森林地帯や大規模農場も広い面積にわたっていた。それゆえ、火災発生時の消火活動や防虫・駆除のための薬剤散布などは地上で行なえるレベルではなく、航空機に頼らなければおよそ困難。とりわけ、大森林地帯では飛行機の墜落事故による火災が懸念されて、飛行禁止の地域もあるほどだった（だから一九四二年九月に、潜水艦・伊‐25を発った零式小型水上偵察機によるオレゴン州の山林に対する焼夷弾投下作戦が反復実施されたのでもあるが）。

よってアエロ・ユニオン社ほか消防・防災を事業とする企業各社は、様々なルートを通じて薬剤散布任務に使用可能な機材を購入。爆弾倉内に消火剤収納用のタンクを内蔵したもの

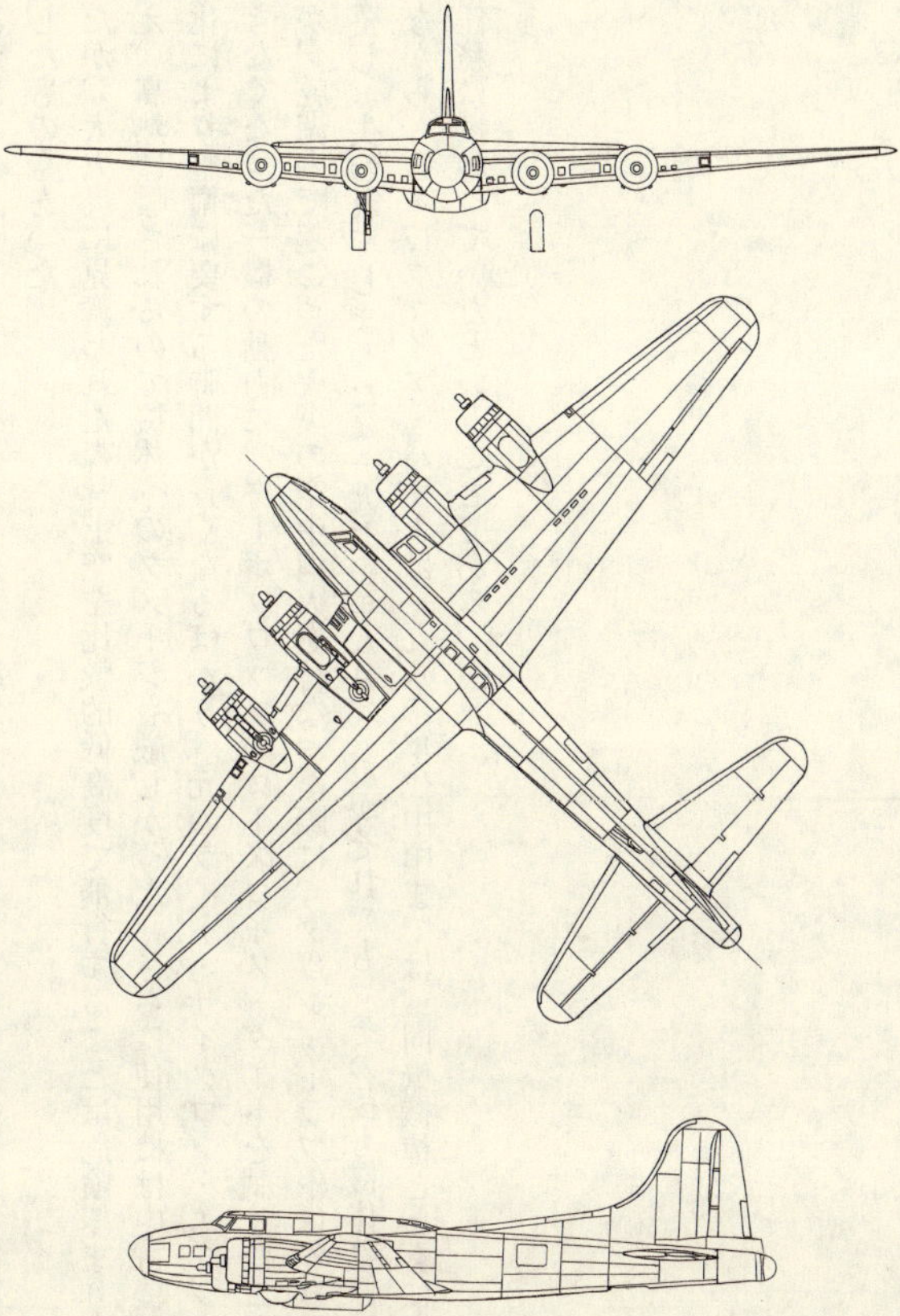

ファイア・バマー

もあれば、千八百USガロン（六千八百十三リットル）タンクをもとの爆弾倉位置に外部装着したものもあった。

だが、大火災に見舞われた森林上空を比較的低高度で飛行することは危険極まりなかったうえ、高熱に曝されるので機体へのダメージも厳しかった。さらに使用機は中古機で、経年劣化により整備に要する時間が長くなるばかり。元のライト・サイクロン・エンジンが使用できなくなった一機の動力に、ターボプロップのローズロイス・ダートを試したこともあったが、乾湖内で起こった火災の空中消火を行なった際に、ダウン・ドラフトに巻き込まれて墜落し、失われてしまった（一九七〇年八月）。だがそれでも、その後も機体整備に手をかけながら、B‐17ファイア・バマーは一九八〇年代中頃までは、同僚機種とともに森林消火の任務に携わっていたということである。

第３章　米海軍のジェット化直前の騒動

一九三〇年代後半が、反作用力を発生させる噴進式の新型の動力＝ジェット・エンジンの実用化に向けて、世界的にその機運が高まりつつあった時代だったということは間違いないだろう。だが初期のジェット・エンジンには、燃費も悪ければ大きさもかさばり、期待どおりの推力にもなかなか達することができないなど、解決すべき問題が少なくなかった。それゆえ「まだ、従来のピストン・エンジンの時代」という見方に根強いものがあり、結局のところ第二次世界大戦が終わる頃まで、注目、期待こそされてもターボジェット・エンジンが主流になる様子はなかった。

「戦争が科学技術を進歩させる」という言にあるとおり、ジェット・エンジンも初期段階では軍用機、それも戦闘機への適用が考えられることが多かった。だが第一次大戦で存在感を高めた戦闘機という兵器は、早くも一次大戦中に陸上用、水上用、艦載用に分化し、第二次大戦突入時も昼間と夜間（全天候）、戦闘爆撃、戦闘偵察……へと分派しつつあった（英空、海軍には戦闘雷撃機まで現われた）。

空軍力が陸上航空だけのものではないことを示したのは、一時は陸、海軍の空軍力を一手に統合させたものの、その後（一九三七年頃）艦隊航空を海軍に戻した英国の例からも明らかだろう。だがアメリカや日本のように陸、海軍のなかに別個に空軍力が置かれたケースもあり、それぞれの軍種において求められる空軍力の育成に注力。したがって新しい方式の動力が関心を集めはじめた時代も、空、陸軍機と海軍機、どれも一様にジェット化が試みられた訳ではなかった

特に、洋上で航空機を運用するために航空母艦を保有していた海軍においては、艦載機のジェット化が念頭に置かれたこともあり、その対応は空、陸軍よりも慎重になった観は否めなかった。先に挙げた初期のターボジェット特有の問題のほか、発艦時に問題とされる低速時の加速性、洋上を飛び続けられるだけの航続性能、それに着艦時の機動の制限が問題視された（着陸時の機動性の悪さは陸上機にもあてはまったが）。ゆえに、実用化成ったばかりのジェット戦闘機が陸上の基地で迎撃機として使われはじめたこと（V1号を撃破したミーティアや戦略爆撃機迎撃用のMe262）は、非常に的を射た用法だったということになるだろう。

けれども伝統的に陸軍の空軍力に近い戦力の育成に努めてきた米海軍では、一九三八年頃には機材のジェット化に関心を抱いた。そして当時の有力とされた科学者、技術者らにジェット・エンジン導入の是非を論ずる討議をしてもらった。賛否は分かれたが、ジェット化推

進派の実力者・セオドール・フォン・カルマン博士が日本への出張で不在の際に、なんと「ジェットは航空用には不適切」という結論が提出されてしまった。

それで一時は米海軍でのジェット機開発の動きは停止されかけたが、そうもしていられなくなったのは一九四一年秋にベル社にＸＰ‐59の開発が指示されて以後、陸軍でのジェット機開発がにわかに活発化されたからだった。過給機の技術に強かったジェネラル・エレクトリック社（ＧＥ）では「ハップ」アーノルド将軍らの働きかけにより、英・パワー・ジェット社からＷ・１‐Ｘ（遠心式、試運転用）の技術供与を受け、その後の陸軍・ジェット戦闘機開発に必要な国産ターボジェット開発に道筋をつけていたのである。

過給機技術に明るい会社がターボジェットの技術を提供されたのは、タービン式過給機に、ガス・タービンが圧縮機を作動させるターボジェットと通ずるところがあったから。なおパワー・ジェット社は、英国のジェット・エンジンの祖であるフランク・ホイットルが取り組んでいた一連の遠心式ターボジェットの開発を行なってきた会社である。

その年の十二月には太平洋戦争に突入して、合衆国も参戦するなど事態は急転して、海軍も独自に、飛行爆弾の動力となる小型ジェット・エンジンを作っていたウエスティングハウス社に、軸流式ターボジェットの開発を指示。これにより、陸軍とは別立てでターボジェット・エンジンの開発がはじまったということである。

なお、遠心式はタービンが起こす遠心力によって空気を圧縮させるコンプレッサー（圧縮機）を用いたのに対して、軸流式は互い違いに静翼と動翼をタービン軸と平行に並べた圧縮機を用いる方法。軸流式は動翼と静翼の段数で圧縮効率を高められるが、開発に時間を要したうえ、初期のものは耐用時間（運転可能時間）が短め。遠心式は圧縮機の段数が少ない反面、エンジンの直径、正面面積が大きくなり、圧縮比にも限りがあるなど一長一短があった。だが第二次大戦中は、英国では遠心式が主流になったのに対して、ドイツでは軸流式が多用された。

しかしながら、艦載機のエンジンに液冷エンジンの使用を避けるなど保守的な傾向が色濃かった米海軍でのジェット機開発である。その後、かなり特異なジェット機群が現われることになるが、その前に米英両海軍における空母艦載機についての考え方について整理してみることにする。

ともに第二次世界大戦に突入する頃は、世界の自由圏を守る海軍力を自負していた米英両海軍だったが、それぞれの航空母艦から運用される艦載機から成る空軍力には、少なからず違いがみられていた。早くも第一次大戦中に、海軍艦艇に車輪を降着装置とする水上機以外の飛行機の発着艦を試みたのは英海軍。軍艦の甲板全体が発着の場となる全通飛行甲板を備えた航空母艦の第一号も英海軍のアーガス（商船コンテ・ロッセから空母に改造し、一九一八年九月就役）だった。これに対して米海軍では、給炭艦のジュピターから一九二二年三月に改造されたラングレーが米空母の第一号となった。ちなみに、最初から空母として計画されて建造された第一号は本邦の「鳳翔」とのこと（一九二二年十二月就役）。

各国の空母とも、一九二〇年代は複葉・固定脚という第一次大戦機の延長上の艦載機を搭載していたが、その後一般的になる単葉機への変更が早かったのは米海軍だった。一九三七年五月からダグラスTBDデバステーター雷撃機の納入が始まると、同年秋からはノースロップBT-1、暮れからはヴォートSB2Uビンディケーター両急降下爆撃機も配備。いずれも単葉機で引き込み脚になっていたが、もうしばらくカーチスSBCヘルダイヴァーなどの複葉の急降下爆撃機と併用される時代が続いた。艦上戦闘機にはブリュスターF2Aバッファロー、グラマンF4Fワイルドキャットが現われた。こちらも太平洋戦争突入直前にグラマンF3Fなどの複葉機と交代したが、近代化に拍車がかかるのはスペイン市民戦争に投入されたドイツ製の新型機種の高性能振りが伝わってきてからだった。

艦載機の近代化の必要性を認識した米海軍に対して、旧構造の艦載機にこだわり続けたようにみえるのは英海軍の方だった。戦闘機（ホーカー・ニムロッドやシーグラディエーターなど）、攻撃機（ブラックバーン・リポンやシャークなど）とも長らく複葉機の時代が継続。複葉の水陸両用飛行艇・スーパーマリン・ウォーラスは戦艦、巡洋艦だけでなく空母の甲板上で運用されたこともあった。そんななか、一九三五年に急降下爆撃機として開発要求が発行されたブラックバーン・スキュアが例外的な単葉引き込み脚機となった（スキュアの後席に動力銃塔を装備したロック艦上戦闘機も開発されたが、事実上、ほとんど役に立たなかった）。

だがこの状況については、メーカー側でも奇異に感じていたようで、一九二〇年代の終わり頃にフェアリー社がTSR-1という複座偵察雷撃機の自主開発を当局に提案した際、その設計案には混合構造の単葉機型も含まれていた。けれども運用側は複葉機型の開発を希望。試作機に留まったTSR-1を三座の偵察雷撃機に改めたTSR-2が大戦中の主力雷撃機として有名になるソードフィッシュの原型になるが「複葉、固定脚」という形式はソードフィッシュの後継機のアルバコアまで続けられることになる。

艦載機が陸上基地から運用されることも珍しいことではないというよりも、こちらの方が多いくらい（英空軍沿岸軍団管轄下のソードフィッシュもあった）。また、陸上機から発展した艦上機になる例もしばしば見られるようになるが、英海軍ではアメリカよりも陸上機の艦載機型というケースが多かった（米側の数少ない事例＝カーチスP-6→F11C、ノースアメリカンAT-6→SNJなど）。その傾向は第二次大戦が終わってからもなお見られた（英側に見られるたくさんの事例＝ハート系→オスプレイ、グラディエーター→シーグラディエーター、バトル→フルマー、ハリケーン→シーハリケーン、スピットファイア→シーファイア、モスキート→シーモスキート、ホーネット→シーホーネット、スパイトフル→シーファング……など）。

艦載機が陸上機になった例には、アメリカのSBDドーントレス、SB2Cヘルダイヴァーの陸軍機仕様のA-24、A-25などがあったが、必ずしも必要がないのに発注された機体だったため、海軍機型ほど確たる戦績を挙げることはなかった（もっと古くにはボーイングF4B艦戦の陸軍機型のP-12というのもあったが）。

両海軍における、それぞれの艦隊航空隊の位置づけの違いにもよるのだろうが、概して米海軍の方が自分たちに適した軍用機の開発に積極的。その根拠のひとつに、太平洋を挟んだ極東に日本海軍の機動部隊の存在があったからだろう。米海軍は平時においては太平洋艦隊と大西洋艦隊を擁したが、戦闘状態に突入するとタスク・フォース制に移されたこともあって正規空母の大部分は太平洋に移動し、欧州方面では量産態勢にはいった護衛空母が運用されることになる。

先のスキュアやソードフィッシュは、英海軍の艦載機が空軍機からの派生型ばかりではなかったことの具体例である。しかしながら英国の場合、ヴェルサイユ条約の規定が厳格に適用されてドイツの再軍備が考えられなかった頃は防衛予算が大幅に緊縮され、海軍の艦隊航空隊も空軍に移管といった経緯を踏んでいたため、海軍航空の育成が米海軍よりも遅れた印象は否めなかった。この頃に仮想敵に位置づけられたのはドイツやイタリアではなく、英国よりももっと大戦間の平和を享受し（過ぎ）ていたフランス。もっとも、一九三〇年代にはいってからのドイツの民間登録機数の異常な伸びに反応できる敏感さは失われていなかったが。

そして世界大恐慌後に、独伊両国および極東の日本が全体主義（ファシズム）国家としての色合いを深めると、英国でも軍備の増強、兵員の育成が活発化するが、とりわけ独伊両国の海軍力の見極めには難しいものがあった。

「第一次大戦中に連合軍側にとって脅威になったUボート群の再来襲は容易に予測できるが、

独伊で航空母艦は本当に戦力化されるのか」「英独海軍協定を破棄して大規模海軍力の保有を目指す『Z計画』の実現を阻止するには早期開戦を……ならば、現有の軍備の延長線上の戦力で戦うしかない」

対Uボート戦が拡大するなら、いたずらに新型機を求めるよりもソードフィッシュに頼る方がベター。スキュアやロックの開発が思わしくなかったことからしても、空軍戦闘機の艦載機転用の方が確実。もとより、敵方が空母を保有することもなく、対峙しなければならない敵機が双発以上の哨戒機、偵察爆撃機ばかりなら、Bf109と戦えるほどの飛行性能は必要とされない。だが機数不足は、米国機の輸入に頼るしかない。英海軍での艦載機の充実は、かなり切羽詰っていた。

陸上機に比べると艦載機は、機体重量の増加につながる様々なハンディキャップを背負っていた。飛行場と比べると明らかに狭い飛行甲板から発着してもへこたれない機体強度や翼部の折りたたみ機構、アレスティング・フックなどの装備である。それでも陸上機と渡り合って驚愕するような戦果を挙げたのが日本海軍の零式艦上戦闘機だったが、戦いの空は陸上機、艦載機の別を言ってくれるほどやさしくものどかでもない。

米空母艦載機の場合、整備の容易さや液冷エンジンに必要とされる備品類の問題などから、空気抵抗の大きさに眼をつぶった空冷星型エンジンが装備されていたが、早い段階から二段二速過給機付きのエンジン（プラット&ホイットニーR－1830、離昇千二百馬力、F4F

・3用）が使用できたのは機械の国ならではの技術力だった。そして大戦突入が迫る頃には早くも二千馬力級のP&W・R・2800が装備可能になり、F4UやF6Fに搭載。その一方で、攻撃用機種のTBF（TBM）やSB2Cには千七百～千九百馬力級のライトR・2600を搭載して量産化。一九四三年頃からは日本軍を圧倒して、大挙して来襲する米・艦載機の姿を印象付けた。

そのように現場の戦場で勝利できる機体の開発、生産に勤しみながらも、陸軍にやや遅れて米海軍でも将来的に必要とみなされたジェット・エンジン、ジェット機の開発も進められていた。ウエスティングハウス社で軸流式ターボジェット・エンジン開発に着手されてから一年が経過した一九四三年一、二月には、新興のマクダネル社とXFD・1、ライアン社とのXFR・1といった艦載ジェット戦闘機の開発契約が結ばれた。この時点で陸軍機のP・59の開発開始よりも一年三ヵ月は後れていた。グラマン、チャンスヴォートといった有力メーカー（実際のところ、F6F、TBF、F4Uの生産、能力開発で手一杯の状態）ではない、新興、マイナー・メーカーに対しても近い将来に向けての新型機開発を任されるのが米航空工業の層の厚さでもあった。

ウエスティングハウスのエンジンの搭載を前提としたのはFD・1の方（「世界の仰天機」3章の「ブレンデッド・ウイング・ボディ」でも若干既述）。これに対してFR・1の方は純ジェット機ではなく、機首にピストン・エンジンのライトR・1820・72Wを、胴体後部にはP・59にも用いられた遠心式ターボジェットのGE・J31・GE・3（開発時はI

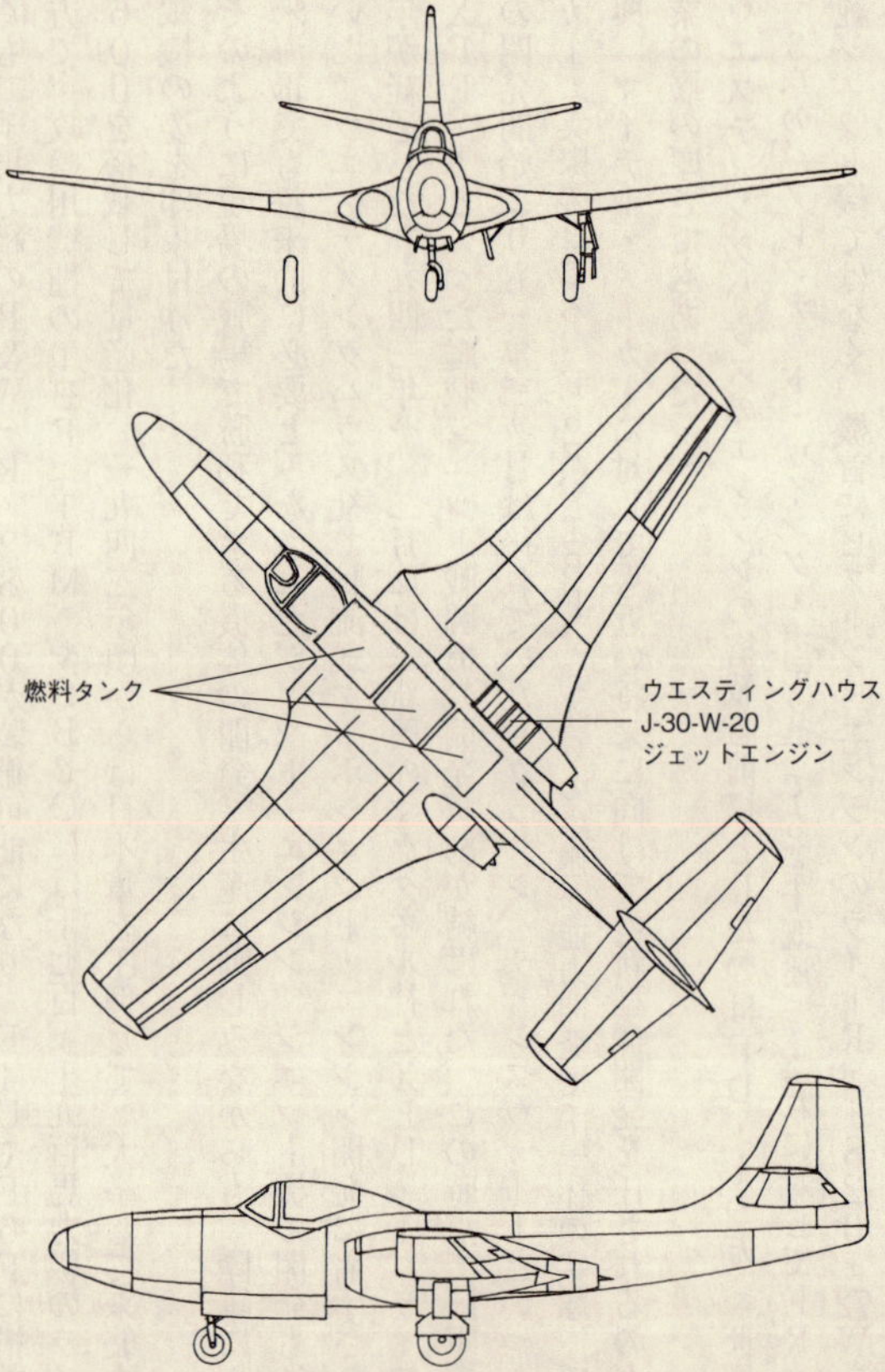

マクダネルFD-1

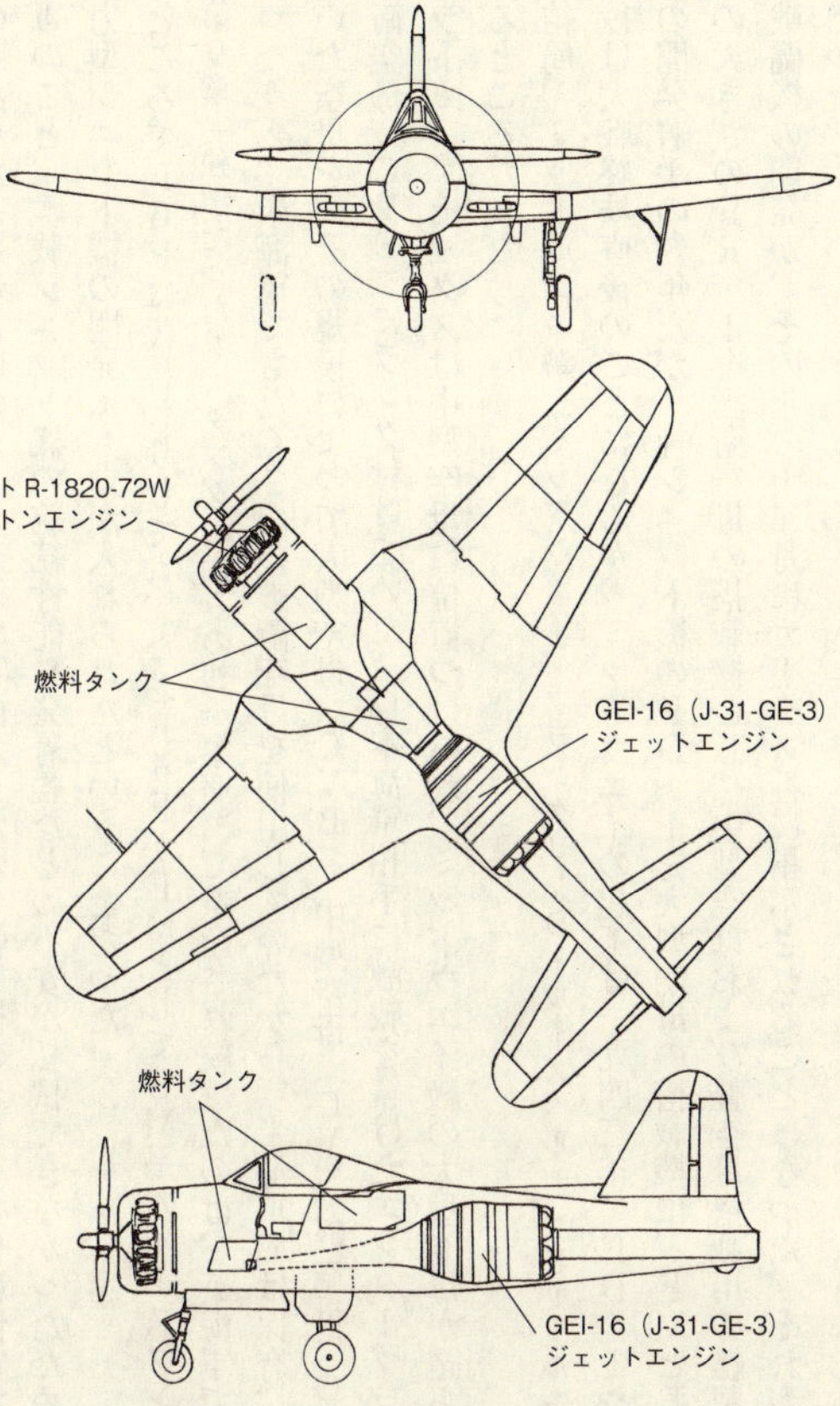
ライトR-1820-72W
ピストンエンジン
燃料タンク
GEI-16（J-31-GE-3）
ジェットエンジン
燃料タンク
GEI-16（J-31-GE-3）
ジェットエンジン

ライアンFR-1

‐16と呼称）を装備した、複合動力機だった。ターボジェット以外のエンジンが併用されたものもあったことが初期のジェット機の特徴だったが、艦載機のジェット化に慎重だった米海軍のこと、艦載ジェット機の航続性能や発着艦などの不安が払拭できなかったため、複合動力型ジェット機の開発にも力が入れられたということだった。

ところでＦ６Ｆに代替わりしても、なおＦ４ＦがＦＭとしてＧＭ系のイースタン航空機（第９章「独学だったムスタングの生みの親」参照）で量産され続けたのは、英海軍で需要があったうえ、米海軍でもたくさんの護衛空母を使用していたから。米海軍では保有、運用していた空母を、その規模によって大型空母（ＣＶＢ）、中型空母（ＣＶ）、軽空母（ＣＶＬ）、護衛空母（ＣＶＥ）にランク付けていた。日本海軍相手に激戦を続けたエンタープライズやサラトガ、エセックスは中型空母に位置づけられ、ミッドウエイ級の大型空母が造られつつあるところだった。

結局、ミッドウエイ級（ミッドウエイ、フランクリンＤ・ルーズベルト、コーラルシー）の就役は大戦終結直後のことになるが、ミッドウエイの起工は一九四三年。ＦＤ‐１やＦＲ‐１の開発着手の翌年だが、純ジェット機のＦＤ‐１を大型空母の搭載機に、ＦＭとＦ６Ｆの間の大きさのＦＲ‐１を護衛空母の搭載機とし、中型空母および軽空母搭載用の艦載ジェット戦闘機の開発が、その年の十二月にカーチス社に指示されることになった。それがＸＦ15Ｃだった。

FR‐1の開発がライアン社に指示されたのは、海軍の担当部局からの開発の趣旨説明を同社がもっとも的確に理解（初期のジェット・エンジンの欠点を補完するピストン・エンジンを用いた複合動力機）して開発に積極的な姿勢を見せたからとされている。それに対してカーチスは、大戦の前半こそP‐40の量産に忙しく、その後もC‐46輸送機やSB2Cの開発に当たって生産ラインも動いているところだったが、すでに先行きの怪しさも漂っていた。P‐40からこちら、開発した各機が機体重量の増加の問題にはまり込みがちで、戦闘機の開発も試作段階で見送りという事態が続いていた。かつて、あのライト兄弟と飛行機械の自然特許闘争を繰り広げたグレン・カーチスが興した名門航空機メーカーも難しい状況に差しかかりつつあった。

XF15Cは、かつて世界中に販売されたホークⅡ、Ⅲやホーク75の再来と期待したいところだった。海軍側が「中型～軽空母で運用される複合動力戦闘機で、ピストン・エンジンは巡航飛行時の動力、ジェット・エンジンは発着時および緊急時の加速用」と要求したところ、カーチス社ではFR‐1を格段にパワー・アップさせた機体という考え方に結びつけた。

機首のピストン・エンジンにはP&W・R‐2800‐34W（二千百馬力）、後部胴体にはデ・ハヴィランド・ゴブリン（推力千二百二十五キロ）を搭載。R‐2800はF6FやF4Uの動力と同系列だが、これらはいずれも艦載機としてはかなり大ぶりな機体。一方、胴体内にジェット・エンジンを装備した際は、ノズルまでのダクトが長くなることによる推力ロスが問題とされたこともあり、尾翼部を支える後部胴体を細身にして、主翼付け根のすぐ後ろのノズルが開口する変則的な形状になった。ジェット・エンジンにDHゴブリンが選ばれたのは、このエンジンがアリス・チャーマーズ社でライセンス生産されることになったからだった。

XF15Cは三機試作されたが、R‐2800を用いたことがやはり機体の大型化につながってしまった。大型空母に搭載予定だったFD‐1に対してさえも全幅、全長の寸法を上回っただけでなく、機体重量も約三トンもオーバーし（FD‐1が四・五トンだったところXF15Cは七・五トン）、早くも重量超過の泥濘にはまっていた。試作初号機はゴブリン・エンジンが間に合わず一九四五年二月末にピストン・エンジンだけで初飛行を行なったのはまだしも、五月からジェット・エンジンも装備して飛行すると、懸念されていた機体震動や安定性の問題が浮き彫りになった。

初号機がすぐに失われたこともあって二機でのテスト継続となったが、三号機は問題解決を図ろうと垂直尾翼の面積を拡大させ、T字型尾翼への変更も試みた。けれども、飛行性能はピストン・エンジンだけでは六百キロ／時、ジェット・エンジンを作動させても七百五十五キロ／時程度と、複合動力化のメリットは見出されなかった（すでにXF4U‐5が七百五十キロ／時で飛行していた）。

そして決定的な影響となったのが、アリス・チャーマーズでのゴブリン生産計画の破談と第二次大戦の終結。当然、開発成功の見通しが立たなかったF15Cは棚上げにされるしかなかった。この失敗の直後、陸・空軍向けに四発の全天候ジェット戦闘機XF‐87の試作にチ

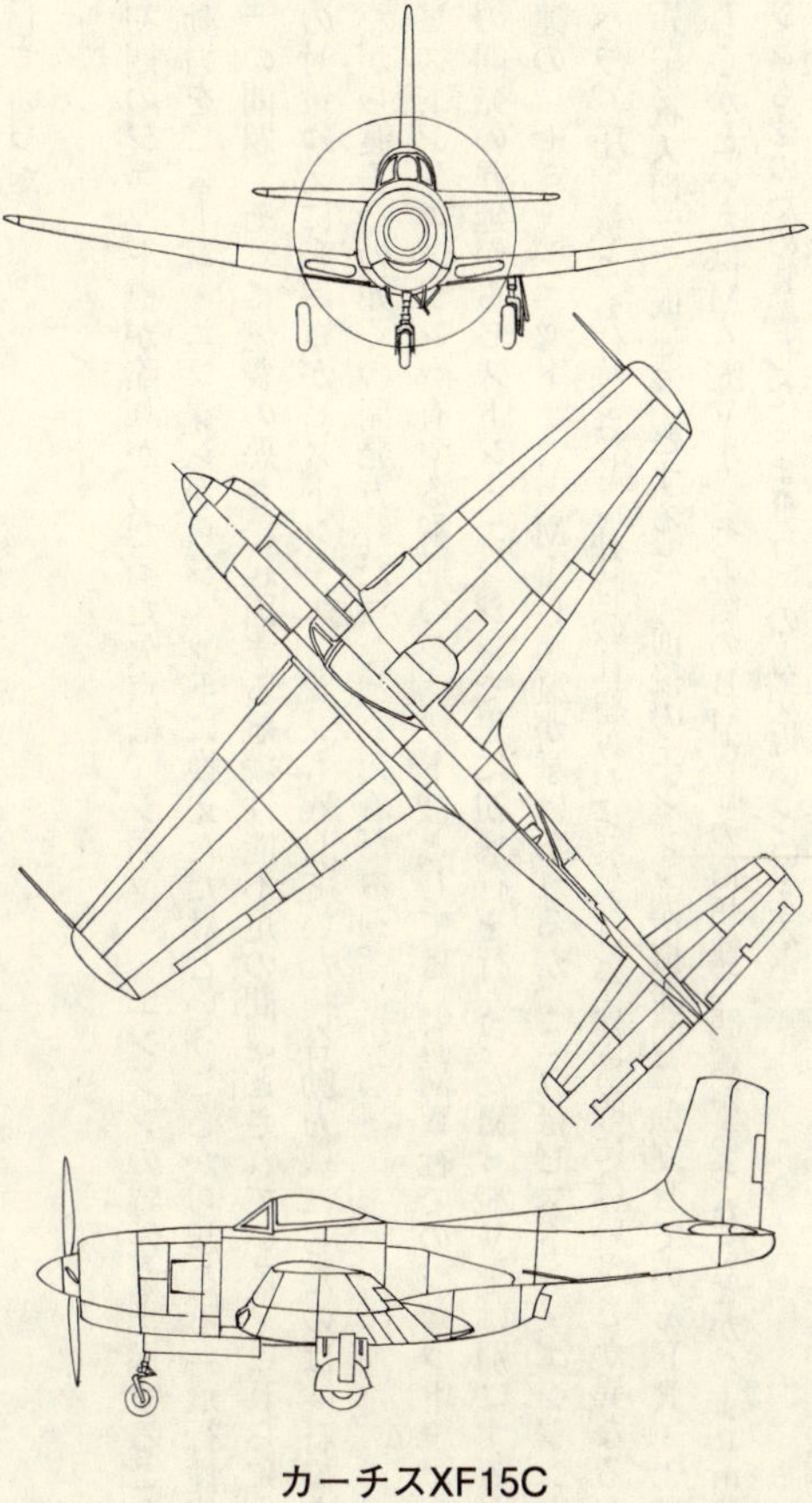

カーチスXF15C

ャレンジするが、ここでもノースロップF‐89やロッキードF‐94（ともに双発機）に敗北。結局、カーチスはジェット化の波に乗ることができないまま、アメリカの航空工業から姿を消していった。

初期のジェット機が陥りがちだった欠点は、ジェット・エンジンの特性を把握することなく動力をピストン・エンジンからジェットに換えただけということから起こる「飛行性能不足」の問題、それに燃費の悪さに起因する航続性能不足の問題とされている。これらについての対策ゆえに米海軍がピストン・エンジンも残していた複合動力機にしたのは「石橋を叩きながら渡る」の如くの開発方針だったといえるだろう。

ピストン・エンジンも有する初期のジェット機としては、BMW社でのジェット・エンジンの開発の遅延からピストン・エンジンで先に初飛行を行なったMe262V1は別にすると、ソ連の「セミ・ジェット」ことMiG‐250が挙げられるが、これはピストン・エンジンがプロペラ、圧縮機とも作動させる独特の仕組みだったため、機構的にはいささか異なる存在（「異形機入門」で既述）。とすると、前後のエンジンが機能的に独立しているFR‐1は、どちらかといえばMe262V1（その頃のBMW003の信頼性に問題があったことからJumoエンジンも念のため装着したまま飛行）の方が近いといえる。

だがライアン社の技術陣は「必ずしも高性能のエンジンを搭載せず、ジェット、ピストン両エンジンで補完」「護衛空母でも運用可能な実用性の高さ」を念頭に置いて開発。発進時の推力ロスやノズルから噴射されるガスの飛行甲板への悪影響を考慮に入れて、最初から三車輪式の機体レイアウトが採られた。胴体内に異なる二種類の動力を備えるため主車輪は翼内に収納せざるを得ず、また、内翼前縁にジェット・エンジンのインテイクが開口したため翼厚は厚くならざるを得なかったが、余計な突起などほとんどない、非常にクリアな姿に仕上げられた。

試作初号機は一九四四年六月にピストン・エンジンだけで初飛行を行ない、その翌月にジェット・エンジンでの飛行も実施。胴体は、ピストン・エンジンとコックピットを収める前部胴体と、ジェット・エンジンおよび尾翼部から成る後部胴体の二分割構造になっていた。この構造は、あのロッキード・スカンク・ワークスが一九四三年にＸＰ‐80を開発した際にも採った方式だが、以降の胴体内にジェット・エンジンを装備する機体に広く適用されることになる。

複合動力機なのでジェット・エンジンだけでの戦闘行動（そのときはプロペラはフェザリング状態）もあり得るので同調機銃は装備できず、固定火器はプロペラの回転面の外、主翼前縁のインテイクの外側に装備された。だが爆弾、ロケット弾、外部燃料タンクの類は在来機と同様、内翼、外翼の下面・パイロンに懸架された。

またこの頃のレシプロ機、ジェット機に関して「ピストン・エンジンは高度に精錬された航空ガソリンを用いたのに対して、ジェット・エンジンには精錬を要さない一方、人体への危険性が高いジェット燃料が使われた」ともされているが、ＦＲ‐１など複合動力機では機体内燃料タンクのスペース確保の問題などから、ピストン・エンジン用の燃料が双方で使用されていたという（日本海軍の特殊攻撃機・橘花の場合、高級燃料が入手難になったことから急ぎ、攻撃用ジェット機として作られたとも伝えられている）。

試作型はやがて垂直尾翼の面積拡大、ダクトを延長してジェットのノズルを胴体最後尾に移動……といった変更が加えられるが（方向安定性改善や尾翼の過熱問題対策のため）、一九四五年一月一日からのCVE－30チャージャー艦上での空母運用適性試験を経て、護衛空母における運用可能性も立証。そして四三年十二月の百機の量産型発注に従って、その年の初頭から量産型が海軍に納入されはじめた。

試作型の二機、量産型の一機が失われる事故も発生したが、日本軍が体当たり攻撃を繰り返したこともあってFR－1の実戦投入が望まれ、主翼構造の強化、フラップのダブル・スロッテッドへの変更などを経て生産を継続。急遽、空母レンジャーでの運用試験も行なわれたが、八月十五日に日本は降伏。それまでにFR－1の発注機数は七百機まで拡大していたが、六十六機が引き渡された時点でキャンセルになった。

太平洋戦争末期に実戦参加が目前に迫るも遂に実戦で用いられることがなかったFR－1だったが、ジェット化の目的とされたはずの飛行性能はF8FやF4U－4のそれにも達しなかっただけでなく、操縦性や安定性にも問題があった。ライアン社では実用性に配慮したつもりだったが、それでも実際に空母に搭載すると、従来のレシプロ機よりも格段に手が掛かる艦載機になった。

しかしながら最初期のジェット艦載機として、次の二点が本機の意義として見出された。ひとつは、艦載機のジェット化に向けての搭乗員の転換、慣熟訓練の役割……じつは、このことはジェット機の開発と同様に重要なことで、ピストン・エンジン機のパイロットがジェット機の経験が乏しいまま乗り換えると事故が多発……この問題はドイツ空軍で大問題になり、特殊な存在である艦載機でも訓練が不充分だと、同様のトラブルが発生しただろう。結局、六十機あまりのFR‐1はこの役割で酷使されることになり、同時期の艦載機を上回るペースで消耗してしまい、一九四八年春までに全機がフェイズ・アウトを余儀なくされた。

もう一点は「過渡期においては複合動力機も実戦機として運用可能」と判断されたこと。FR‐1に一年遅れてカーチスXF15Cの開発が指示されたことは既述したが、FR‐1の量産化はジェット化に慎重さを究めた米海軍に、異様なまでの複合動力機への自信と期待を与えた。その結果、グラマン社にはTBFの後継雷撃機としてXTB3F（P&W・R‐2800系＋ウエスティングハウスJ19XB）、ダグラス社にはXBTD‐2艦攻（ライトR‐3350系＋ウエスティングハウスJ30）、エドXS2E水上観測機（レンジャーV‐770＋ウエスティングハウスJ30）、ノースアメリカンAJ‐1サヴェイジ艦攻（P&W・R‐2800系×2＋アリソンJ33A）と、複合動力機の計画着手や試作が相次ぐことになる。FR‐1を開発したライアン社においても、機首の動力をターボプロップのGE・TG100に換えたXF2Rダークシャークの試作に取り組んでいた。

初期のジェット機開発の過程において、この種の複合動力機が現われることは誤りとはいえないだろう。艦載機ではないが、やはり大戦末期に開発されていたロッキードP2V哨戒機はライトR‐3350二基に加えて、ウエスティングハウスJ34二基をパイロン状に装備して長距離陸上哨戒機としての在任期間を大幅に延長。かつての交戦相手国・日本で開発が続けられたP‐2Jに至ってはターボプロップの石川島播磨（IHI）T64×2＋ターボジェットのIHI・J3×2に改められて、世紀末迫る一九九四年まで現役機の任に留まり続けて、世界でも珍しい「無事故喪失実戦機」となった。

米空軍においてもコンベアB‐36Dが、P&W・R‐4360×6＋GE・J47×4を動力とする複合動力爆撃機となった。大戦終盤のドイツにおいても、ドルニエDo335の複合動力機化（Do535）、ブローム&フォスの複合動力非対称攻撃機など、ピストン・エンジンとジェット・エンジンを合わせた各機が計画されていた。

ところが艦載機の場合は、陸上機と比べてずっとスペース的に制限された格納庫で整備されて反復運用される……となると複合動力機は、とりわけ整備担当者にとっては尋常ではない負担になっただろう。米海軍であのように何種類も試作が指示された複合動力機も（だいたい水上偵察機の複合動力化というあたりからしてアブ・ノーマル……好奇の眼からはペーパー・プランでもいいからその姿を見てみたいものだが）、結局のところ制式化されたのはFR‐1のほかはノースアメリカンAJ‐1だけだった。

ほかの艦載複合動力機の開発が大戦末期に行なわれていたところ、AJ原型機の製作が発注されたのは大戦の終戦翌年の一九四六年六月のこと。すでにライアンFR-1の開発から複合動力機を艦載機として使うことに整備面での負担が大きいこともわかっていたが、それでもこの特殊な艦載機の実用化を目指したのは、前年に陸軍・航空軍のB-29が広島、長崎に投下した原子爆弾と同クラスの核爆弾を運搬可能な機体の空母からの運用を米海軍が希望したから。

この要求に応じて機体の設計案を提出したのはグラマン、ダグラス、ノースアメリカンだったが、直径一・五メートルを上回る大型爆弾を収納可能な容積の大きい爆弾倉を有する機体案を提出したノースアメリカンに対して原型機開発を指示。肩翼の後退しないテーパー翼というところもこの時期にはクラシックになっていたが（後に翼端に燃料タンクを装備）、巨大な爆弾倉の後ろにアリソンJ33-A-10（推力二千七十キロ）一基が搭載された。そのエア・インテイクは主翼に接合する胴体上部に開口され、ジェット・エンジンのノズルは胴体後部（尾翼の下辺り）に位置し、水平尾翼には十二度も上反角がつけられた。両翼のピストン・エンジンのP&W・R-2800-44W（二千四百馬力）のエンジン・ナセル内に三車輪式の主車輪を収納した。

この時期に米海軍も核爆弾搭載機の運用能力を持とうとした背景には、中、東欧圏を勢力圏としたソビエト連邦との二極化という予測があった。間もなく核爆弾の技術はソ連ほか戦勝国側にも拡散。AJ-1の試作初号機は一九四八年七月に初飛行を行ない、一年後の四九年九月には早くも実戦配備された。その当初は、本機を搭載した大型空母三隻は大西洋に展開していたが、翌五〇年六月に朝鮮動乱が勃発。これにより中型空母での運用試験が行なわれ（一九五一年五月）、五二年秋には太平洋艦隊のヨークタウンにも搭載されるようになって、派遣部隊は厚木に展開。朝鮮戦争で北朝鮮への支援を積極化した中国軍に向かい合う姿勢を取った。ある意味、第二次大戦中と同じくらいかそれ以上の緊張状態だったのだろうが、厚木に展開したAJ‐1には「ICHI BAN」「DAI JOBU」「CHO CHO」などとローマ字書きされていた。

しかしながら核搭載複合動力機のAJ‐1が実戦部隊に配備されたのは、この機に替わる純ジェット攻撃機のダグラスA3Dスカイウォーリアが現われるまでのこと。後続型のAJ‐2は純レシプロ機となって空中給油機として使われるようにもなり、またこの系列に写真偵察機型としてAJ‐2Pも登場。アリソンT40‐A‐6ターボプロップ・エンジンに換えたXA2J‐1も試作されたが、A3Dの開発が成功したため、こちらは必要とはされなかった（「超音速の夜明け・米海軍ジェット戦闘機・攻撃機1945〜1956」文林堂）。

開発した各機が重量増加の落とし穴にはまり続けて撤退せざるを得なくなったのは、カーチス社だけではなかった。ベル社も重心近くにエンジンを備えた異色の戦闘機・P‐39、P‐63に続いて、初期のジェット戦闘機・P‐59、XP‐83の開発に携わったものの、いずれも米陸軍では主力戦闘機にはなり得なかった。P‐39、P‐63は国外で多数機の需要があったため何とか面子を保てたが、二代のジェット戦闘機の開発失敗により、ベル社は固定翼機

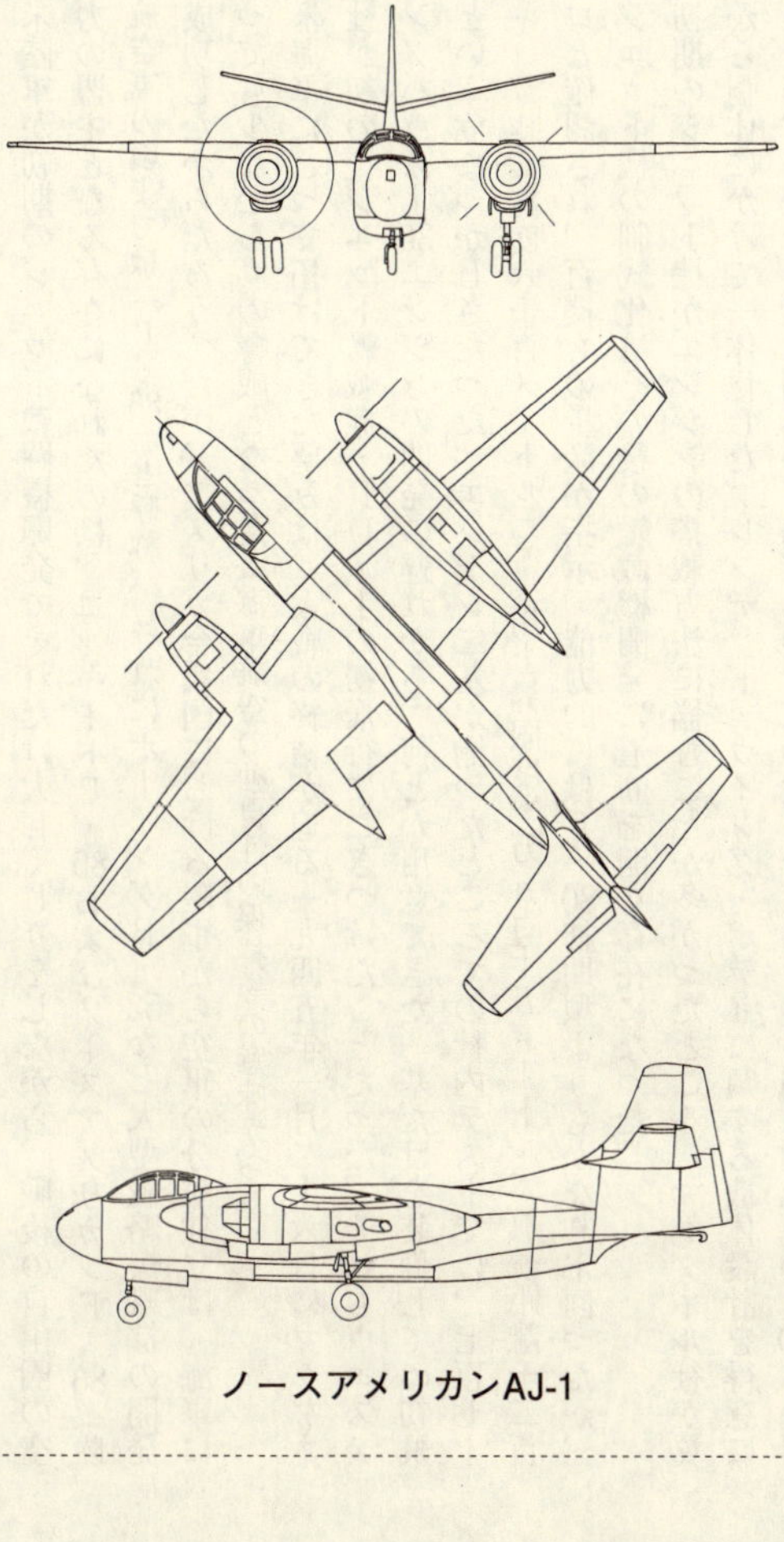

ノースアメリカンAJ-1

の市場から撤退。戦後の同社はもっぱらヘリコプター・メーカーとして知られるようになった。

米陸軍が初期のジェット戦闘機開発でそれだけ大しくじりをしながら、戦後の自由圏の空軍力の盟主となる存在になれたのは、ロッキードP・80およびノースアメリカンF・86（陸軍航空軍の頃までは「P・86」と呼称）、それにボーイングB・52など大型戦略爆撃機の開発に成功したからだろう。だが、アメリカ合衆国における陸軍から空軍の分離独立は、海軍にとっても少なからずの脅威となった（海軍航空の独自性の保持等の意味から）。

米海軍にとって拓けてきた望みは、大戦の終結が迫る一九四五年一月二十六日にマクダネル社が初の純ジェット艦載機・FD・1の初飛行にこぎつけたことだった。それもウエスティングハウスJ30エンジンの開発の遅れから、何とか用意できた一基だけを装備しての初飛行という危なっかしさだった。エンジン二基が揃ったところでの社内テストでは、七百七十八キロ／時（高度六千百メートル）、実用上昇限度一万五百十五メートル、航続距離千二百キロと確認され、百機もの量産が指示。能力的にはP・80初期型よりもかなり下回ったが、純ジェット機の制式化はその後の艦載機開発に道筋を開く存在になった。

初期のジェット機がエンジンの搭載方法に悩むことが多かったところ、マクダネル社が翼部から胴体にかけて一体化したブレンデッド・ウイング・ボディに類する機体設計を得意にしたため、FD・1では胴体から翼部にかけての大きなフィレット内に軸流式のJ30エンジンを難なく装備。性能不足と終戦により製作機数は六十機ほどに留められたが、終戦翌年の一九四六年七月二十一日には大型空母フランクリンD・ルーズベルトでの発着艦に成功して、アメリカ海軍初の空母運用純ジェット機となった。またFD‐1（一九四六年中に「FH‐1」に改称）の制式化、量産化は、その後の米海軍にとって切っても切り離せない存在になるマクダネル社にとっての、初の制式機の誕生でもあった。

第二次大戦は終わったが、ジェット機の開発は依然、戦勝国側で続けられており、マクダネル社でもすぐに後継機種のF2Hバンシーの開発に取り掛かり、ノースアメリカンでFJ‐1フュアリー、ヴォート社でF6Uパイレイト、グラマン社でF9Fパンサーの開発を進めるなど二世代目のジェット艦載機の開発も活発化。しかしながら、これら第二世代の各機はまだどれも直線翼機だった。だが間もなくドイツ占領後に獲得した先進的空力研究の成果が米本国にももたらされて米航空工業の技術にも反映されるようになり、グラマンF9F‐6〜8クーガーやノースアメリカンFJ‐2〜4フュアリー、マクダネルF3Hデーモンなどの三世代目からは後退翼機の時代へと移っていった。明らかに先を進んでいた空軍機に海軍機が追いついてきたのも、このあたりからだろう。

航空技術の多くは軍事面での普及が広まってから民間航空の分野にも流入し、今日ではジェット、後退翼の旅客機が一般的な存在になっている。しかしながら米海軍機・艦載機のジェット化に際しては、このように複合動力、直線翼ジェット……という、意外なほどの回り道を経ていたのである。

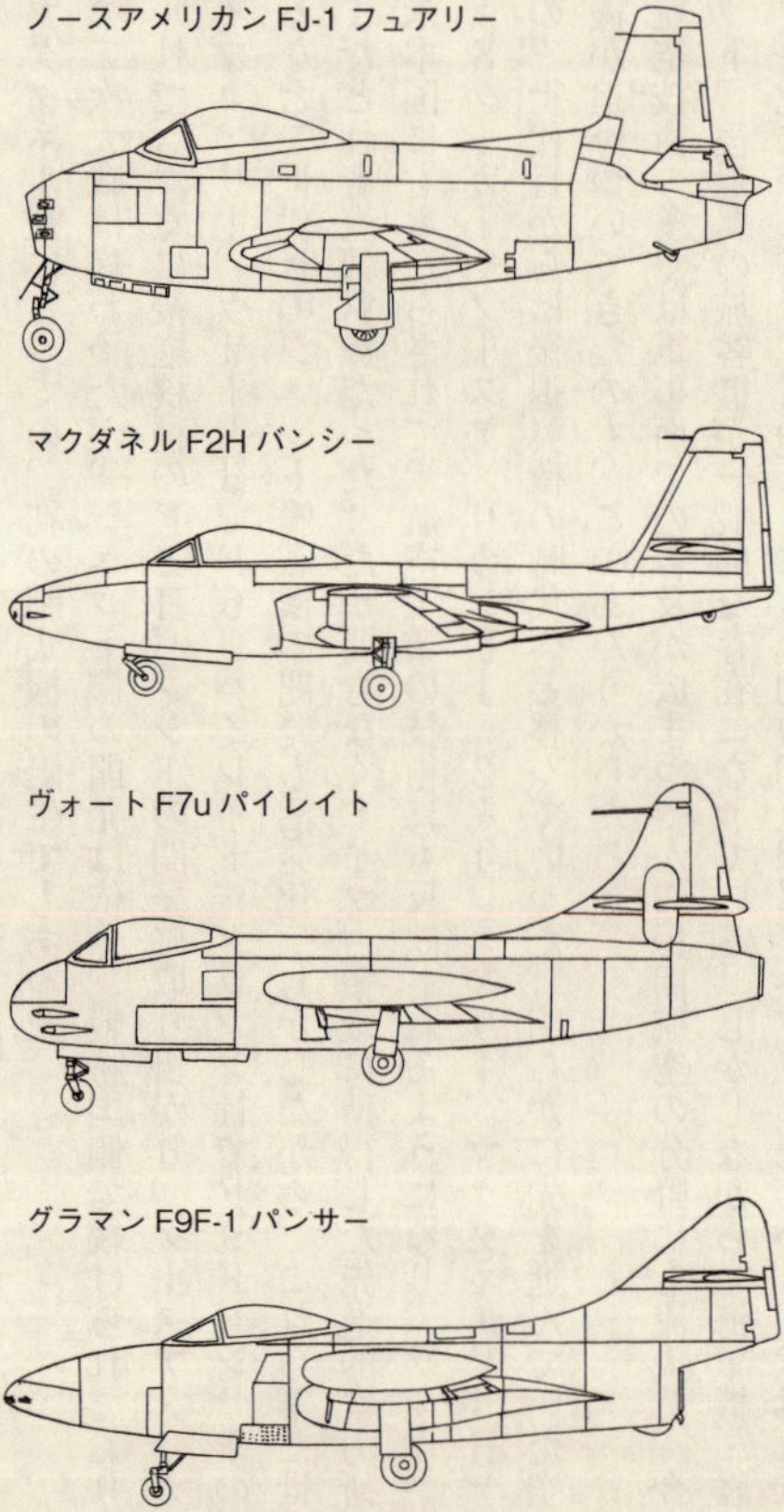

第２世代の米艦載ジェット機

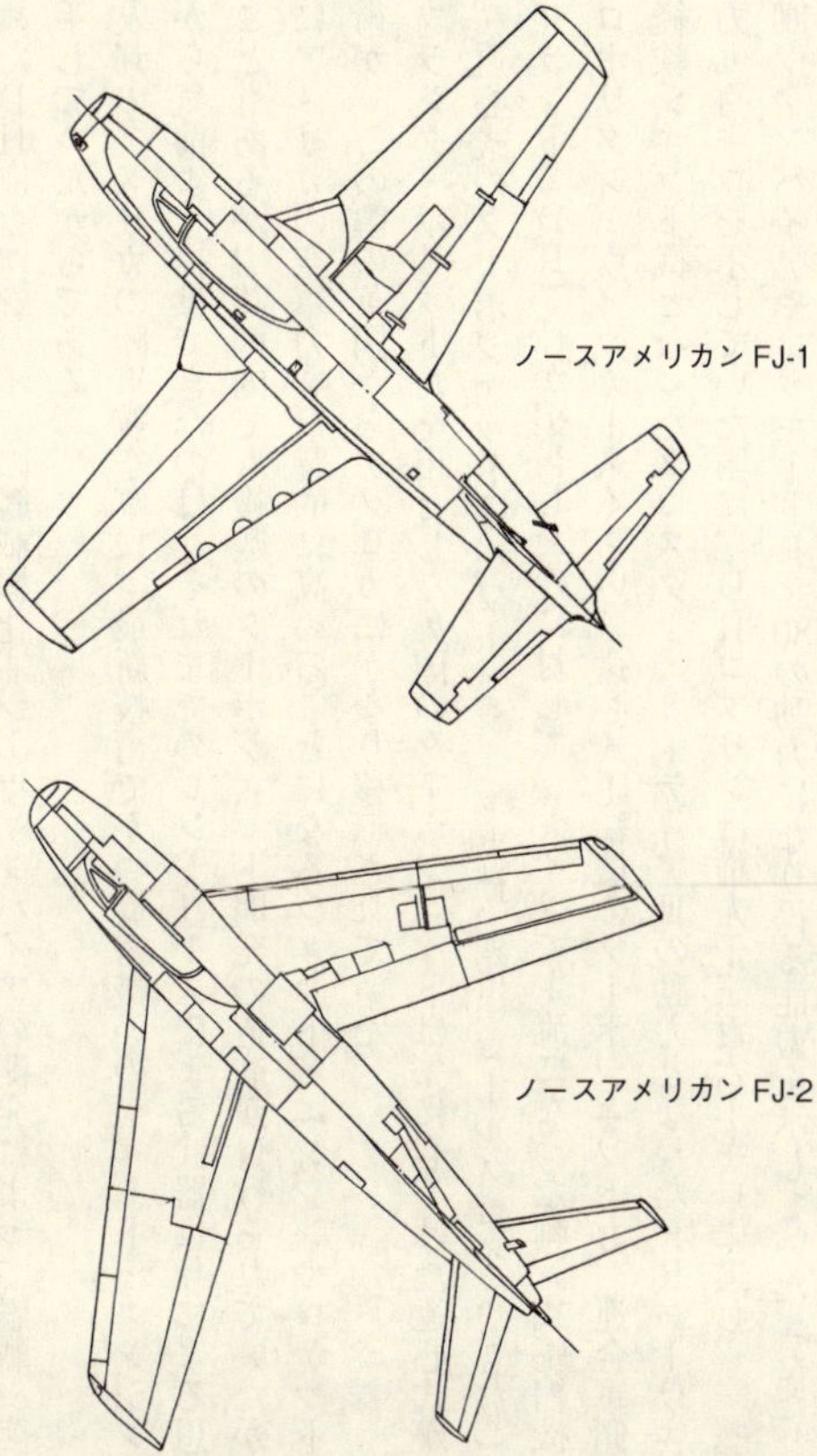
ノースアメリカン FJ-1
ノースアメリカン FJ-2

直線翼から後退翼へ

もがき、のたうつかのようにジェット化の途を歩んだ米海軍艦載機に対して、英海軍航空でのジェット艦載機の誕生はずっと淡白だった。先にも挙げたとおり英艦載機のかなりの機種は陸上機の艦載機型という経緯をたどっていたが、ドイツ降伏の頃に生産ラインが動きはじめたDH100ヴァンパイアの艦載機化＝シーヴァンパイアの開発によって艦載ジェット機を入手していたからである。

友邦のアメリカの陸軍航空軍に、最新技術でかつ機密扱いのジェット・エンジン技術を英国から気前よく提供できたのは、それまでのレンドリースによる武器供与による恩義があったこともあるが、英国内でも複数のターボジェット開発の道筋が付けられていたからだろう。後にアメリカの空軍力を飛躍的に高めることになるジェット・エンジンやロケット兵器関連技術が、この頃の英国からアメリカにかなり移転されていた。

フランク・ホイットルを祖とした英国のターボジェットは先にも挙げた遠心式が主流だった。遠心式のターボジェットはパワー・ジェット社、後にロールズロイス（RR）、デ・ハヴィランド（DH）社が担当したのに対して、ドイツで主流になった軸流式圧縮機の方はメトロポリタン・ヴィッカースくらい。遠心式圧縮機のターボジェットも、連合軍側唯一の実戦経験ジェット機となったグロスター・ミーティアⅢの動力となったRRダーウェントⅠが推力九百キロを示していた頃に、DHゴブリンは推力千三百六十キロに達し、一基だけでDH100ヴァンパイアやロッキードP‐80の動力になり得る能力を示していた（ただしヴァンパイア、P‐80とも第二次大戦での実戦参加は間に合わず）。

ヴァンパイアの実戦化が遅れたのは製造工場となるイングリッシュ・エレクトリック社の準備に時間を要したからでもあるが、ヨーロッパでの戦いが終わる二週間ちょっと前に量産型が現われはじめると、この機を手にした英軍では、戦闘爆撃機型や艦載機型、練習機型、さらには特徴ある双ビーム形式の機体を無尾翼・後退翼機に改めた高速飛行実験機なども検討されはじめた。何が出てくるやらわかったものではなかったドイツ軍と戦う必要がなくなったからでもあるだろう。

そして太平洋戦争も終わった夏が過ぎたその年のおわり頃までに、ヴァンパイアの原型機のうちの一機が艦載機仕様に改造。双ビームの下面にもわたるほど面積を拡大させたフラップと中央胴後下部にセットされたV字型アレスティング・フックが装備された機体に、テスト・パイロットとして知られるエリック「ウィンクル」ブラウン海軍大尉が搭乗して、一九四五年十二月三日にHMSオーシャン艦上での発着艦試験を実施。航空母艦から飛び立ち、着艦した最初の純ジェット機となった。

その後、Mk・I、・Ⅲの原型機からの艦載機転用に続いて、戦闘爆撃機型のFB・Mk・Vから十八機が艦載型に転用。これらは先輩艦載機に倣って「シーヴァンパイア（Mk・20）」と呼ばれることになった。一九四九〜五三年にかけて行なわれた降着装置なしの艦載型（シーヴァンパイアMk・21）のゴム張り甲板での着艦試験がその後の艦載ジェット機開発に及ぼした影響は定かではないが、複座型のシーヴァンパイアMk・22はジェット艦載機要員の育成に役立ったのは確かだった。

大戦直後という時期でもあったため、シーヴァンパイアが実戦に寄与することはなかったが、ヴァンパイアから発展したヴェノム（より推力が大きいゴースト・エンジンに換わったため中央胴が拡大、主翼の後退角がやや強まり翼端タンクも装備）にも艦載型のシーヴェノムが登場。そしてデ・ハヴィランド双ビーム機の最終発展型であるシーヴィクセンは、RRエイヴォン（推力五千百二キロ）二基を動力とする全天候艦上戦闘機となった。

艦載ジェット機となったのはシーヴァンパイアの方が先だったが、英海軍では大戦が終結するずっと前にターボプロップやターボジェットを動力とした艦載機の開発を指示していた。ウエストランド・ワイバーン、スーパーマリン・アタッカー、ホーカー・シーホークといった各機の開発である。

各機の開発の着手は、ミーティアが実戦参加を経験した一九四四年頃のこと。戦争がさらに長期化した際の実戦投入を前提にはしていたが、各機の使用予定エンジンの都合、また開発目的の違いなどによって作業の進捗には多少の違いがあった。けれども大戦が終結してからは、開発作業の進行がさらに遅れがちになった。実際に戦場になった英国本土の復興のため、当座急ぐ必要がなくなった防衛予算としての支出は後回しにならざるを得なくなったという事情もあった。

そのようなマイナス要因に抗しながら、いち早く先に試作機完成に至ったのは、ワイバーンだった。最初に納入を求められた六機の試作機型がピストン・エンジン（RR・イーグル、

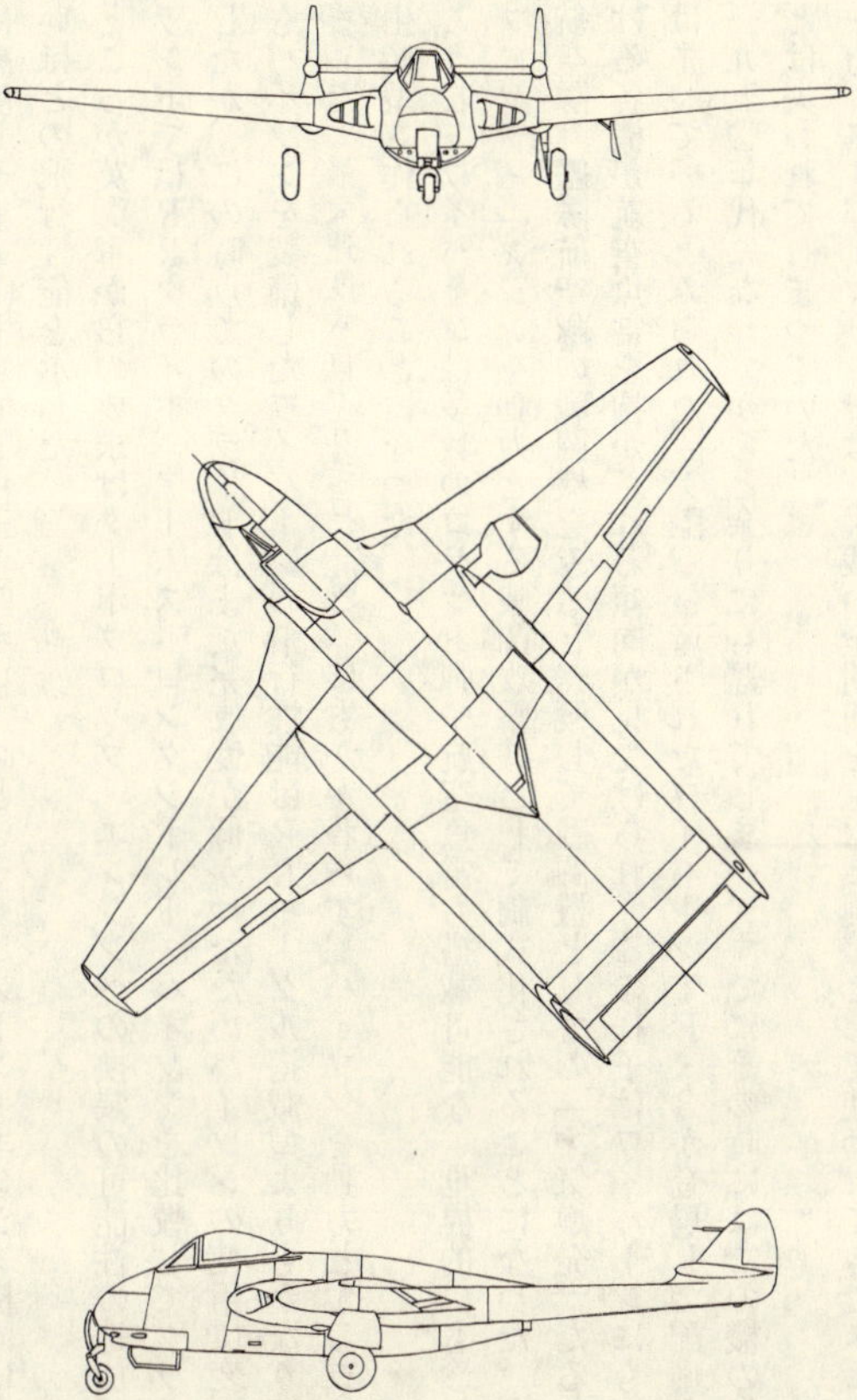

デ・ハヴィランド・シーヴァンパイア

三千五百馬力）を使用することになっていたこともあるが、この時点でのワイバーンTF・Iは高度七千十メートルで七百三十四キロ／時という、ピストン・エンジン機では考えられないほどの飛行性能を示した。

ところが英海軍からの要求はターボプロップ・エンジンへの換装の可能性の追加。ウエストランドではRRクライド、アームストロングシドレー・パイソンを比較してクライドを希望したが、この時点でのクライドはまだ完成度が低かったためパイソンの使用に変更。けれどもパイソンを装備したワイバーンの飛行性能はRRイーグル搭載型よりもかなり下回ってしまった（最大速度六百十五キロ／時）。にもかかわらず、パイソンを動力とするワイバーンの生産型も作られることになった。

こうしてワイバーンは多数のロケット弾や航空魚雷も搭載可能な、世界的にも珍しいターボプロップ・エンジンを動力とする戦闘攻撃機として制式化されることになった。だが英沿岸航空隊、艦隊航空隊の戦闘機をみると、概して戦闘機としての「才気煥発」たるところに欠ける各機が航空魚雷を抱かされる傾向が見受けられ、この様子はワイバーンにも充分に当てはまっているとみられた。実際、量産されたワイバーンTF・3が登場して配備されたのは一九五〇年代になってからと余りにも遅れてしまい、すでにその時にはこの機の為すべきことは失われてしまっていた。

一方、スーパーマリンでは、大戦の全期間を主力戦闘機として使われてきたスピットファイアの特徴ある翼部を、あの楕円翼から層流翼の直線テーパー翼に改めた新型戦闘機スパイ

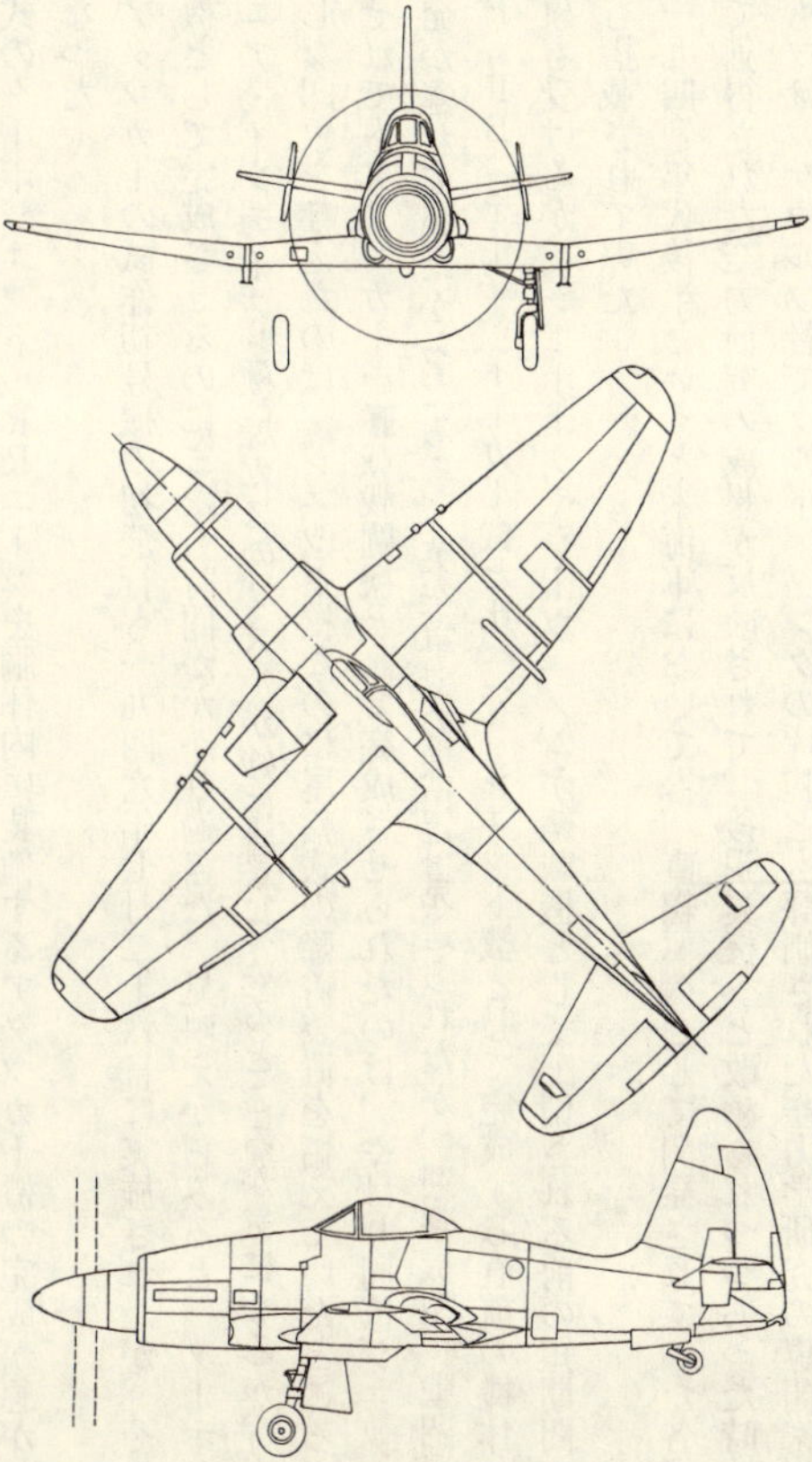

ウエストランド・ワイバーン

トフル（陸上機型）、シーファング（艦載機型）の開発にも携わっていた。そして英空海軍からの新型ジェット戦闘機の求めに応ずる際に、この層流翼を主翼部分に使用……新たな遠心式のターボジェット・RRニーンを胴体内に装備するアタッカー機の完成が急がれることになった。

アタッカーの試作初号機の初飛行も一九四六年七月二十六日に実施されたが、その後の実戦機として完成させるのにまたも時間がかかり過ぎた。見映えからみると、ターボジェットのエア・インテイクと燃焼ガスのノズルが妙に離れているところが気になるが、もっとおかしな印象を与えたのは、ジェット機なのに尾輪式の降着装置を備えていたところだった。

それでもアタッカーを艦載戦闘機として完成させられたのは、やはり同僚ジェット機群の開発が遅れていたからだろう。英空軍での採用は見送られたが、迎撃機型、戦闘爆撃機型（F、FB）を生産。ホーカー機と比べて「ジェット機として完成する直前の機体」という印象も受けるが、シーホークやシーヴェノムが艦載機として配備される前の短期間、英空母にも搭載されていた。

一九四〇年代後半というと米海軍においても、直線翼機として開発されていた各機にドイツで獲得された空力研究の成果が反映されて、後退翼機へと改められつつあった時期。英国にもフォッケウルフ社でクルト・タンクの片腕とも評価された空力学研究の専門家であるハンス・ムルトホップ技師（あの未完成の傑作機・Ta183フッケバインの開発で重要な役割を果たした技術者）が渡ってきた。ところが、英国の航空技術者らは米ソほどドイツでの研究成果を信用せず、また重視しようともしなかった。

ナチス・ドイツに対する長年の恨みや不信感、それにもう一方のジェット・エンジン先進国としてのプライド、さらには電気通信技術の分野での先進性の意地なども、英側航空技術者たちの意識を強張らせていたのだろうか。結果的に英航空工業各社での後退翼機の開発は「ヴァンパイア、ヴェノムを経てからシーヴィクセン」「アタッカーを作ってからスイフト」といった具合に、回り道を経ることになっている。

大戦間にハート、ハリケーンを開発し、その後もホーカー社の戦闘機開発をリードしたシドニー・カム技師の大戦後・ジェット時代の傑作機というと、後退翼機の時代になってからのハンターが挙げられるだろう。だがそれより以前の、一九四四年頃にホーカー社初の艦載ジェット戦闘機として開発にはいったのが、シーホークだった。

グロスターやデ・ハヴィランドがすでにジェット戦闘機を開発していた時代に、テンペストやシーフュアリーといったピストン・エンジン戦闘機を作っていたこともあり、ホーカーのジェット戦闘機開発は後手にならざるを得なかった。そのため、これらピストン・エンジン戦闘機の主翼と同様の平面形の主翼に遠心式ターボジェットを内蔵した胴体を組み合わせた機体（社内称・P１０４０）の設計を試みるところからはじまった。

このあたりは、ノースアメリカン社でムスタングの主翼平面形をベースにFJ‐1が開発されたときと似ているが、ホーカー社ではエア・インテイクだけでなくジェットの燃焼ガスをも二股のダクト、ノズルから噴出させる独特の方式でパテントを取得していた。入り口、

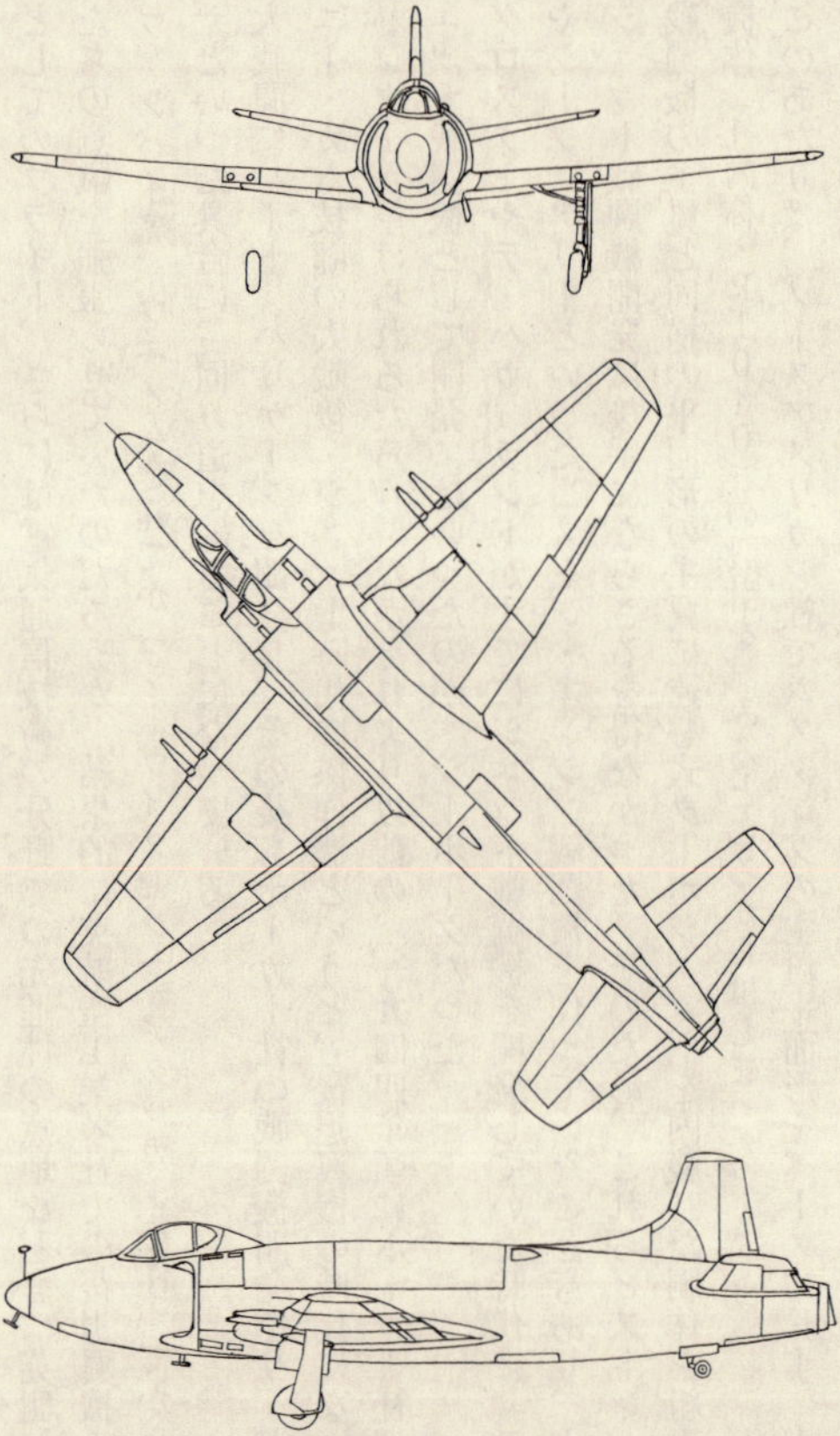

スーパーマリン・アタッカー

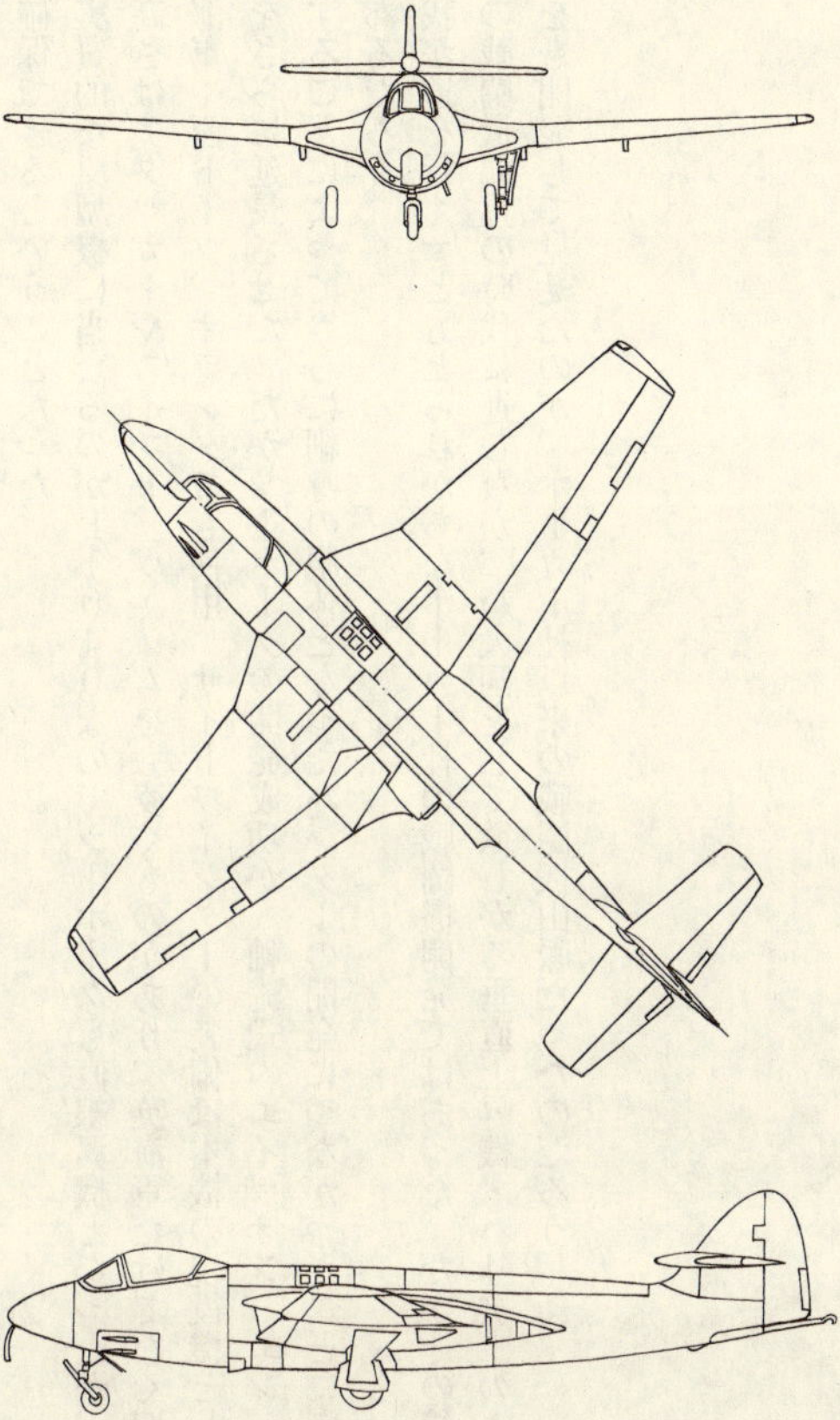

ホーカー・シーホーク

出口が二穴なので一見すると双発に見えるが紛れもない単発機。その仕組みにすることにより推力ロスが防げるのと同時に、ダクトが貫通しない後部胴体内に燃料タンク等のスペースが確保できるということだった。

実質的な原型機に当たるのがP1040なのでシーホークも直線翼機となったが、完成度の高さはアタッカーやスイフト、ヴェノムをも凌ぐものがあり、英海軍だけでなく旧英連邦の海軍や西ドイツ、オランダでも使用。サイドワインダーの装備は本機の現役機としての寿命をさらに延長させた。だがシーホークの開発成功が、軸流式のエイヴォン・エンジンを装備することによってさらに細身の胴体となったハンターの開発につながったことに深い意義があるだろう。

「我が道を行く」ともとられがちなホーカー社の戦闘機開発ではあった。だがその後、米ソ製の戦闘機偏重の時代に進むなか、超大国をして欲しがる垂直上昇機・ハリアーのような機体をも開発して見せたのが、ホーカー社以来の戦闘機山脈だったのだろう。

第４章　日独・斜め銃の秘密

とことん大雑把に言うならば、戦場における「戦闘機」という兵器の役割は「敵方に命中弾を与えて撃破すること、敵軍の目的を阻止すること」となるだろう。ところがこれはちょっと考えただけでも、実際に行なうとなると大変高度な技術が求められ、かなりの才能が必要とされるはずと思い至る。空中戦となると、自らも相手方も大変な機動をしている最中で敵の発砲をかわしながら、狙いをつけて発砲して弾丸を命中させる……そんな難しい作業を成し得るひとたちが空の戦いでの勝利者となってきた。

敵機の動きを見究めて移動する位置を予測しながら発砲して命中弾を与える「見越し射撃(deflection shooting)の名手」と称されたドイツ空軍のギュンター・ラルは二百七十五機の撃墜を公認されたが(第二次大戦下のドイツ空軍で第三位、ということは全人類での第三位)、自身も八回撃墜されながら生きのびられたのだから、空の戦いの神様からも愛されていたはずである。

だが戦闘機が撃墜すべき敵機は、機動が激しい戦闘機だけではない。真っ先に落とさなければならないのはむしろ、爆弾を落とすためにやって来る爆撃機。機動性には劣るが確実に仕留めるべき爆撃機（飛行船も含む）を撃墜する努力は第一次大戦中から試みられており、同調機銃が実用化された後も、爆撃機の後下方にもぐり込んで機銃弾を撃ち込める機銃を装備した戦闘機が、ソッピース社やヴィッカース社などで開発され、中には生産されたものもあった（ヴィッカース・ガンバスやソッピース・ドルフィン）。

この種の対大型機撃退用の機種の開発は大戦間の時期になっても続けられていた。一九二〇年代なかばから三〇年頃にかけての英空軍では、三十七ミリＣＯＷ（Coventry Ordnance Works）砲を機体の水平面から四十五度前上向きにセットした対爆撃機用迎撃機としてヴィッカース161、ウエストランドＦ・29／27を相次いで試作。その意図は、敵方大型機に後下方から接近してほぼ同じ飛行速度で飛行しながら発砲すること。敵機も防御火器で反撃すれば、回避機動も行なうだろうが、三十七ミリ砲弾を確実に命中させれば大型機も撃破可能なはずということだった。

第一次大戦中から大戦間にかけて、この種の上方射撃用の火器を装備した戦闘機の開発を続けたのは、前次大戦においてロンドンがドイツ軍のツェッペリン飛行船や大型爆撃機による戦略爆撃に曝されたからだろう。そしてやはり、同程度の速度で並行して飛びながら発砲する方が、機動が激しい航空戦のなかでの射撃よりも確実に命中させられると考えたのであ

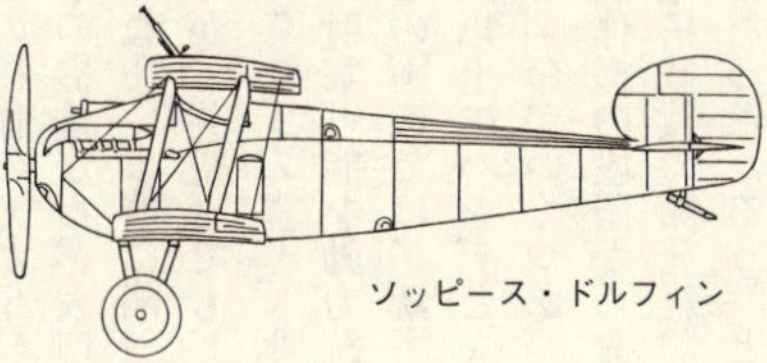

ソッピース・ドルフィン

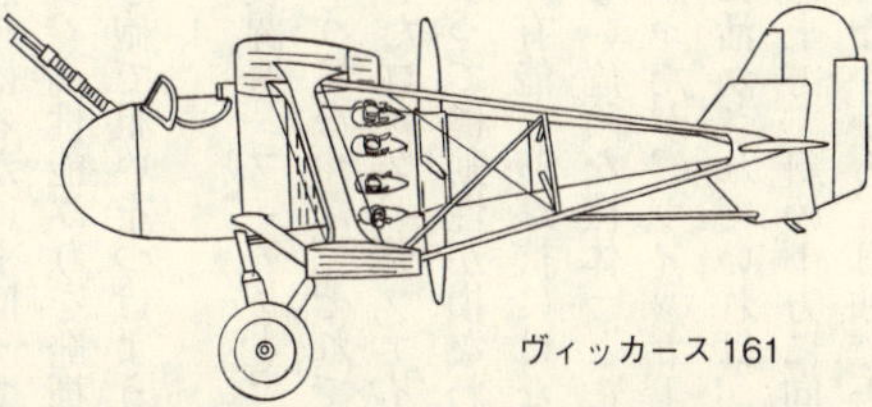

ヴィッカース161

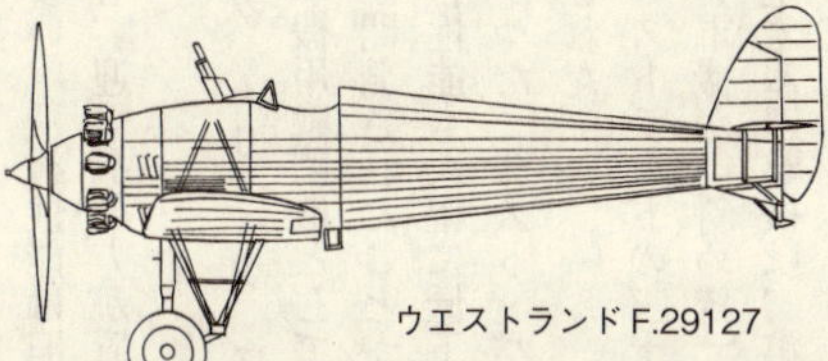

ウエストランドF.29127

上方射撃用機銃、COW砲を装備した英戦闘機

ろう。

ところが戦渦が遠ざかった大戦間の時期とはいえ、航空機の発達のペースはこのような特殊な迎撃機を考えた人たちの予想をはるかに上回っていた。特に一九三〇年代前半は双発機以上の機体の方が単発戦闘機を凌ぐ高性能ぶりを発揮してしまい、飛行性能は旧来の水準のままの機体から、大口径の上向き砲で狙いをつけようとしても、迎撃機の方が置き去りにされかねない事態に陥っていた。

やがて英空軍でも、在来型の戦闘機（フュアリーやブルドッグ、ハリケーン、スピットファイア）が主力として求められるようになった。それでも対爆撃機用戦闘機として、三百六十度に射撃可能な動力銃塔を装備したロック、デファイアントが開発されたことがあった。だがこの両機では、銃塔の重量によって機動性が損なわれ、飛行性能も大幅に低下したことが予想以上のハンデとなってしまい有能な迎撃機にはなり得なかった。テスト・パイロットからも「命がいくつあっても足りない危険な機体」とこき下ろされた。

試作機の段階から先に進まなかったが、ヴィッカースやウエストランドの三十七ミリCOW砲搭載機の開発経験がその後に活かされていれば、これら英軍機が「斜め銃」搭載機の元祖になっただろう。ところが斜め上方、斜め下方に向けて発砲する迎撃機は、第二次大戦中の夜間爆撃機に対する迎撃戦闘のなかから、日独で再び持ち上がってきた。

第二次世界大戦が勃発した当時には、英独両国は開戦時の自国領から互いの相手国に対して爆撃が可能な爆撃機を数機種ずつ保有していた。緒戦から翌年初夏までのドイツ軍の電撃的侵攻によってヨーロッパ大陸西部はドイツ軍の占領下に置かれてしまい、英軍は大ブリテン島に追い詰められることになった。このことは「英本土から一歩出ればもう敵の勢力圏」と英空軍の爆撃機に大変な負担を強い、その損害を拡大させることになった。

よって英軍の爆撃作戦は、精強なドイツ軍の防空態勢を前に、早くも戦争の初期段階にして昼間の出撃から夜間爆撃に切り替えられることになった。バトル・オブ・ブリテンの後期にはドイツ空軍も夜間着陸誘導システムを応用した夜間爆撃支援システム（Xゲレート、Yゲレート）を活用していたが、電子戦用電気通信機材についての技術がより長じていたのは英軍の方だった（すでにチェイン・ホウム・レーダーによる早期警戒管制体制を構築していた）。夜間爆撃に転じた英爆撃機軍団が電波を活用したより精確な誘導システム（GEEやOboe）を導入して、ドイツ側の夜間防空体制を破るのも、そう時間を要することではなかった。こうしてヨーロッパの空における夜間の攻防を巡る電子戦は、短期間のうちに急激に高度化していった。

枢軸国域内への戦略爆撃を、夜間の出撃に専念させることになった英空軍爆撃機軍団の使用機材も、初期の双発機＝ウエリントン、ホイットレー、ハンプデンに四発機のスターリングが加わり、やがて双発機からハリファクス、ランカスターといった四発機へと更新される。そしてこれら大型機を、高速爆撃機のモスキートが先導するという攻撃スタイルが構築されることになる。

当然、ドイツ空軍の方もＤｏ17Ｚカウツ、Ｊｕ88Ｃなどの、爆撃機の生産ライン上で作られた改造夜戦のほか、昼間戦闘機としては限界に達していたＢｆ110も夜間戦闘機に転用されるようになる。Ｄｏ215カウツにリヒテンシュタイン・レーダーが搭載されると、その後のドイツ夜間戦闘機においては順次、より高性能のレーダーが装備されることになる。このあたりから、捜索用レーダーと電波の妨害、航法を誘導する電波など敵味方の電波が入り乱れて、夜間の電子戦が一気に複雑化するのでもあったが。

ごく初期の段階を過ぎるあたりから、夜間航空戦の様態が一気に高度化、複雑化していった西ヨーロッパに対して、太平洋戦線での夜間空戦は初期段階ではなかなか生起しなかったこともあり、機器類もさほど充実していなかったようである。だが、南太平洋まで戦線を拡大させた日本軍にとって脅威となったのは、長駆襲来するボーイングＢ‐17の存在だった。高高度でかなりの飛行性能を発揮できるうえ防御面も充実していたため、少数の名人・戦闘機乗りがその技量を頼りに撃退している状況だった。

だが、それでも「空飛ぶ要塞」と自負するＢ‐17が日本機との戦いで未帰還機になることは米陸軍にとって由々しきこと。そのため一九四二年春頃からは、ラバウル方面の日本軍の前進基地への爆撃を夜間に行なうことになった。散発的な夜間爆撃から始まったが、前進基地で使用される戦闘機というとまだ零戦しかなかった日本側にしてみれば、対応が後手にならざるを得なかった。

ラバウルに展開した台南海軍航空隊に副長として赴任した小園安名少佐はB‐17への対応策を練ったが、九八式陸偵に搭載した三十キロ空中爆弾によって撃墜も記録したものの、これは容易には成功し得ない方法と認識された。「むしろ機体の斜め下向きに機関砲を装備して、上方を並行して飛びながら発砲した方が命中弾を与えやすい……」逆に、下方を並行して飛行するなら斜め上向きに固定火器を装備すればよいということである。

そこでラバウルにも少数機が置かれていた二式陸上偵察機の後方の胴体・上下面に二十ミリ機関砲二門ずつを水平線から三十度傾けて装備する方法が小園少佐から提案されたが、これが日本における斜め銃の最初だった。だが、日本には例の英国のCOW砲搭載機のアイデアが伝わっていなかったのか「固定火器は前方に向けて装備するもの」という観念に捕らわれてしまい、航空技術廠などでは少佐の意見は認められなかった。

それでも航空本部が改造機による試験だけは認め、二式陸偵三機を斜銃装備機に改造。台南航空隊から二五一空に改称された運用部隊が改造機の到着から間もない一九四三年五月二十一日に夜間爆撃にやって来たB‐17二機を撃墜してみせ、小園新司令（この春に昇任）の案が間違っていなかったことを示した。この戦果はフロックに終わらず、二五一空の夜間撃墜機数はその後も着実に伸ばした。

この夏には、二式陸偵を基にカメラや前方用火器を撤去して、搭乗員も三名から二名に減じたタイプが「夜間戦闘機月光」として制式化された。そして月光後期生産型では斜銃も、その有効性から上向き装備のものに限定された。以降、この種の斜銃は夜間に来襲する大型機の迎撃を任務とする陸海軍機に標準的に装備されることになり、その機種は銀河改造夜戦（および極光）、彗星一二戊型、零戦夜戦型、二式複戦屠龍、百式司偵三型乙（百式防空戦）などに及んだ。

闇夜に紛れ、後下方から目標の大型機との距離を詰めてから発砲するので、口径が大きな機関砲を搭載でき、かつ夜間航法に携わる航法士が搭乗できる複座機の方が望ましかった。だが、日本陸海軍の場合、電子戦関連の技術がおよそ遅れていたうえ、夜間戦闘機の数も充分とは言い難かった。また来襲する米軍機も、B‐17やB‐24からさらに撃墜が難しいB‐29へと高度化。斜銃を装備したことにより米軍側にしばし思わぬ不覚を取らせ、新たな対策を強いたこともあったというあたりが、この兵器の意義とされるのだろう。

英空軍の夜間爆撃機との戦いの激化にともない、ドイツ空軍の夜間迎撃機にも新型機種が用いられはじめたが、新たな火器も装備されるようになった。「シュレーゲ・ムジーク（Schräge Musik ＝ジャズ）」こと、斜銃である。ドイツ空軍では比較的機動性に優れる双発爆撃機にレーダーや重火器を装備して夜間戦闘機として使いはじめたが、既存のＢｆ110Ｇ‐4、Ｊｕ88Ｃ‐6のほか一九四二年頃から戦列に加わったＤｏ217Ｎでもこの種の火器が装備されて、四三年六月から実戦投入された。

斜銃については「日本からドイツに伝えられた」とする説もみられたが、ドイツ側では「夜間戦闘機隊部内で考えられ、試験を経て実用化」と言及。また時期的にみても、小園司

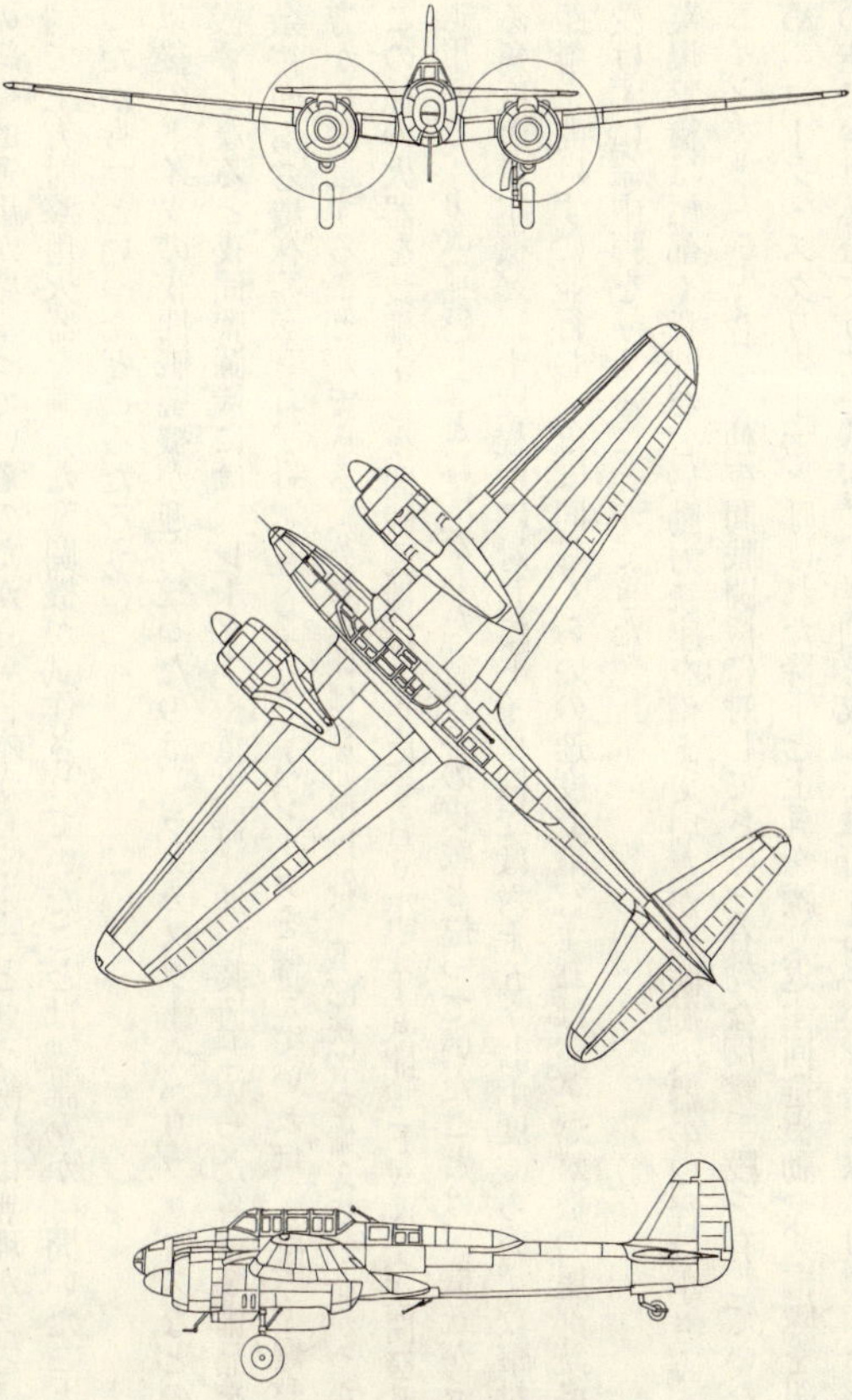

中島夜間戦闘機月光

令が海軍内の反対を説き伏せて実用試験で実績を挙げた翌月にドイツではこれを装備した夜戦の組織的運用が始まっているのだから「日本から……」という説には無理がある。かつて英国で上方射撃用火器を備えた戦闘機が試作されていたことは、誰かが「聞いたことくらいあったかも」といったところだろう。

以後のドイツの夜間戦闘機が迎え撃ったのは、ランカスターやハリファクスなどの大型爆撃機。となると夜間戦闘機には、レーダーや重火器、通信装置といった各種装備品を積み込む余裕がある機体が望まれる。シュレーゲ・ムジークを備えていれば、敵大型爆撃機の後下方から接近することができる（英爆撃機は初期型以外、下部銃塔を備えていなかった）。

この種の火器を装備する夜間戦闘機はさらに、He219、Ta154、Fw189（夜間騒乱襲撃機撃退用のA‐1改造機）などに広がった。日本の夜戦と違っていたことは、機銃がセットされる角度が日本機／三十度程度に対してドイツ機では六十五〜七十度くらい。攻撃対象機との距離を開けずに並行し、ほぼ同じくらいの速度で飛行すれば、英爆撃機の尾部銃塔の反撃を受けずに命中弾を与えることができた。

英爆撃機は尾部や背部などに動力銃座を備えていたが、防御火器の口径は小さく（〇・三〇三インチ＝七・七ミリ）、独夜間戦闘機に対してさほど有効な反撃手段を有していなかったため「コーク・スクリュー」と呼ばれた降下と上昇を繰り返す回避機動や、編隊を組まずに夜の空に溶け込むように一機ずつが隊列を成して飛行する「バマー・ストリーム」といった飛行方法を採るなどした。

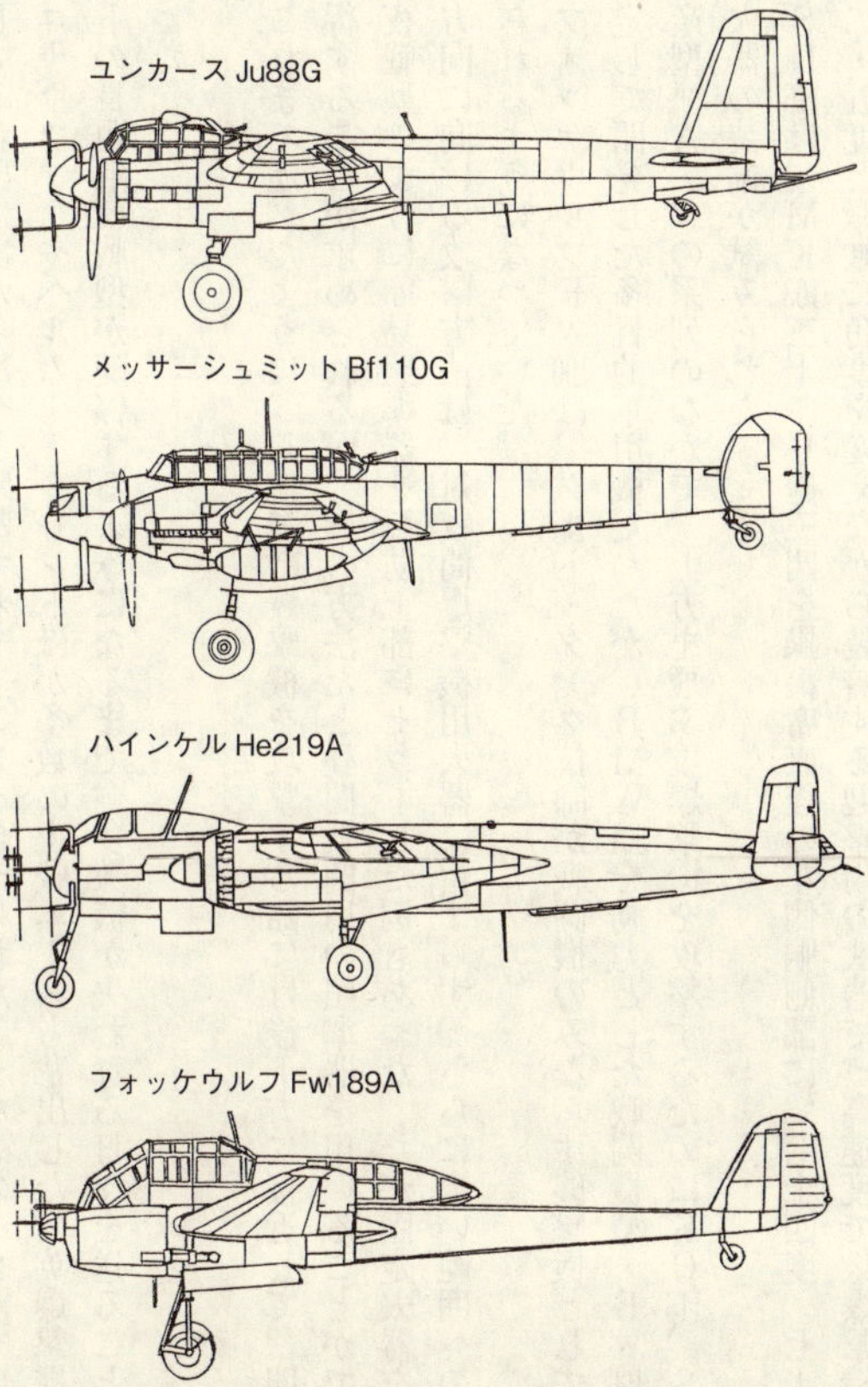

斜め銃を装備した独戦闘機

しかしながらこのような爆撃機が分散して飛ぶ方法は、名手が搭乗したドイツ側の迎撃機にしてみれば、次から次へと撃墜するチャンスを与えられたようなもの。やがてはH・W・シュナウファーやヘルムート・レントほか多数の夜戦エースも輩出した。英爆撃機はモスキートの長距離夜戦型が随伴するようになるまで、多数機が失われる日々を送ることになるのだった。

これまで述べたように、斜銃で敵爆撃機を攻撃する際には後下方に接近して、同じ速度で飛行することが求められるが、この方法だと昼間戦闘用の照準器を用いることができず、零戦夜戦型のように簡易照準器を風防上部にセットした例もあった。だが固定火器を前方以外の方向に向ける攻撃方法は、対夜間爆撃機用火器に留まらず、さらに広い範囲への適用が考えられるようになっていた。

フォッケウルフFw190は、クルト・タンク技師が戦闘機のみならず襲撃機としての運用も想定して開発した多目的軍用機だったが、BMW801を動力とした戦闘機型・Fw190Aの最多生産型＝A-8の系列のなかで、上方を飛ぶ重爆撃機を攻撃するためにSG116、SG117という火器の装備が試みられた。

SG116は、MK103三十ミリ砲三門を操縦席直後の左側胴側部に、七十四度、七十三度、七十二・五度と微妙に角度を変えながら装着する迎撃用の武器で、高速度で敵爆撃機の下方にさしかかった際に敵機の陰が光電管に反応して斉射される仕組み。パイロットが敵機に狙いをつけて発砲するのではなく、自動照準発射システムに類するものだった。なお、三十ミリMK108砲七門を束ねた火器がSG117とされる。

襲撃機型のFw190Fは飛行性能こそはJu87Dを大幅に上回っていたが、対地攻撃という任務の特性上、対空射撃による損害が避けられなかった。そのため、高速飛行のまま敵装甲車輌を撃破できるようにと、SG116をFw190F-8において下向きにセットして、発射試験を試みたことがあった。このときも光電管に反応させる発射方法だったが、攻撃対象との速度差の大きさゆえ所期の戦果が挙げられないと判断された。

そこで、主翼左右の主脚収納部とフラップとの間に七十七ミリ対戦車無反動砲SG113Aを二本ずつセットする方法をテスト。こちらは、装甲車輌にFw190Fの電磁界が反応してSG113Aから発砲されるという仕組みになっていた。テストでは捕獲したソ連の戦車・T-34に対しても有効と確認されたが、時期的に一九四五年初春とすでにドイツ軍が絶望的状況に追い詰められていたこともあり、実戦での使用には至らなかったという。

迎撃任務の際に相手機との速度差に最も難渋したのは、ロケット戦闘機のMe163Bだったが、この特殊な戦闘機においても自動照準による固定火器が試されていた。もともと胴体内の大部分は、コックピットと酸化剤および燃料のタンク、それにロケット・エンジンに占められた、降着装置も収納できないほど余裕のない造り。そのため、主翼中央の固定スラット〜フラッペロンあたりに、重量七キロ、直径五十ミリの弾丸を機体の垂直方向に発射するSG500「イエーガー・ファウスト（Jägerfaust／戦闘機の鉄拳）」の装着が試みられた。

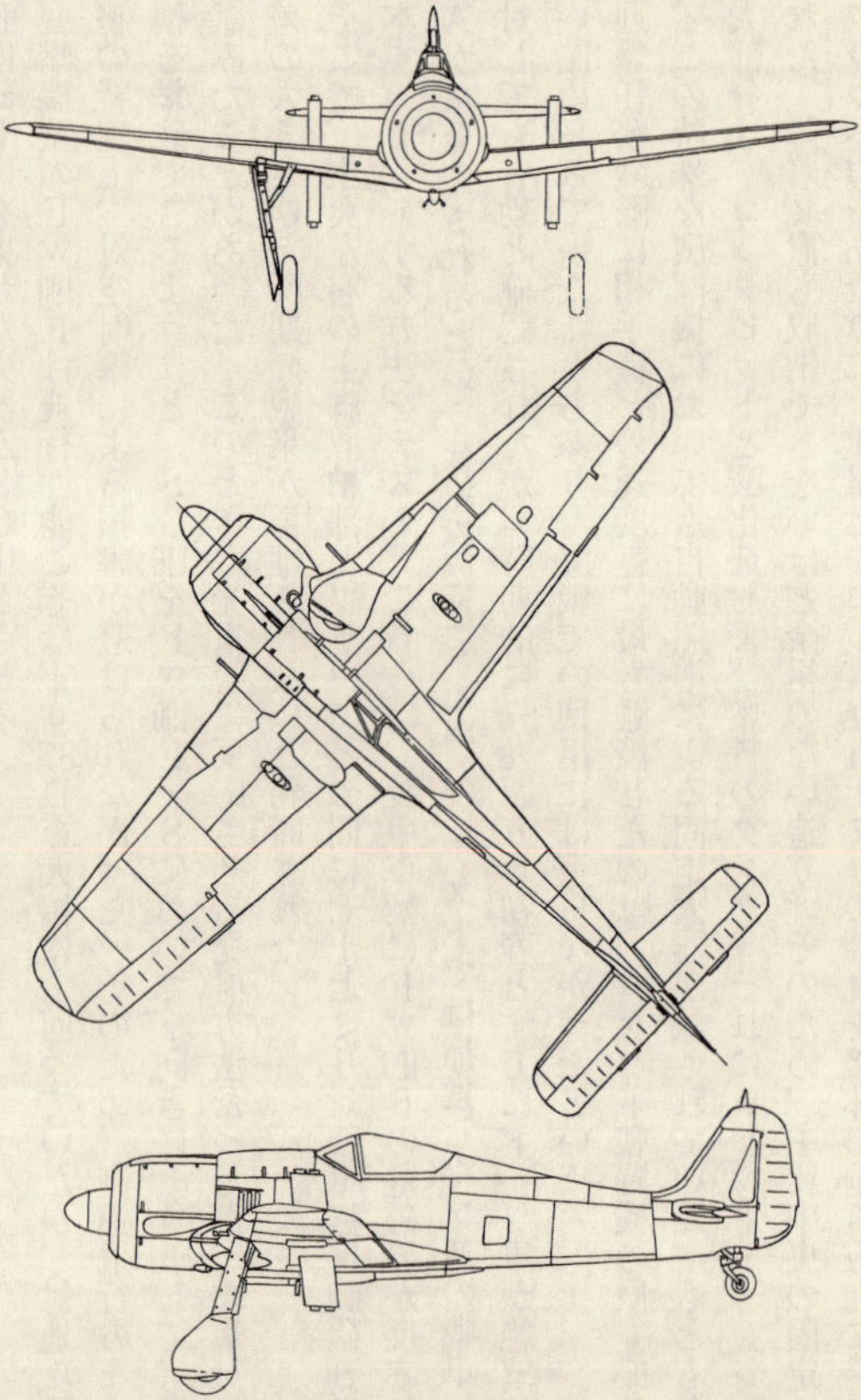

フォッケウルフFw190F-8（SG113装備）

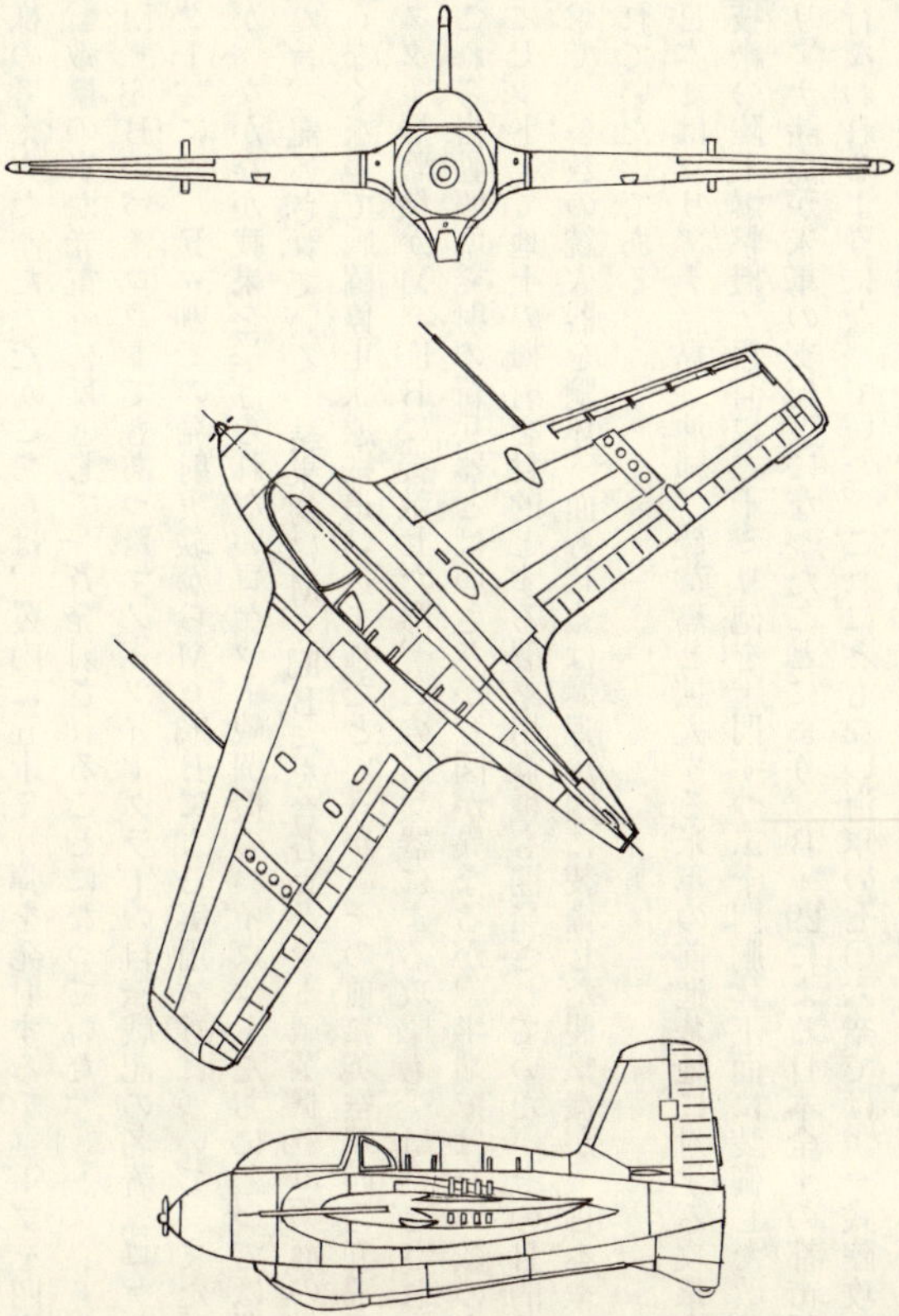

メッサーシュミットMe163B（SG500装備）

今日に伝える写真や図画によるとSG500は、Fw190A-8で試みられたSG116、SG117と同様の考え方だった。だがこちらは、翼内に五十ミリ弾を発射するチューブを四本ずつ装備し、敵機の影が光電管に反応して一斉発射されることになっていた。

Me163Bのパイロットでもあったマノ・ツィーグラーの自伝戦記の名著『ロケット・ファイター』には、Fw190での発射実験からMe163Bによる実用試験について、またこの種の兵器が、なかなか戦果を挙げられないロケット戦闘機のパイロットたちにとっては期待が高かった旨、記述されている。結果的にMe163B（を含むロケット戦闘機）は薬液の供給がままならなくなって戦闘停止状態に追い込まれたというが、その前に英空軍四〇五飛行隊のランカスター爆撃機がMe163Bに接敵した際、この新兵器による攻撃も受けたとされている。

これら自動照準発射の新兵器とはいささか意図が異なるが、半端ではない数の火器を下向きにセットして地上の掃射を目的とする襲撃用機種も開発されていた。その目的は敵基地の襲撃で、多数の銃火器を胴体下面もしくは爆弾倉内に装備した襲撃機が、日本やソ連で試作されていたのである。

日本ではマリアナ諸島、沖縄、硫黄島と拡大する米軍の前進基地に対する攻撃を意図して、空技廠の陸上爆撃機・銀河に二十ミリ砲を十門ずつ二十門胴体下面に装備した改造機を製作。マリアナ諸島が米軍の支配下になったことにより、B-29による日本全土の都市部への爆撃が行なわれるようになっていた。これにともない海軍の七〇六空では、一式陸攻によって空輸された空挺隊員がテニアンのB-29を破壊する「剣作戦」、ならびに同隊の銀河爆撃機および多銃装備機で空挺作戦を支援する「烈作戦」が立案された。この作戦計画が承認されると、作戦参加予定機の準備も着手された。けれどもその最中に米軍機の攻撃に遭って作戦参加予定機が損傷を受けて、作戦実現には至らなかった。

ソ連では大戦後期に現われた双発爆撃機・ツポレフＴｕ‐２をベースに、Ｔｕ‐２Ｓｈ（Ｓｈ＝Shturmovik・襲撃機）という地上攻撃機型が一九四四年に二機種開発されたが、そのうちの一機種が多銃装備機だった。このＴｕ‐２Ｓｈは胴体内爆弾倉に八十八梃ものＰＰＳｈ‐41サブマシンガンを三十度前下方向きに敷き詰めたパレットを搭載することになっていた。なお、同年計画のもう一機および一九四六年開発のさらにもう一機のＴｕ‐２Ｓｈは前方発射用の大口径重火器を装備していたという。

これら多銃装備の銀河改造機やＴｕ‐２Ｓｈについては、厳しい視方をすると「地上からの対空射撃を前提としていない」「制空圏が得られている戦域でのみ実施可能」「精確な射撃はまず不可能」と、その意義が疑問視される向きが強い。全ての条件が整ったときにだけ効果を挙げられる「皮算用的な」印象が強い兵器ともいえるだろう。しかしながらこの種の発想、試みがその後のガン・シップの開発につながったというのも、もうひとつの考え方だろう。

第５章　本当に役立ったロケットは

「ロケット」を宇宙空間に飛び出すための動力と最初に述べたのがロシアのコンスタンティン・ツィオルコフスキーであることは「ソビエト航空戦」においても既述させてもらった。それまでのロケットというと「飛び道具」に類する兵器を遠くまで届かせるための推進力として用いられていたが、いわゆる航空機の飛行原理とは異なる、反作用力で地球の引力に抗して離昇（リフト・アップ）し、かつ、大気がない宇宙空間を移動するための動力としてはロケット以外にはないことを指摘したのだった（ツィオルコフスキーは液体燃料ロケットの使用を提唱）。

後年「ロケット工学、宇宙航行学の父」と位置づけられたツィオルコフスキーがこの論文を発表したのは一九〇三年のこと。そしてそれから四半世紀が経とうかという一九二〇年代の終わりに、ロケットは人間が乗って操る乗り物の動力として用いられた……それも第一次大戦の敗戦国だったドイツにおいて。ところがそれは、宇宙ロケットの先祖に類するものではなく、自動車および飛行機の動力としてであった。

この時期に敗戦後の閉塞感に包まれていたはずのドイツでロケット開発が盛んになったのは、一九二三年に出版されたトランシルヴァニア出身の元医学生、ヘルマン・オーベルトの論文「惑星空間へのロケット」が話題となって、若者たちに夢を与え、ロケット開発熱につながったからとされている。それから四年後にドイツ宇宙旅行協会（VｆR）が設立されるが（オーベルトも参加）、有人ロケットの開発はこれとは異なる、自動車事業の宣伝活動として行なわれた。これらの活動（実験）には、先進的な航空機の機体設計に希望を抱いた技術者の情熱も注がれていた。

VｆRでは、オーベルトがその後のロケット・モーターに普及する円錐型ロケット・ノズルを作り上げた（一九三〇年）一方、ロケット開発の啓蒙活動も世界中に対して行なった。その会員になったのはドイツ人だけではなく、旧ソ連のソユーズ・ロケットの開発指揮で知られるセルゲイ・コロリョフの前の世代のロケット技術指導者とされるヤコフ・ペレリマン、ニコライ・ルイニンや「ジルバー・フォーゲル」とも「アメリカ・ボムバー」とも呼ばれた宇宙滑空爆撃機を計画することになるオーストリアのオイゲン・ゼンガー（「世界の仰天機」で既述）らもいた。だがその活動は慢性的に資金不足に悩まされており、気鋭の学生会員、ヴェルナー・フォン・ブラウンにとっても満足できるものではなかった。

これに対して自動車会社経営者のフリッツ・フォン・オペルがスポンサーになったロケッ

ト開発は、もっと派手で性急な活動になった。こちらの活動の音頭をとったマックス・ファリアーもＶｆＲの発足メンバーだったが、その考えは「ベンチ・テスト後の固体燃料ロケットを自動車、飛行機の動力に用いて機能を確認。続いて液体燃料ロケットも同様の手順で実験を重ねて……ロケット飛行機の高度を上げながら宇宙に到達する」というもの（野木恵一「報復兵器Ｖ２」光人社ＮＦ文庫）。

ファリアーの案は手堅い計画のように見られるが、ロケットが「空気の流入を要さない動力」（あらかじめ酸化剤を機内に用意してある）という考えに立っていない。ロケット・モーターは大きな推進力を作り出すが、その燃焼には機内に用意された酸化剤のみ使用するので、作動可能な時間はほかの動力機関と比べて極めて短くならざるを得なかった。したがって、大気圏内の乗り物の動力とするには無理とはいわないまでも、危険性が高かったうえにいろいろな制限があった。

けれども宇宙空間もロケット技術もなかなか理解が得られていない時代のこと、というよりも、宣伝目的ならばその結果の成否のみが問題とされた活動のこと、オペル自動車での固体燃料のロケット動力機の開発はファリアーの計画に従って進められた。ロケットを提供したのは、ヴェザーミュンデの花火業者のＡ・ザンダー。「火薬式ロケット」ともいわれる固体燃料ロケットの製作者が花火業者、餅は餅屋ということだった。

そしてファリアーは、Ｒａｋ・１と称されたロケット発進式のグライダーやＲａｋ・２以後のロケット動力の自動車、ボート、橇などの製作を指揮した。エンジンの提供者を重視した呼び方では「オペル・ザンダーRak・1」と紹介されることもある。だが、先に走行試験にこぎつけたのはRak・2だった。

当然、最初は失敗にも見舞われたが、遂に一九二八年五月二十三日にベルリンでの公開走行テストに成功。ロケットを動力とした乗り物が空を飛ぶものでなかったところが意外だが、この車輌がロケットを動力とする最初の乗り物となった。危険と背中合わせだが、Rak・2が二百二十キロ／時もの速さで試験コースを走る様子は見物人らを驚かすとともに喜ばせ、フィルムにも収められた。

フォン・オペル自身がこの種の実験によほど関心を寄せたのか、高速度飛行に向いている飛行機の開発に熱意を示していたアレクザンダー・リピッシュにも接触。後にメッサーシュミット社でMe163の開発を指揮することになる、あのリピッシュである。リピッシュはオペルから固体燃料ロケットの提供を受けて、先尾翼（エンテ）型のロケット・グライダーを製作することになった。そしてRak・2の走行から二週間半後の六月十一日、リピッシュのエンテ機にフリッツ・シュタマーが搭乗して、固体ロケットの噴進で離陸すると七十秒間、約千二百メートルを飛行。ロケットによる飛行というのなら、これが世界最初に成功裏に行なわれた有人飛行とされている。

エンテ機によるロケットでの飛行は二回目のテストの際にモーターの爆発事故が起こったこともあってこれきりに留められたが、翌一九二九年九月三十日にはかねて取り組んできたRak・1の飛行をフォン・オペル自身の操縦によって実施（千五百メートル飛行）。その後、ロケットの推力強化なども試みられたが、Rak・1の墜落事故やロケット・モーターの危険性への懸念、それにすでに第一目標だったオペル自動車にとっての宣伝効果も達成されたと判断されたため、以降のロケット関連事業やVfRへの資金提供などは行なわれなくなってしまった。

だがここまで進んだことにより、マックス・ファリアー自身も固体燃料ロケットから液体燃料ロケットの開発に切り替えた。今度は液体酸素メーカーのハイラント社がファリアーを援助することになり、一九三〇年三月にはエチル・アルコールと液体酸素を化合させる液体燃料ロケットの燃焼試験に成功。次いでここでも、液体燃料ロケットを動力とした自動車の走行試験も成功させた。

「やはり次は飛行機を飛ばすためのロケットを」と意気込んでいた五月十七日の燃焼試験中に、ロケット・モーターが爆発。そのとき飛び散った破片はファリアーの命を奪った。こうしてドイツ・ロケット開発のトップにあったファリアーが姿を消し、オーベルトが円錐型ロケット・ノズルの開発、そして翌一九三一年二月には、VfRの初代会長からユンカース社に転じたヨハネス・ヴィンクラーが液体燃料ロケットの発射実験を成功させた。

しかしながらこの時期は、一九二九年晩秋にニューヨーク証券取引市場で起こった株価暴落に端を発する世界大恐慌に自由圏諸国は飲み込まれ、ヴェルサイユ条約で莫大な賠償金も課せられていたドイツはさらなる打撃を受けた。そして、いつ利益を出すようになるとも先が見えないロケット開発などに寄付金を出してくれるひとなどいなくなっていた。そんな先

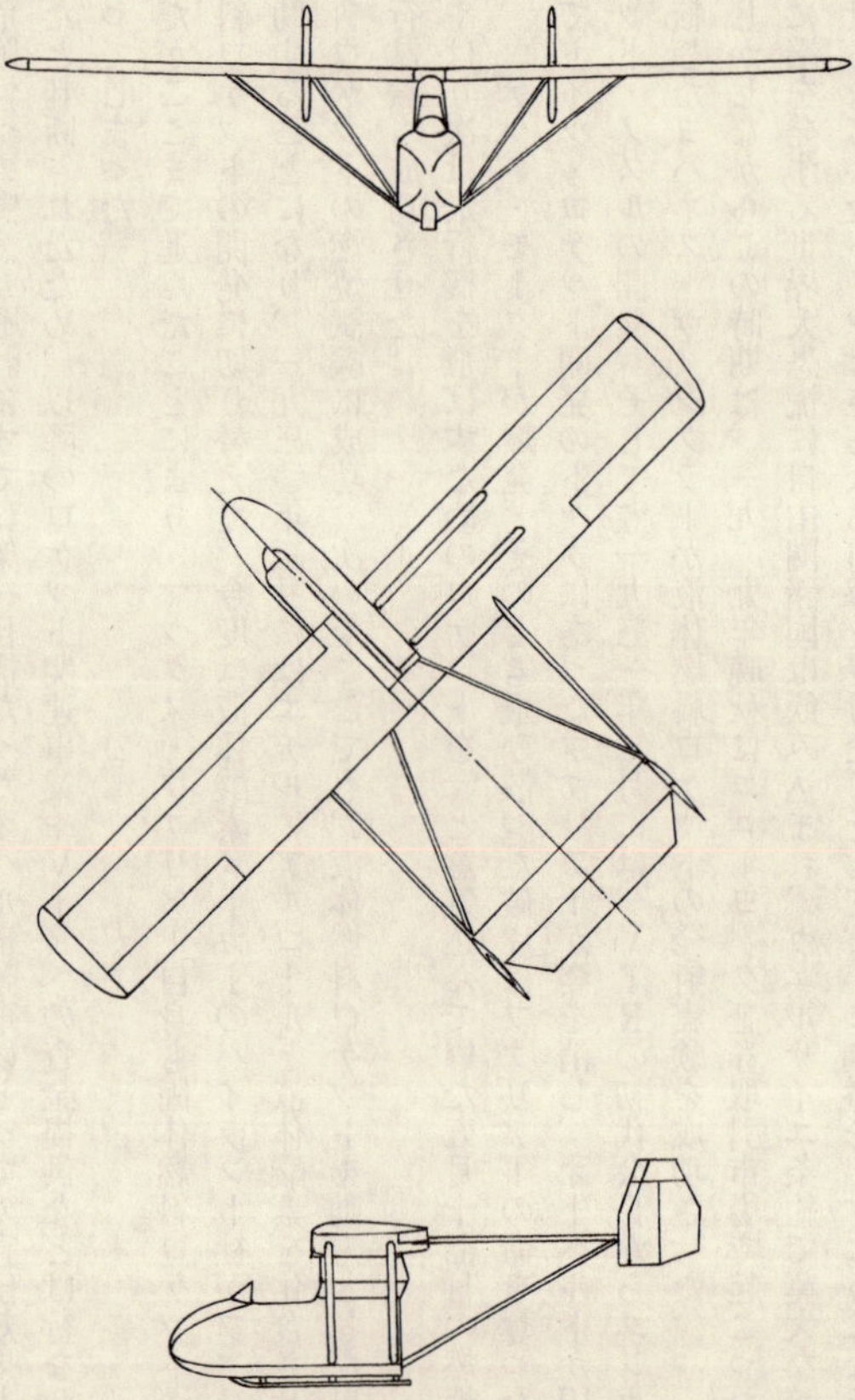

オペル・ザンダー Rak-1

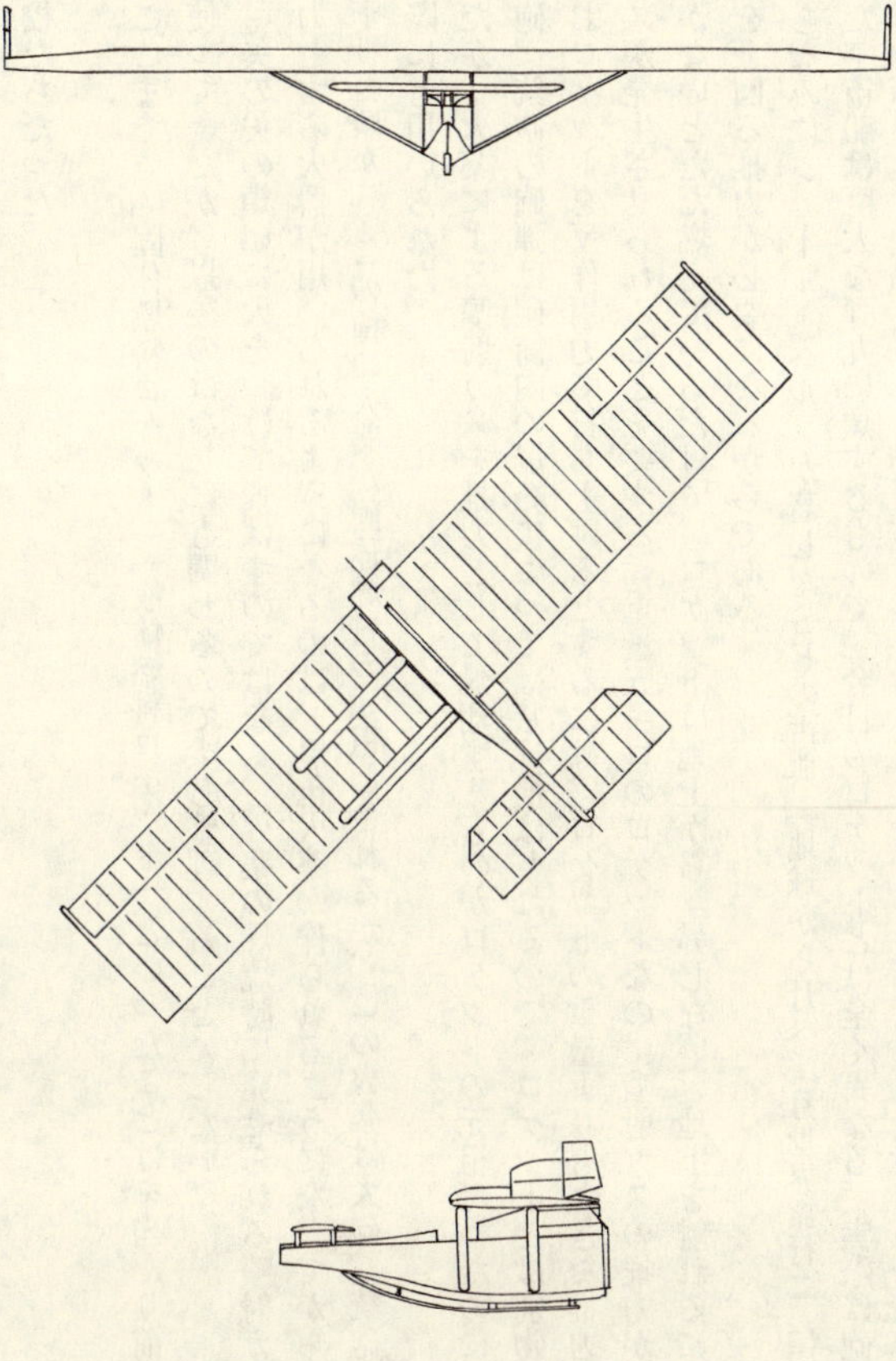

リピッシュ・エンテ(ロケット・グライダー)

行きが閉ざされつつあったVｆRのすぐ後ろに近づいていたのが、ドイツ陸軍兵器局の幹部将校たちだった。

ここまでで「固体燃料ロケット」「液体燃料ロケット」といったことばを当たり前のように使ってきたが、以後のはなしにも関わるので少し整理することにしたい。

弓矢の矢の類いに火をつけて飛ばすのではなく、火薬の燃焼時に発せられる噴射ガスを推進力とする火器が用いられるようになるのは、黒色火薬が作られるようになってからのこと（十世紀頃か）。この種の火薬が固体燃料の元祖とされるが、この火薬は大砲、銃砲の発砲の際にも用いられた。

だが、火薬による噴射ガスを推力として飛翔するものがロケットの元祖だったのに対して、大砲、銃砲の砲弾は砲筒内の爆発によってはじけ飛ばされるので、ロケットとは別物になる。なおロケットを反作用力で打ち上げるとするには、ロケットの重量よりも大きな推力の噴射ガスが発生させられることを要する。重量五キロのロケットなのに噴射ガスの推力が一キロしかないとただ燃えているだけで、ロケットは地上から離昇しない。地上を離れるには五キロを上回る推力が必要になるからである。

ちなみにジュール・ベルヌが著したＳＦの古典『地球から月へ（月世界旅行）』に用いられた宇宙船は巨大な弾丸に類するもので、今日のロケットとは全く異なる。実際に砲弾を乗り物に使おうものなら、発射～飛行時にとんでもなく大きな重力加速度がかかるので、内部の乗員はたちまち押し潰されてしまう。簡単にいうと、ハジキは撃った直後がものすごい速さなのに対して、ロケットは徐々に加速してゆき、ややあってから最高速度に達することになる。

固体燃料には黒色火薬が用いられる時代が長く続いたが、これよりも液体酸素と燃料を用いる方が宇宙ロケットに適していることを指摘したのがツィオルコフスキーだった。黒色火薬の排気速度が一千メートル／秒がどうにかのところ、二十世紀初頭に製作可能なロケットのための液体燃料で四千メートル／秒くらい可能……同じ重量で二倍の排気速度が見込まれるので、ゴダードやファリアー、ヴィンクラーらはより有利な液体燃料ロケットの完成を目指したのだった。

やがて固体燃料ロケットも無煙火薬などさらに高性能の燃料が用いられることになるが、液体燃料ロケットの発展の方が顕著だった。兵器の推進剤として発達するのは、ドイツで「航跡を残さない潜水艦、魚雷の動力」が求められたあたりから。これに応じたヘルムート・ヴァルターは、高濃度の過酸化水素水を触媒（過マンガン酸カリウムやナトリウムなど）に反応させると水と酸素に分解……その際に発生する水素ガスを推力とするロケット・モーターを作った。「一液式ロケット」とも「冷型ロケット」とも呼ばれる液体燃料ロケットである。これは、後のミサイルの動力や離陸促進ブースター、射出用カタパルトなどに用いられることになる。

だがヴァルターやヴェルナー・フォン・ブラウンらは、二種類の薬液を反応させてもっと大きな推力を発生させられる液体燃料ロケットの完成を目指した。酸化剤（液体酸素など）と燃料（メタノールなどアルコール系燃料に発火促進のための水化ヒドラジンを加えた混合液が用いられることが多かった）を燃焼室内で反応させると強烈な燃焼ガスが発生、これを推力とするロケット・モーターを「二液式ロケット」また「熱型ロケット」と呼んだ。二液式の方は、やがてMe163Bやバッヘム Ba349といったロケット戦闘機の動力として用いられることになる。

冷型ロケットでも水素ガスの温度は四百六十度Cにも達する。にもかかわらず「冷型」と呼ばれたのは熱型ロケットの方は二千度Cという桁違いの高温高圧の燃焼ガスを発するから。もともと過酸化水素水は腐食性が強いうえ、わずかな埃、塵が触れても爆発するという、非常に危険な薬液。にもかかわらず、この時代の技術者たちが危険極まりない液体燃料ロケットの開発に熱意を注いだのは「兵器としてのロケットの先にある『宇宙ロケット』に惹かれていたから」だろう。もっとも軍組織でもなければ、多額の資金を用意してくれるところもなかったのだが。

今日のスペースシャトルほか宇宙ロケットの動力も基本的にはこれと大きく変わらないが、一九三〇年代にはドイツ陸軍兵器局で懸命に開発が進められており、ソ連においても液体燃料ロケットの開発に携わる機関・ロケット科学研究所（RNII）が設けられていた。この種の作業を推進したのは、ソビエト・ロシアの革命〜干渉戦争の際に戦功を挙げたミハイル・N・トハチェフスキー元帥やRNII初代所長のI・T・クレイメノフ。そして実務に当たったのが、VfRの会員として名を連ねていたペレリマンやルイニン、それにコロリョフたちだった。

クレイメノフが力を入れた固体燃料ロケット弾は第二次大戦中に大量に使用される兵器（RS‐82、RS‐135）となり、液体燃料ロケットもこれ動力とする軍用機の開発、試作まで進むことになる。だがこのような先進的技術者たちが、スターリンによる「赤軍大粛清」の対象者にされてしまったこともあり、ドイツほど進むことはなかった。

今挙げたソ連のRS‐82、RS‐135をはじめとする多種多様なロケット弾が使用されたことが第二次世界大戦の特徴でもあった。ロケット弾を飛行機に装備することはすでに第一次大戦中に始められていた（ニューポール16が観測気球攻撃用のル・プリュール・ロケット弾を装備）。ところがソ連では、小口径の火器しか備えていなかった旧式機や練習機にもこの種のロケット弾を搭載し、前線で戦う実戦機として使用。猛威を振るったのは、これらから発達したRBS‐82、RBS‐132が一九四二年からイリューシンI1‐2襲撃機に搭載されるようになってからで、枢軸軍の装甲車輌に対しても威力を発揮した。

ソ連軍では航空機に搭載して対地、対空攻撃に使用しただけでなく、車輌などにも搭載して組織的に使い（通称＝スターリン・オルガン）、RS‐82だけの生産数でも二千五百万発に上ったとされている。ちなみに82、135という数字はこのロケット弾の直径（ミリメートル単位）を表わす。

英国のロケット兵器もかなり切実な経緯から使用が始まったが、ロケット弾関連技術がアメリカに伝えられると実に強力な攻撃兵器と発達していった。英軍の対空火器として期待されたのは三・七インチ高射砲だったが、これは配備が遅れ気味だったうえ、どこにでも備えられる兵器ではなかった。そのため、大戦が迫る時期の英国では、様々なロケット兵器（固体燃料式）の開発が進められていた。

ケーブルで懸架した小型爆弾をパラシュート降下させて接近する敵機に触発させるPAC（parachute & cable）兵器を打ち上げるロケット弾や、その発展型にあたる無回転ロケット砲弾・UP（unrotating projectile）兵器なども開発され、小艦艇や航空基地、港湾などの防空兵器として実戦に供された。奇天烈な発想を活かそうと開発が進められたものの、テストが長引きながら所期の機能が確認できず、結果的に不採用になった失敗・珍ロケット兵器としては「パンジャンドラム」（多数の固体ロケットの推力での爆走を予定した無人の二重車輪型の陸戦兵器）が有名だろう。

これらは守勢のときの産物だったうえ、実用化されたPAC兵器、UP兵器にしても、開発から実戦配備までに費やされた労力に見合うほどの戦果には結びつかなかった。ノルマンディー上陸作戦以降に「V1号」ことフィーゼラーFi103が来襲するようになると再びUP兵器が迎撃用に引き出されてきたが、誘導系もなければ上昇、飛行能力も低かったため迎撃用には機能しなかった。

しかしながら、ドイツ軍による英本土上陸の危機が去って攻勢に転じたときに、対空用の三インチ・ロケットに十字型の尾翼を付加して攻撃用ロケット弾に転用。これが「三インチ・ロケット弾」としてハリケーンやボーファイター、タイフーン、ソードフィッシュ、モスキートほか英空、海軍機に搭載されるようになる。対地、対艦攻撃に広く使用されることになったが（六・四キロのTNT火薬を弾頭とした汎用ロケット弾と炸薬は込めないが十センチの装甲を破れる鉄鋼弾とがあった）、両翼下に四発ずつ、計八発を全弾発射した際の威力は軽巡洋艦の片舷斉射に相当と評価された。

攻撃兵器としてロケット弾に着目したのは米軍も同様だったが、初期段階ではバズーカ型ランチャーから四・五インチ・ロケット弾を発射するやり方からスタート。けれども、英空軍から三インチ・ロケット弾の技術が米海軍に伝わると、三・五インチFFAR（前方発射用ロケット弾）を開発。これを皮切りに、戦闘機パイロットに嫌われたバズーカ型ランチャーや発射レールを必要としない五インチFFAR、飛行速度を格段に高めた五インチHVAR（高速度航空機用ロケット弾、最大射程四・八キロ、飛行速度千五百二十九キロ／時）を開発。五インチHVARは一九四四年夏以降、P - 38、P - 47、P - 51やF6F、F4Uにも搭載されるなど、米陸、海軍で大量に使用され、その後、十年にわたって使われ続ける傑作兵器となった。

これらのロケット弾は無線誘導によらず搭乗員が照準を合わせて発射、固体燃料ロケットによって飛翔する、必ずしも新技術を必要としない攻撃兵器。終盤に米海軍・海兵隊で使われはじめた巨大ロケット弾の「タイニー・ティム」（弾頭は五百ポンド爆弾に準拠、直径約三十センチ、長さ約三・一メートル）に至っては、廃油田のパイプを再利用したものだった。

固体燃料ロケット弾はドイツや日本でも開発、使用されたが、連合軍側ほど広まらなかったうえ、その使い方も散発的で限定的。それでも、射程を伸ばすために四段式固体燃料ロケットを用いたラインメタルボルジク・ラインボーテや、Ｍｅ262など高速度飛行機から大型爆撃機に向けて発射するラインメタルボルジクＲ４Ｍのような先進的ロケット弾も開発されていた。

ロケット兵器というと、攻撃兵器の推進力にロケット・モーターが備えられたものを思い出しがちだが、航空軍が求めたもうひとつの役割は「過荷重の機体の離陸の促進」また「狭い滑走路からの離陸の補助」というものだった。先に挙げたヘルムート・ヴァルターが開発した液体燃料ロケット……冷型、熱型ロケットの技術が初期に適用されたのがＲＡＴＯ（Rocket Assisted Take Off＝離陸促進用ロケット）となった。航跡を残さない魚雷用の動力として開発されていたヴァルターの機関を航空用技術に転用することを指示したのはドイツ国立航空研究所（ＤＶＬ）。ヴァルターの新動力は練習機に備え付けられて段階的に推力を増しながらその効果が試みられたが、わずかな滑走距離で機体が地面を離れ、上昇率の著しい向上が確認された。離陸時にのみ作動すればよいのだから、燃焼時間は短い時間で構わなかった。

その後、このロケットはＨＷＫ109‐500として実用化。過荷重のＨｅ111やＪｕ88（航空魚雷搭載時など）、爆装したＡｒ234Ｂの離陸を補助しただけでなく、Ｍｅ321輸送グライダー、Ｍｅ323大型輸送機の離陸時にも用いられた。必要なのは無事に離陸上昇するまでなので作動時間は三十秒程度。そのため、燃焼し終えると切り離されてパラシュート降下されるが、整備、薬液充填後に再使用され、一基あたり三十回ほど使用可能だったという。

ＲＡＴＯの類はドイツだけでなく、アメリカ、英国、日本でも開発され、使用されたが、主流になったのはＨＷＫ109‐500のような液体燃料のものではなく、固体燃料のブースター。特に米英では、カタパルトが備えられていない小型空母、護衛空母からの艦載機発艦のために、エアロジェット社製ブースター（米）やヘストンＲＡＴＯＧ（英）などが多用された。これらを備えれば、発艦時の滑走距離を三十パーセントは縮められたという。なお、ドイツでも輸送グライダーやジェット戦闘機の離陸促進用にラインメタルボルジクＲｉ109‐502など固体燃料ブースターが使用されていた。燃費が悪い初期のジェット・エンジンを動力とする各機にはＲＡＴＯが欠かせなかった。

これらにまつわる残念な話といえば、液体燃料ロケットの先駆者だったロバート・ゴダードの運命が思い浮かぶだろう。フォン・ブラウンらＶｆＲにドイツ陸軍兵器局が歩み寄ったのと同様、一九三〇年代にアメリカ随一のロケット研究家（「月男」とも揶揄された）と知られるようになったゴダードのもとに米海軍が接近してきた。本格的な宇宙ロケット開発のためのスポンサーを得られたと期待するのが人情だろう。ところが海軍が要求したのはエアロジェット社のＲＡＴＯ開発支援という、実践的ではあるがゴダードにしてみればはるかに志が低いもの。結局、戦争のための歯車とならざるを得なかったゴダードも大戦中には呼吸器系に大病を患い、日本の降伏の五日前の一九四五年八月十日に死去。戦後、アメリカに移ったフォン・ブラウンらがアメリカ航空宇宙局（NASA）でバリバリに働いた後に、ようやくゴダードの業績も再評価されて「ゴダード宇宙センター」がスペースシャトルの帰還地にもなったが、とってつけたような栄誉ではゴダードもさほど喜ばなかったのではないだろうか。

先に挙げたロケット弾とここで既述するミサイルとの大きな違いは「狙いをつけて発射するだけ」か、それとも「誘導（操縦）系を有する」か……の点。もうひとつ違いを上げるなら、ミサイルは必ずしもロケットを動力にしていない点だろう。したがって第2章で挙げたB-17改造のBQ-17やインターステートTDR-1の類のレシプロ機もミサイルとなる。さらには無動力の滑空式ミサイルに類する攻撃兵器は米独には登場し、BAT（米海軍）、AZON、GBシリーズ（米陸軍）やフリッツX（独空軍）が実戦で使用されている。日本でも「自動吸着弾」という滑空誘導弾が試験段階にあったという。

だがここで言及するのは、ロケット技術が適用されたミサイル兵器。この分野で世界を圧倒的にリードしていたのはやはりドイツで、潜在的にその能力を秘めていたのはアメリカ。そして無理な二正面作戦がたたって西部、東部の両戦線で敗色が濃くなりつつあったドイツにおいては、空陸から発射する対地、対空、対艦と、非常に多岐にわたるミサイル兵器が計画、開発されて試験も行なわれ、そのうちＨｓ293が実戦使用に至っている。
ヘンシェルＨｓ293は五百キロ爆弾に胴体と主翼、尾翼を付加した滑空爆弾に類する形状。Ｄｏ217やＨｅ177、Ｆｗ200Ｃなどの双発～多発機の翼下に懸架されて攻撃目標の上空に接近し、母機から放たれると胴体下部に保持されている一液式ロケット（ヴァルター109‐507Ｂ、推力六百キロ）を点火して十秒強の動力飛行の後、滑空飛行に移る。この間、母機は目標との距離を維持したまま飛行して、母機内の誘導担当搭乗員はＨｓ293の尾部で発光するフレアを見つめながら電波誘導で操縦する。Ｈｓ293の受信、可動翼の操縦系は後部胴体に内蔵されている。目標までの距離は母機の飛行高度によっても変わることになるが、Ｈｓ293は七百キロ／時を越える速さで突入することになる。

最多量産型はＨｓ293Ａで、最初の実戦投入は一九四三年八月二十五日にイベリア半島沖を行く英艦艇に対して十二機が発射（一隻に損害）。翌々日の二十七日にも十三機のＨｓ293が発射され、二隻のコルベット艦と駆逐艦一隻に命中し、そのうちコルベット艦エグレットの撃沈を記録。これまで使われてきた爆弾とも航空魚雷とも異なる、対艦スタンド・オフ兵器（相手の反撃可能な距離よりも遠くから攻撃する）の誕生だった。

だがドイツ軍で戦果に結びついたミサイル群はＨｓ293と無動力のフリッツＸ（バドリオ体制イタリアの降伏直後の戦艦ローマ撃沈で有名）のほか、Ｖ1、Ｖ2号くらい。Ｈｓ293もＡ型以外にも有線誘導方式のＨｓ293Ｂのほか、弾頭部に備えたテレビカメラで目標への映像を誘導担当に送信し続けるＨｓ293Ｄが開発され、それに空対空型のＨｓ293Ｈが実戦投入に近づいていた。けれども、初期段階のロケット推進誘導弾が早くも実戦で戦果を挙げたことは画期的なことに違いなかった。

Hs293以外にも誘導兵器が各種作られており、空対地でブローム・ウント・フォスBv143が、空対空ミサイルとしてX-4、Hs298、地対空ミサイルでHs117シュメッターリンク、ラインドホター（多段式で固体燃料ロケットを使用）、エンツィアン（Me163のデザインをベースにした迎撃ロケット）、ヴァッサーファール（V2号ことA-4ミサイルの相似形の迎撃ミサイル）などのミサイル兵器を開発。試験目的で相当機数が作られていたものもあり、それらの大部分はドイツ領土内に侵攻した米軍、ソ連軍が競うかのように接収しては本国に送り続けた。

ドイツ（および日本）で開発されていたミサイル、ロケット兵器についてはこれまでに内外で紹介されてきたが、米陸、海軍でも無人の標的機に端を発する各種ミサイル兵器の開発が進められていた。全翼機の開発から派生したジェット・エンジンを動力とする飛行爆弾（JB-1、JB-10）や日本軍が米艦艇に対する体当たり攻撃を開始した頃から開発されたフェアチャイルドKAQラークなどについては「世界の仰天機」のなかで述べさせていただいた。けれどもこれらも、多くのミサイル試作機のうちのほんのひとにぎり。ドイツのミサイル、ロケットほどの種類はなかったとしても、ガーゴイルやゴーゴン、リトルジョー、ケイティディド、バンブルビー、エルメスなど興味深いものが少なくなかった。

ジェット、ロケットを推進系とするミサイルが非常に多岐にわたって開発されながら、実

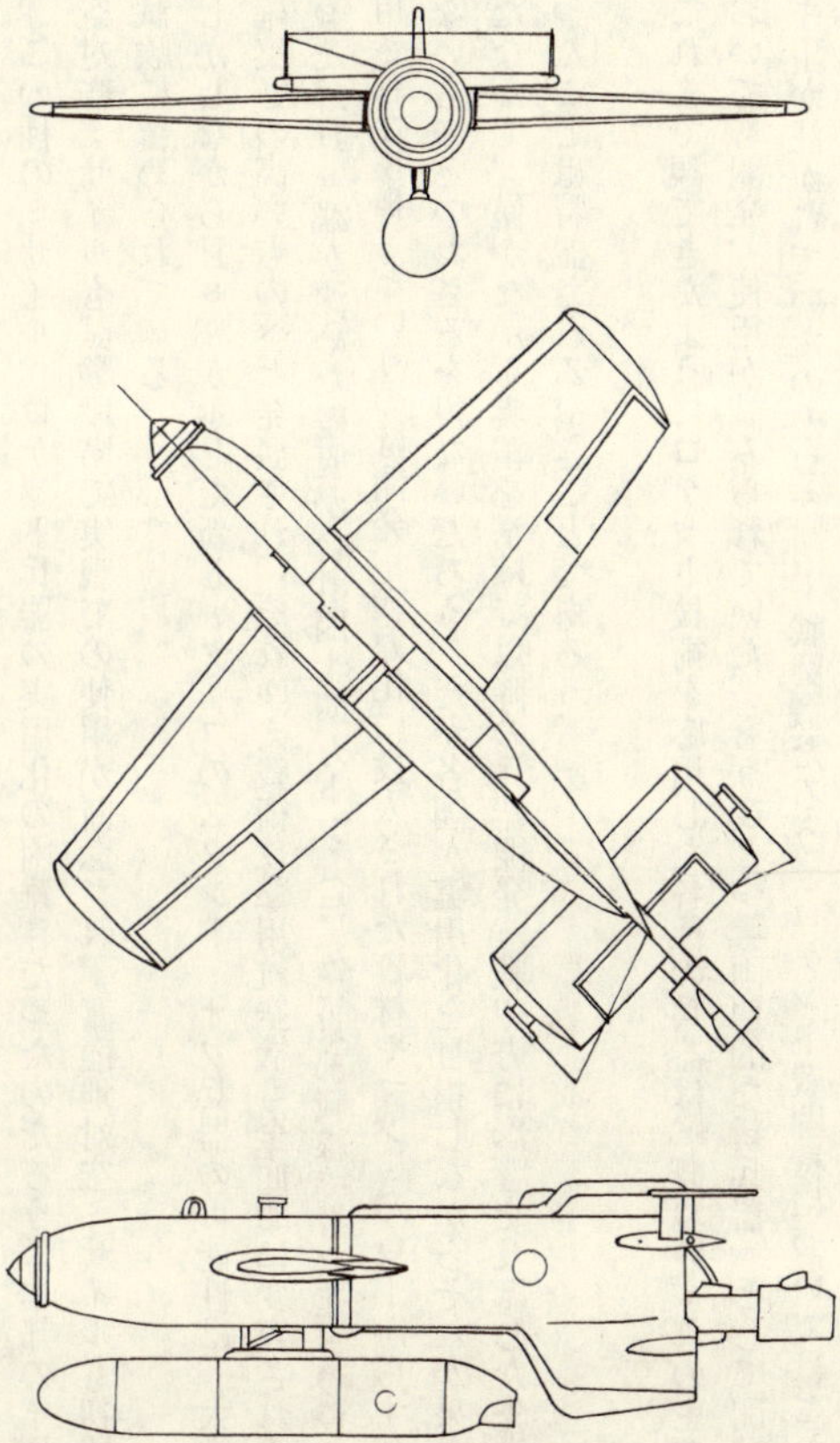

ヘンシェルHs293A

際に使用されたのがピストン・エンジン機のインターステートTDR、それに海軍のBAT、陸軍のGBシリーズといった滑空爆弾にとどまった(失敗事例でBQ-7、-8)という点が、この種のミサイル、ロケット兵器の実用化の困難さだったのだろう。本邦のイ号一型甲、乙空対艦ミサイルも試験段階で実戦での使用が断念され、奮龍地対空ミサイルも初期型の発射試験に留められている。

しかしながらHs293が示した新しいタイプのスタンド・オフ兵器の可能性は、大戦後により確実さの高いものへと発展され、それゆえ戦術攻撃用航空機も全面的に変容されることになった。Hs293が沈めた艦艇が合計四十四万トン(ほかに東部戦線でもソ連軍の侵攻阻止に使用された模様)というのは開発、戦力化に投入された資材やマン・パワーからすれば見合わないものといわざるを得ないだろう。だが各国が実用化を目指しながらそれが果たせなかったなかで、僅かながら実績を挙げて以降の兵器開発、戦い方に影響を及ぼした先進的兵器だったことは特記されるべきことであろう。

これまで観てきたようにロケット技術を応用した各種の兵器は、概ねいずれの主要交戦国においても開発、使用が試みられていた。もうひとつ「画期的な新兵器」として開発にエネルギーが注がれていたのがロケット戦闘機だろう。ロケット戦闘機についてはこれまでも「異形機入門」や「世界の仰天機」などでも取り上げさせてもらってきたが、ここで、各国で計画、試作~実戦投入された主なものについて、もう一度整理してみることにする。

《ドイツ》Me163B（二液式、実戦投入）、Ba349（二液式＋固体ブースター、試作～部隊配備）、フォン・ブラウン迎撃機（二液式、計画）、Fi166（二液式＋ターボジェット、計画）、Me262C（二液式＋ターボジェット、試作～一機のみ実戦投入）、Ar234R（二液式、計画）、Ar・E381（二液式、計画）、ゾムボルトSo-344（二液式、計画）、ランマー（固体、計画）、DFS228（二液式、試作～無動力での滑空試験のみ）、ゼンガー・ジルバーフォーゲル（二液式＋大型ブースター、計画）ほか、あまたのロケット推進軍用機が計画されていた

《ソ連》BI（二液式、試作～量産中止）、Yak-7R（二液式＋ラムジェット、計画）、Yak-3RD（二液式＋ピストン・エンジン、試作）、302（二液式、試作）、マリューツカ（二液式、試作中止）、La-7R（二液式＋ピストン・エンジン、試作）ほか

《アメリカ》XP-79（二液式、試作中止）

《日本》秋水（二液式、試作）、桜花（固体、実戦投入）、神龍2（固体、計画）

佃煮が作れるほどたくさんのペーパー・プランがあったドイツはともかく、ソ連でかなりの種類のロケット機が計画、試作されていたのは、やはりロケット科学研究所（RNII）の存在があったからだろう。ソ連ではドイツ領内で侵攻後に接収した様々な資料ほか現物も持ち帰り（果ては技術者も連行）、大戦後もしばらくロケット機の試作、試験に勤しんでいた（OKB-2・タイプ346やMiG・I-270＝「世界の仰天機」で既述）。

しかしながら、これだけたくさんのロケット機の開発が試みられながら、実際に戦場の空を飛んだのはMe163Bと有人のグライダー爆弾に固体燃料ロケットを付加した桜花くらいに

とどまったのは、ロケット機がおよそ実用性に低かったからにほかならない。

過酸化水素水など薬液燃料は取り扱いが難しくて事故が多発。「在来のピストン・エンジン機では達せられない上昇性能と速度性能……迎撃機としておおいに期待」と持ち上げられたMe163Bも、部隊建設のときから薬液の漏れ、配管不具合などによる爆発事故が頻繁に発生し、搭乗員が溶解する事故まで起こった。その収支をみると、落とした敵機の数よりも事故で失われた数が上回ったという。

大きな欠点はこれだけにとどまらなかった。まずロケット・エンジンの作動時間の短さが挙げられるが、二液式液体燃料ロケットは燃焼室への薬液流量を調節できるとはいえ、高高度から来襲する連合軍の戦略爆撃機めがけて急上昇するので、動力飛行が可能な時間はせいぜい五、六分くらい。その程度では迎撃可能なエリアが限られてしまうので、戦略爆撃機がロケット戦闘機の現われる空域を避けて飛べばそれっきりだった。キルヒハイムで実戦配備されたバッヘムBa349も実戦で出撃することはなかったが、Ba349は小型機ゆえに薬液の搭載量がMe163Bよりもさらに少なく、動力飛行時間は八十秒くらいだった。

動力飛行時には、確かにピストン・エンジン機を大幅に上回る速度性能を示したが、その速度差ゆえの照準が難しかった問題は第3章の項のSG500イエーガーファウストの試用として既述した。動力飛行している間は連合軍側戦闘機も捕捉不能だったが、燃料を使い切って滑空飛行に移るとレシプロ機でも捕まえることができた。急上昇時に大きなG（重力加速度）がかかるなど、それまでになかった飛行への慣熟も求められたが、レシプロ機と戦うための特殊な兵器、独特の戦い方も必要になったということだった。さらにまた、過酸化水素水などロケット・エンジンのための薬液の製造工場、運搬ルートも、常に連合軍側爆撃機の攻撃に曝され続けた（この問題はジェット機やV兵器にも当てはまったが）。

だが詰まる問題は、ロケット（特に二液式液体燃料）は大気圏内を飛ぶ乗り物のための動力ではなく、宇宙空間を進むための動力だったという点だろう。アメリカで計画されたノースロップXP-79の開発は、JATOのメーカーでもあったエアロジェット社での液体燃料ロケット「ロートジェット」完成の見通しが立たなかったことから断念された。一時でも液体燃料ロケットのトップにあったロバート・ゴダードがこの種のロケットの開発に関わっていればもっと別の展開になっていたかもしれない。

だとしてもゴダードは、ロケット戦闘機のための動力開発に同意しただろうか。「宇宙を飛ぶための動力……ナンセンスだ」と反対したか、それともフォン・ブラウンのように宇宙ロケットのための一里塚と割り切って、その開発に手を貸しただろうか。いずれにせよ、使い方が難しいけれども、場面を考えれば画期的な動力になるというのがロケットだった。

「V2（Vergertungswaffe 2＝報復兵器2号）」というおどろおどろしい名前は、ナチス政権下で宣伝相だったゲッペルスによる発案。ドイツ国内への爆撃に激怒したヒトラーの意を受けて、ドイツ国民の戦意を煽り立てるような名称にしたとのことだが、ちなみに「V1」はパルスジェット動力のフィーゼラーF・i103に冠せられた。V2号に対して、開発を担当し

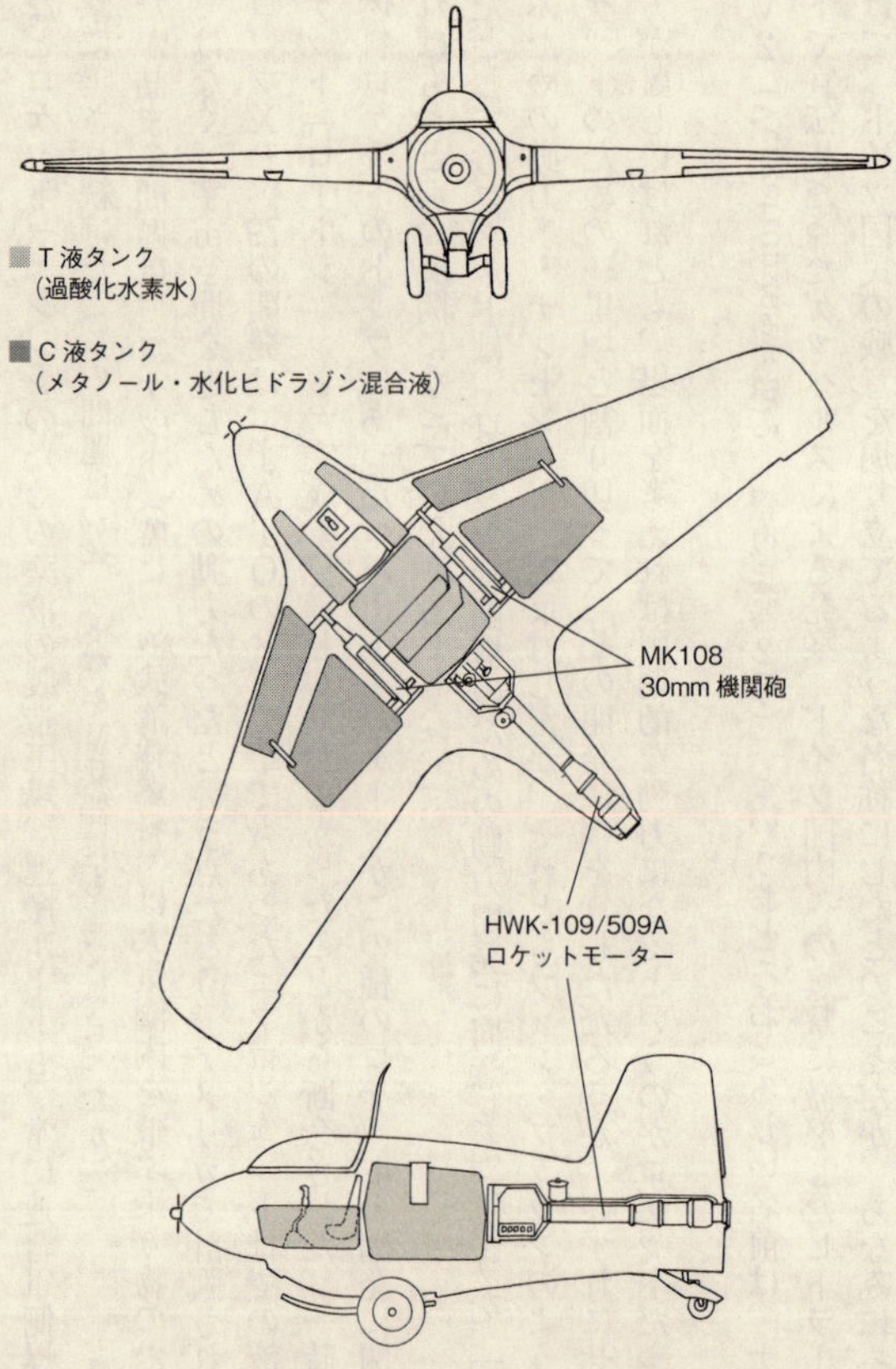

メッサーシュミットMe163B

バッヘムBa349Aと発射台

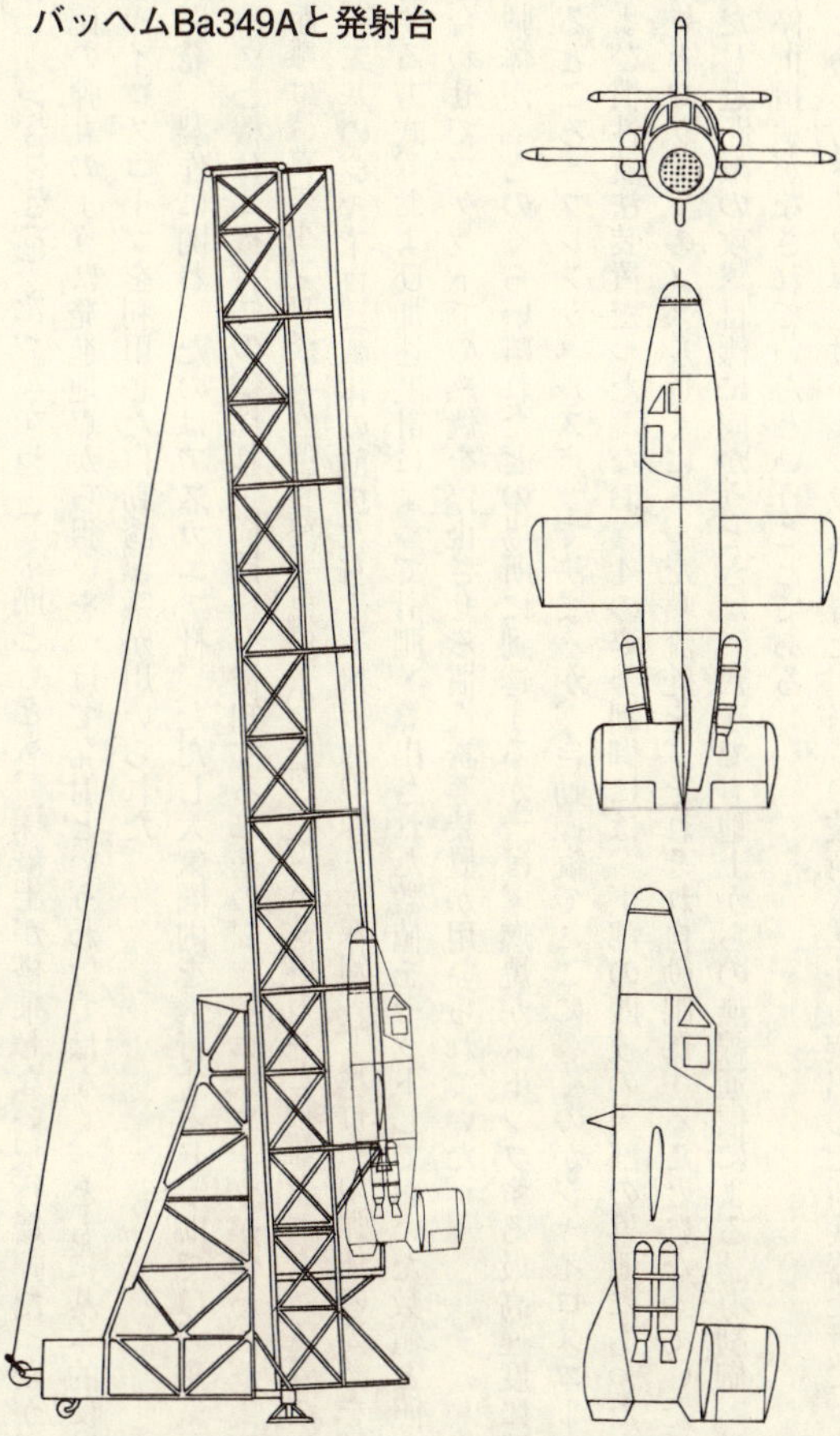

た陸軍兵器局で「A4（Aggregate 4）」と呼んだのは、様々な科学技術の総合、集積、集合体（＝Aggregate）だったから。Fi103ともども、操縦士が搭乗しない飛行爆弾だったが、大砲の弾丸のように発進地点から狙いをつけて発射というわけではなく、ともに基本的にはジャイロスコープを利用した自動誘導系が用いられた。

開発、製作に関わったのはアスカニア社。ただし大気圏内を飛行するFi103では、磁気コンパスと機体（機首）の縦揺れ、横揺れを検知する二基のジャイロスコープが使われた（飛行距離は機首の小プロペラの回転数で計測）のに対してA4はもっと複雑だった。A4の方は、二基のジャイロ（弾体の前後左右……横方向の傾きを検知）で飛行中の弾体の姿勢を制御する方式、および加速度計によって計測・算出された数値をセットしておいた数値と照らし合わせてロケットでの燃焼を停止させる慣性誘導装置が用いられていた。

弾体が「どのくらい離れたどの場所に到達するか」は、燃焼がストップする最高速度に達するところ「ブレンシュルス点」で決まるが、自動操縦でここに導くのがジャイロスコープおよび慣性航法装置だった。なおA4の姿勢制御には、下部の四枚の翼部の外側にあった空力舵とロケットのノズル近くにあった噴流舵を、それぞれ自動制御することになっていた。ただし近距離の攻撃目標に向かうときは、A4でも地上からの無線通信による誘導制御、燃料停止指示がなされていたということである。

どちらもドイツ軍だけが実戦投入し得た、当時の技術水準から突出した新兵器だけに、米ソ二大国の軍事関係者にとって垂涎の兵器でもあった。だがFi103は早期警戒レーダーも組

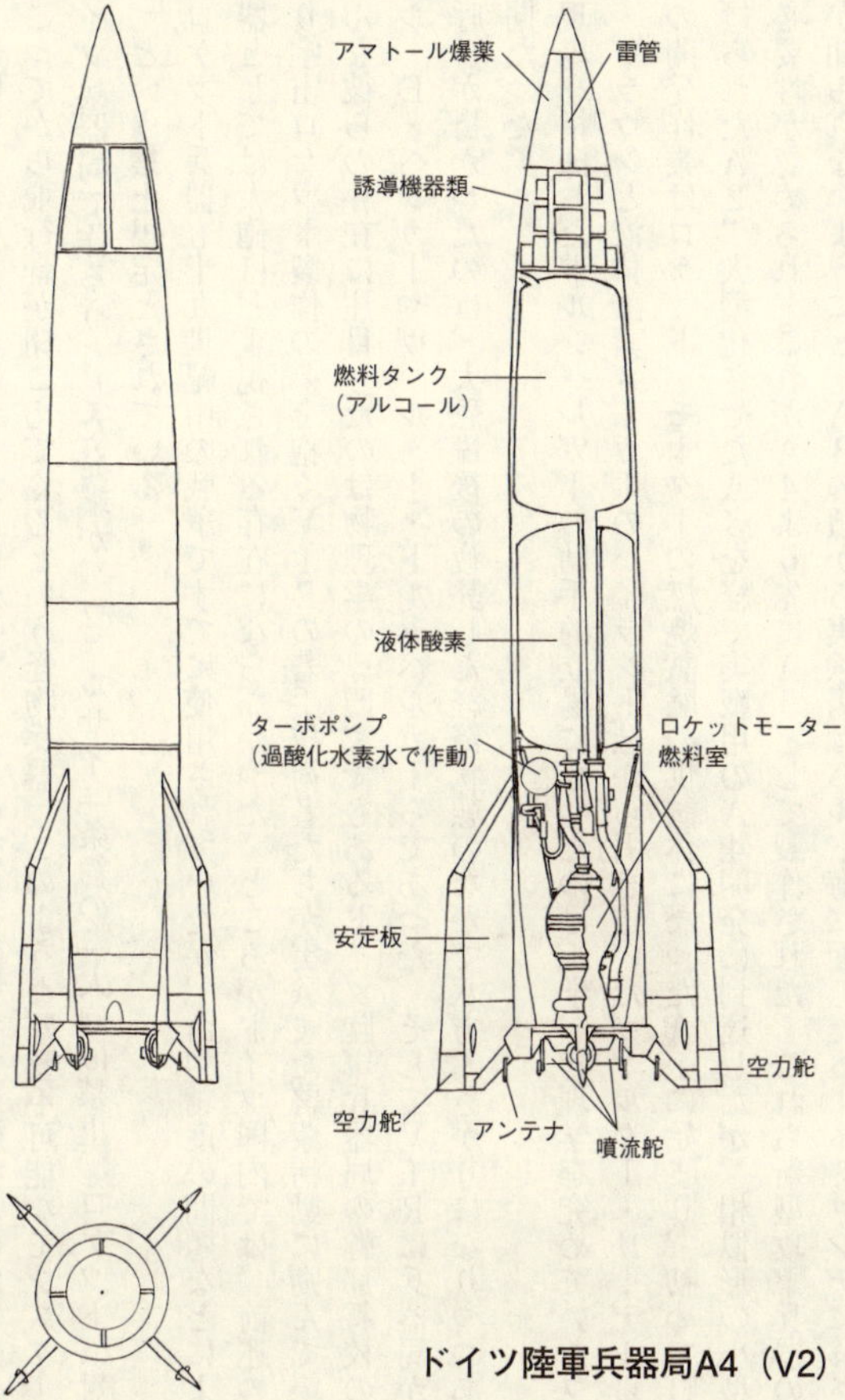

ドイツ陸軍兵器局A4（V2）

み合わせた組織的な防空態勢を敷くことができれば、高射砲やピストン・エンジンの迎撃機でも撃墜できないことはなかったのに対して、A4の方は音速飛行で着弾するので、爆発が起こってから飛行音が聞こえてくるという怪物兵器。このような撃墜不可能なモンスターをドイツ兵器局で作ろうとした発端が、ヴェルサイユ条約の「大砲は禁止、ロケットは対象外」という禁止規定とされている。

ロケット兵器も十九世紀中の戦争ですでに使用されていたが、命中精度の問題などにより武器としては大砲ほど重視される存在にならなかった。ところがドイツ国内では、前述のとおり宇宙ロケット製作の夢を抱くVfRの若手技術者たちが実験また啓蒙活動に励んでいた。そんな彼らの存在に注目したのは物理学の専門家でもあるドイツ陸軍兵器局の幹部将校のカール・E・ベッカーやヴァルター・ドルンベルガーらであった。そしてVfRに兵器局からお呼びが掛かったのは、大恐慌後の疲弊した経済状態のなかで八方ふさがりになりつつある時期だった。

現場を指揮したドルンベルガーの助手的立場になったのは工学、物理学を究めていたフォン・ブラウンと液体酸素メーカーのハイラント社から引き抜いたヴァルター・リーデルら。その開発作業はロケット・モーターの燃焼試験の供試体になったA1に始まり、初めて打ち上げられたA2、大型化させたA3を経て実戦用のA4開発に到達したが、相似形の小型版の必要性が認められ、これがA4より先にA5として製作された。これら新型攻撃兵器の開発が知られないようにと、A3の頃から実験場はバルト海に面したペーネミュンデに移された。

　ここでは西部が空軍のＦｉ103の実験場となり、東部がＡ４開発の場に充てられ、競い合うかのように作業が進められた。当然のことながらＡ４の開発は難航。爆発事故も珍しくなければ、発射してもなかなか予定どおりに飛行せず、親衛隊からサボタージュを疑われたこともあった。また、Ａ４ほど高度な技術も要していなければ製造原価が安く、失敗の余地が少ないＦｉ103に秘密兵器を一本化されかけたこともあれば、連合軍の偵察機にもマークされた。果ては一九四三年八月十七日からの夜間に英空軍機によるペーネミュンデ大空襲も受け、実戦投入を遅れさせられた。

　それでもふたつのＶ兵器が一九四四年夏、秋から相次いで英国、連合軍勢力圏に向けて発射させるに至るのがドイツ軍の力量であり、ヒトラー率いたナチスの恐ろしさでもあった。一度発射されると対処不能なＶ２号ことＡ４ミサイルがロンドンに到達するようになると、バトル・オブ・ブリテンの最中に名演説で英国民を鼓舞したチャーチルでさえも首都機能の疎開を考えたほど。それほど心理的効果が大きかった。発射基地から発進するＦｉ103とは異なり、ドルンベルガーが考えた車載式の移動発射による攻撃方法が採られたことも連合軍側に手を焼かせた。発射の都度、移動するため、連合軍機の地上攻撃で対処しきれるものではなかったからである。

　ところが実際は、連合軍側よりもナチス・ドイツの方がＶ兵器の開発によって大きな重荷を背負い込まされていたのだった。重要なことは、Ｖ兵器、特にＡ４が、ドイツの経済力、国力に対して、あまりにも大きな負担を課したうえで開発された兵器、ドイツの戦争遂行能力をそぎ落として、やっと実戦投入にこぎつけた兵器だったということだろう。

確かに英本土や連合軍の奪還した地域に損害を与えることはできたが、心理的恐怖が大きかったわりには戦禍としての損害は、戦略爆撃機によるものと比べると桁違いに少なかった。そんな使う側にとっての危うさも秘めていたV兵器が実際に作られたのは、技術者たちのエネルギーもさることながら、ナチスが「画期的な秘密兵器による形勢の逆転」を戦争継続の謳い文句にし過ぎたためだろう（日本でも理化学研究所などで研究されていた核爆弾を「山を吹き飛ばせるほどの特殊爆弾を作っているところ」と持ち上げて、戦争継続意欲を煽り立てていたという）。

「ジェット機やミサイルを世界で最初に戦争に投入させながら、なぜドイツは敗れたのだろうか」子どものころに抱いた疑問である。その謎が何とか解けたのは「ナチス・ドイツの秘密兵器の開発は、家財を質入れするようなやりくりで成り立っていた」という説に触れたときだった。「V兵器に投入した技術力、財力、労力を在来兵器に回していれば、もっとたくさんのUボートやタイガーI戦車が作れ、Fw190や大型爆撃機なども数万機多く作れたはず……」タラ、レバ話の類としても説得力があった。突出した技術力にこだわることがなかった米英ソが、ナチス・ドイツを封じ込めたからである。

多くの資材、技術が持ち込まれながら得られた効果が見合わなかったという点では、ロケット戦闘機のMe163やHs293ミサイルとドッコイというよりも、大幅に凌ぐものがあっただろう。ナチスを疲弊させた意味においては、時代を超えてやってきた革新的兵器というニュアンスとは異なる、もうひとつのモンスターでもあった。
しかしながら戦後十二年にして初の人工衛星打ち上げ（スプートニク一号）、十六年目の有人宇宙飛行（ヴォストーク一号）、さらに二十四年目にして月到達をなし得たアポロ計画のロケット技術の端緒はペーネミュンデにあった。また、今日に恩恵を受けられる気象観測、放送、通信など人工衛星関連技術も、その基はドイツ人技術者たちによって築かれたものであること、これも忘れられない側面であろう。

これまで観てきたように、ロケットは「古くて新しい技術」であり「驚異的なエネルギーを生み出す」が「危険と隣り合わせ」。さらに、使い方が適切ならば通常爆弾よりも効果を挙げられ、大型機の離陸も助けられれば狭い滑走路からの発進を助けることもできた。大戦中に使われはじめたミサイルは、戦後の攻撃用航空機や防衛体制のあり方も一変させた。しかしながら突出した技術への固執が、得られる効果に見合わなくなることもＶ２号のケースから明らかにされた。そういった意味では、使い方が難しいのがロケット技術だったということになるだろう。

難しいといえば液体燃料ロケット、固体燃料ロケットのどちらを充てるか、液体燃料ロケットでも二液式と一液式のどちらにすべきかの見究めも容易ではない。だが、決め手とされることが多いのが「比推力」で、これは「単位重量の推進剤による一秒あたりの推力の大きさ」とも「単位重量の異なる推進剤が同じ大きさの推力を発生し続けられる時間」とも表現される。

固体燃料よりも液体燃料が重視されるようになる根拠はこれに由来するが、推進力がさほど大きくなくてすむ場合は固体燃料の推進系が用いられ（ロケット弾など）、比較的小型の機体に短時間の補助的な推力を与える場合も固体ブースターが使用される（艦載機など）。それに対して、同様の補助ブースターでももっと大型の機体となると、比推力に優る液体燃料ブースター（一液式）が装備されることになる。そして誘導系や電気通信・電子系、炸薬まで詰め込まれ、かなり高い飛行性能が要求されるミサイルとなると、二液式のロケット・モーターが多用されるようになる。

最も技術的に困難さがつきまとう二液式のモーターは弾道ミサイルの推進系に用いられたが、これに携わったペーネミュンデの技術者たちの目指すところは宇宙ロケットの開発だった。ここまでは、概してどれもハズレではない飛翔体～航空機とロケットの組み合わせといえるだろう。だが決定的に間違えていたのが、有人航空機の動力にロケットを用いることだった。

大気圏内を飛行する航空機は、機内に酸化剤を積み込む必要などもともとなかったはず。大気を取り入れて燃焼させるのが内燃機関だが、燃焼ガスを直接に推力に結びつけたのがジェット機。大きな推力のジェット・エンジンの開発に取り組めば、ロケット・エンジンを大気圏内飛行用の航空機に用いることなどなかった。それでもロケット機の開発に取り組んだのは、あまりにも頻繁に（高高度から）来襲する連合軍戦略爆撃機に対する焦りに支配されていたからだろう。

またミサイルの動力としてロケットを用いることも、第二次大戦当時の技術水準では呆れるほどたくさんの困難がつきまとっていた。その困難をひとつずつ取り除いていったのは、やはり宇宙飛行を目指した男たちの執念だったが、時代の技術水準にそぐわなかったつけはあまりにも見合わなかった戦果（戦略的効果）となってはねかえってきた。ドイツを占領してその軍事力を解体した米ソ両軍は、その後の軍事技術、宇宙開発のためにできるだけたくさんペーネミュンデの技術を吸い上げようと懸命になった。

なおも宇宙ロケットの開発の継続を希望していたフォン・ブラウンらは「自由の国」と憧れを抱いていたアメリカへの移住を自ら希望。「もう、ペーネミュンデ時代と同じ仕事をしたくない」とドイツに残っていた技術者はソ連に連行されて、コロリョフらソ連人技術者への技術移転をさせられた。

このように考えると、第二次大戦期にあっては、ロケット弾やＲＡＴＯの推進系として無理なく使用することがロケットの最もふさわしい使い方、ということになるだろう。ロケット技術に着目した「形勢の逆転を図るための驚異的秘密兵器の開発」に走った時点で、その戦いはもう敗戦に向かっていたということなのではないだろうか。

第６章　前時代軍用機が使われる理由

世界中を巻き込んだ二度めの世界大戦は新兵器開発の戦いという印象が強かったが、もう一方では、旧式兵器を使いながら「いかに戦渦を乗り切るか、乗り切ることができないなら敗北のみ」という国々も少なからずあったことを忘れてはならないだろう。中立国、小規模国など「不本意ながら戦渦に巻き込まれた国々」について既述したのは、見落とされがちなその種の国々について意に留めておきたいという意図もあった。

果たしてその種の国々の空軍力についてみると、およそムスタングやスピットファイア、メッサーシュミットなどと同じ時代の軍用機とは考えにくい、旧式軍用機のオン・パレードという具合になってしまった。だが実際のところ、この種の旧式機を使い続けなければならなかったのは小規模国に限られたことではなかった。大戦間の軍用航空の近代化がままならず旧式機の運用を続けたが、外交の成り行きによって主要交戦国と交戦状態になってしまった……もしくは、近代的な軍用機への更新のまっ最中に交戦状態になってしまった……というのが、イタリアであり、フランス、ソ連ということになるだろう。

だがどの国にも共通しているのは、大戦間から二度めの大戦へとさしかかる時期においても「旧技術から新技術への過渡期」にあったということだろう。ヨーロッパでの戦端を切ったドイツは、ナチスが政権政党の座に着く以前から軍事大国としての復権の準備を進めていたが、そのナチス・ドイツでさえも英仏との戦闘突入はもう数年先が望ましいという状況……英仏両国の対独宣戦布告がポーランド侵攻の二日後と、予想外の早さになってしまった。もっとも、宣戦布告した両国の側にしても戦争準備が進んでいなかったため、それから半年以上も「ウソ戦争、座り込み戦争」といわれる、本格的戦闘が生起しない状態が続いたのだが。

そして明けて一九四〇年の春からドイツ軍は北欧、西欧に侵攻するのだが、ナチス・ドイツと同盟関係にありながら宣戦布告がフランス降伏直前の時期になったイタリアが「戦争に参加した」と自覚せざるを得なくなるのが、その空軍力が絶望的な状態になっていたフランス軍の航空部隊と戦闘状態になってからのことだった。フランスに派遣されたイタリア空軍戦闘機部隊の使用機は、単葉引き込み脚機のフィアットG50、マッキC200はまだ少数派で、主力は複葉機のCR32とCR42という状態だった。

これは、平たく言えば「戦争準備が進んでいなかった」となるが、スペイン市民戦争に派遣された義勇イタリア軍の「格闘性能を極致まで高めたフィアットCR32」の勇戦が声高に宣伝されすぎたため「なおも軽戦闘機を重視すべき」と誤って判断された結果のことでもあった。

ちなみにその誤りの程度は、というと、G50、C200の開発を求める「R計画（新型単座迎撃機）」の発行が一九三六年、試作機の初飛行が三七年だったところ、CR32の発展型を経て開発された複葉戦闘機のCR42・試作機の初飛行が一九三八年。近代化を目指した単葉機の翌年に、旧来の複葉戦闘機スタイルの原型機が初飛行を行なったのである。

時代錯誤の誹りを免れられないが、確かに一九三〇年代はソ連空軍では旧来の複葉機のポリカルポフI‐15系と単葉引き込み脚のI‐16を併行して開発、運用させるなど、軽戦と重戦、どちらに将来があるか見極めるのが難しい時代でもあった。あのグラマンF4Fも最初期には複葉機とされており、FF、F2F、F3Fと採用が続いた複葉戦闘機シリーズの延長線上の機体と位置づけられていた。ところが、競争試作のブリュスターF2Aが単葉引き込み脚機になったことからその姿が一変された、という具合だった。

そんな新型機開発の方針が、列強国でも「混乱状態」にあった三〇年代の産物ともいえる旧式・複葉機にとっての第二次世界大戦についてここで言及することにしたい（パラソル翼、低翼の旧式機もあるが）。だが一九二〇年代に開発された機体やら四〇年代に現われた機体など、多少、前後する各機もある。それどころか、例外的ともいえるが、中には第一次大戦中（もしくはその以前）に基本設計がなされながら、手を加えたり、追加生産機を作ったりと、現役機としての寿命を引き延ばしてきたものもあった。

そのアナクロさは新型機に注ぎ込む情熱とは逆方向かもしれない。だが戦争という、浪費の上に消耗を積み重ねる、究極ともいえる消費活動のなか「役に立つなら、博物館送り寸前のものも使いこなそう」「旧型機で間に合う戦線、用途ならば、新鋭機はもっと重視される戦線に当てるべき」というやり繰りが働くのも、戦争の一側面だった。

第一次大戦末期に現われたフォッカーDⅦは同大戦におけるドイツ軍の最優秀機と評価されただけに、大戦が終わってからもアメリカやソビエト・ロシアほか、ベルギー、ポーランド、ルーマニアなど、休戦後も空軍力の育成に努めていた新興国、遅れて空軍力育成に取り掛かった米ソに相当機数が販売された。ドイツでの航空機製造を諦めたアントン・フォッカーがオランダ帰国時に、軍用機製造用の資材を大量に持ち出せたからこのようなビジネスができたのだが、旧大戦機が売れたので祖国で起こしたフォッカー社が早期に輸送機製造事業に進出できた一件は後述する。

各国では入手可能な動力を装備してDⅦの運用を継続。もっともその後も新型機が続々と現われるので、いつまでも実戦機として務め続けたわけではなかったが、スイスが購入したDⅦは、やはり大戦末期に製作した国産のヘーフェリ（ＥＫＷ）ＤＨ－３とともに、次の世界大戦が間近に迫る一九三八、九年頃まで練習機として使用されていた。軍務を解かれて民間登録に移される例も少なくなかったが、アメリカでは早くもこの頃から旧大戦機を戦争映画などに使用していた。

フォッカーDⅦよりももっと古いアヴロ504は、英軍において軍務で使われた最初期の機種のうちのひとつだった。だがある意味においてこの旧式機は、相当の変転の歴史を重ねた機体となった。

アヴロ社というと第二次大戦中は、エンジンに泣かされたマンチェスター爆撃機を四発機に改めたランカスター爆撃機やアンソン双発機で知られるが、一九〇九年七月十三日に自身の製作機で英国での国産機による最初の動力飛行を成功させたアリオット・ヴァードン・ローは、続いて複葉機や三葉機を製作。英陸軍から複操縦装置付きの複葉機＝アヴロ504の受注機数が増えてきたところで、飛行機製作をアヴロ（A. V. Roe→Avro）社と名乗って事業化することができた。

アヴロ504の初期型は「飛行機械も戦争で役に立つのだろう」と考えられはじめた頃に戦場の空を偵察、爆撃任務などで飛んだが、その後の新型機の搭乗員を養成するための練習機型（504J、K）の需要が急激に伸びた。戦争の長期化、激化にともない、軍用機はたちまち「昨日の新型は明日の旧式機」という高性能機の開発競争という状況になるが、操縦士や他の乗員を養成する役割を主任務にすることになったアヴロ504は全期間、それもアヴロ社以外のメーカーも動員して作られ続けて、その製作機数・八千機強は英国機では最多になった。

一九一八年十一月の休戦後は、当然、余剰機があふれることになり、これらは民間の飛行学校や英連邦圏以外の諸外国にも販売された。だが、初級練習機としてはさらに需要があり、共産主義革命の混乱が鎮まってきたソビエト・ロシアでは504Kを「U‐1（陸上機）、NU

‐1（水上機）」と称して生産された（ライセンス契約も結ばずに）。

日本海軍でもアヴロ504Kの陸上機型、504Lの水上機型の輸入に続いて、広工廠や中島ほかでライセンス生産（二百機以上）。そしてこれら日本海軍が入手したアヴロ504の旧式化が目立ってきた一九二七年頃には、横須賀工廠でアヴロ504をベースにした発展型を三式陸上練習機として開発。国内メーカー各社で生産されて一九三〇年頃から使われたが、それから十年以上も経た太平洋戦争突入の時期においても初級練習機として現役にあった。

故郷の英国でもアヴロ504の新型機開発が続けられており、504Nが大戦間の量産型となった。けれどもデ・ハヴィランド・モスが現われて、一九三〇年にはいるとタイガーモスやアヴロ・チューターといった新型機が初級練習機として用いられるようになって、アヴロ504Nは民間の飛行クラブなどに転出。異例の長期にわたったアヴロ504の軍務も遂に終わるかと見られた。

ところが第二次大戦に突入して軍用機の操縦士育成が急務になると、練習機は逼迫状態になった。一九四〇年春からのドイツ軍の電撃的侵攻で多数機が失われ、搭乗員養成が急がれただけでなく、練習機の実戦機転用（上陸作戦阻止のための哨戒機、襲撃機化）が進んだからである。そうなると、民間機扱いになっていたアヴロ504Nも七機が補助的な役割で空軍に復帰。これらは、チェイン・ホウム・レーダーの能力確認をするために飛ばさなければならないグライダーの曳航機として用いられたということである。

アヴロ504の大戦間の製造機は、ヨーロッパ諸国ほか世界中に相当数が販売されていた。な

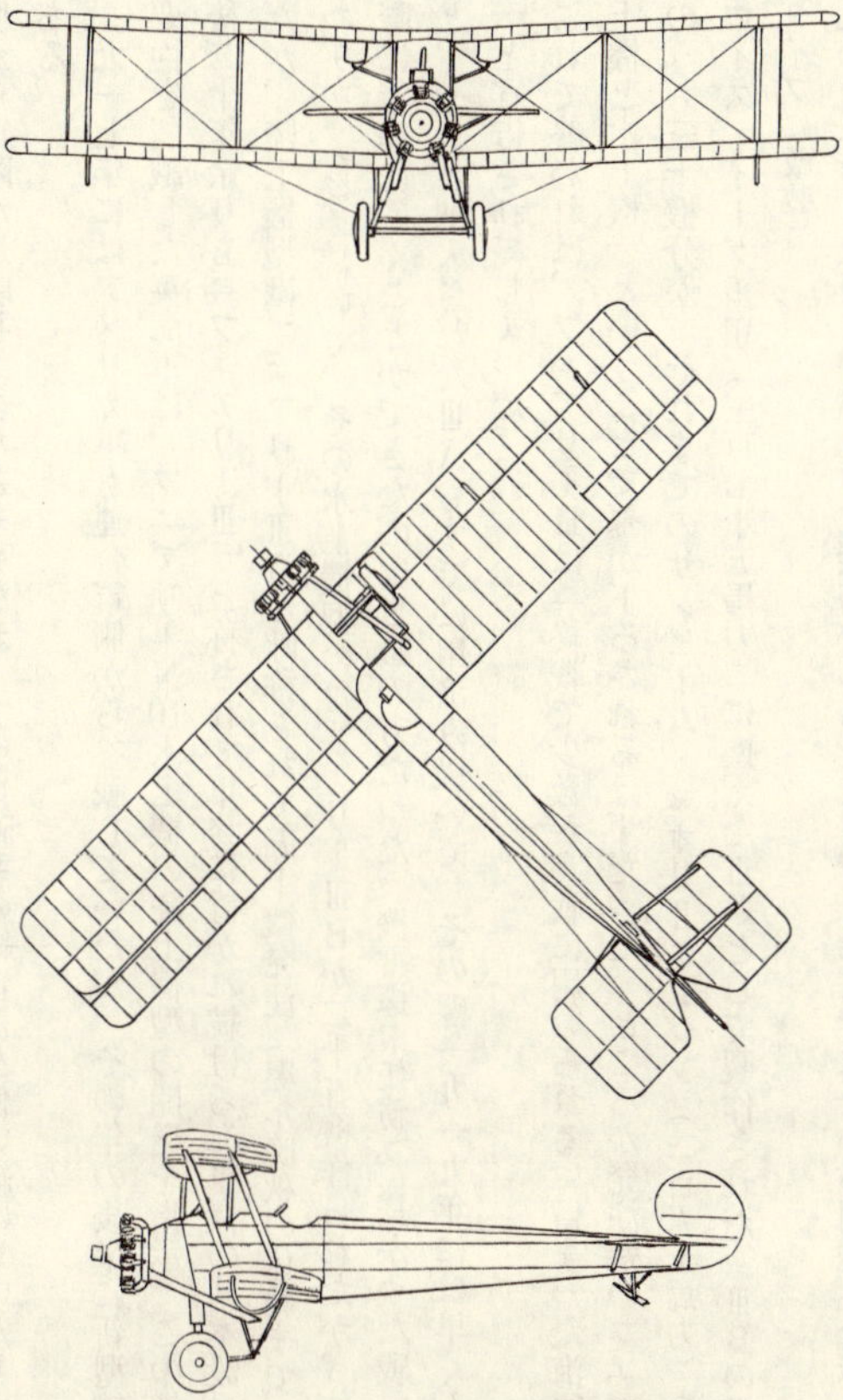

アヴロ504N

お、大戦突入の前後の時期に独ソに相次いで併合されたチェコ、エストニアなどは、吸収した側から軍隊が進駐してきたときもなお、アヴロ504系の練習機を使い続けていたということである。

一九一七年にはアメリカ軍も連合軍側から参戦していたが、その年の後半に新型艦載機の必要性を認識した英海軍は、フェアリーN10水上機の陸上機型の開発を指示。この機が、その後二十年余りも「フェアリーⅢ」と称されて軍務に置かれ続ける海軍機の基本設計になるのだが、陸上機型はフェアリーⅢAと呼称されて五十機発注（翌年晩秋の休戦までの受領機はわずか一機）。続いて、その水上機型のフェアリーⅢBが二十五機作られたが、休戦前に実際に軍務に就くことができたのはⅢBの方だった（機雷探索任務）。長かった戦いが終わると、やっと納入されたⅢAもすでに用済み扱いで、その翌一九一九年には早くも「旧式機」と宣告されてしまった。

これで終われば、フェアリーⅢは「終戦で少数が実戦に用いられるに留まった海軍向けの陸上機と水上機」ということで幕が下ろされるはずだった。ところが発注残のフェアリーⅢBのうち三十機分が、それまでのサンビーム・マオリⅡエンジン（二百六十馬力）をロールズロイス・イーグルⅧ（三百七十五馬力）に換えたⅢCとして製作された（ⅢBの数機もこのタイプに改装）。

このフェアリーⅢCがパワーに余裕ができたことでそれまでにない多用途性を示し、折から発生したソビエト干渉戦争にも派遣されることになった。そして、内外に需要が拡大した

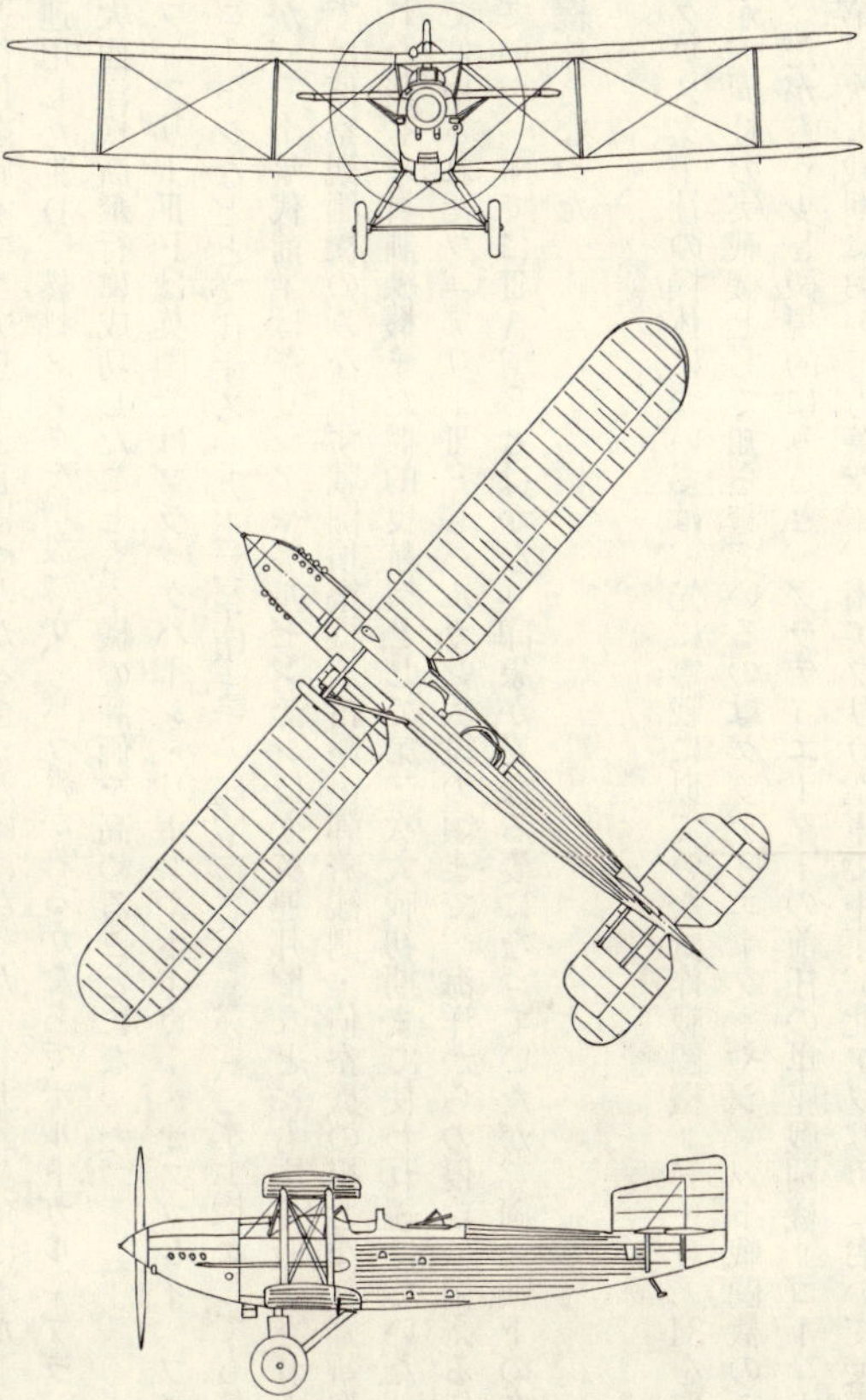

フェアリーⅢF

ⅢD、ネピア系（五百七十馬力）に換えて陸上機型、水上機型とも大幅な空力的に洗練、かつ近代化を施すフェアリーⅢFにつながるきっかけになった。一九二二年にポルトガル海軍が運用したⅢD（燃料タンクを増設）が、乗り継がれるかたちでポルトガル～ブラジル間の南大西洋横断飛行に成功したことも本機の評価を高めることになった。

フェアリーⅢFは英国ではブラックバーン・リポンやホーカー・オスプレイ、フェアリー・ゴードンなどと交代する一九三二年頃まで、陸上機（艦載機）、水上機としても使用されたが、三十年代前半はギリシアやアルゼンチンほか英連邦圏などにも広く販売された。英本国では偵察観測機のみならず戦闘偵察機、雷撃・弾着観測・偵察機の祖となり、新型機が現われた後も乗員訓練機また標的曳航機として第二次大戦初期まで使われ続けていた。ギリシアで使用されたフェアリーⅢFもバルカン戦役の頃まで、海洋からの侵攻に備える任務に就いていた。すでにⅢA、Bとはかなり印象が異なる姿になっていたが、両大戦下の空を飛んだ機体となった。

グロスター社の機体については、先に零戦に似ていた試作戦闘機＝F・5／34を取り上げたが、同社の実戦機として知られているのはグラディエーターやジェット戦闘機のミーティア。だがもう少し微視的にみると、グラディエーターの前任の単座戦闘機＝ゴーントレットが第二次大戦期においても英空軍、南アフリカ空軍で中東、北アフリカにおいて使用され、フィンランド空軍やデンマーク陸軍でも軍務にあった。これよりも前のゲームコックもフィ

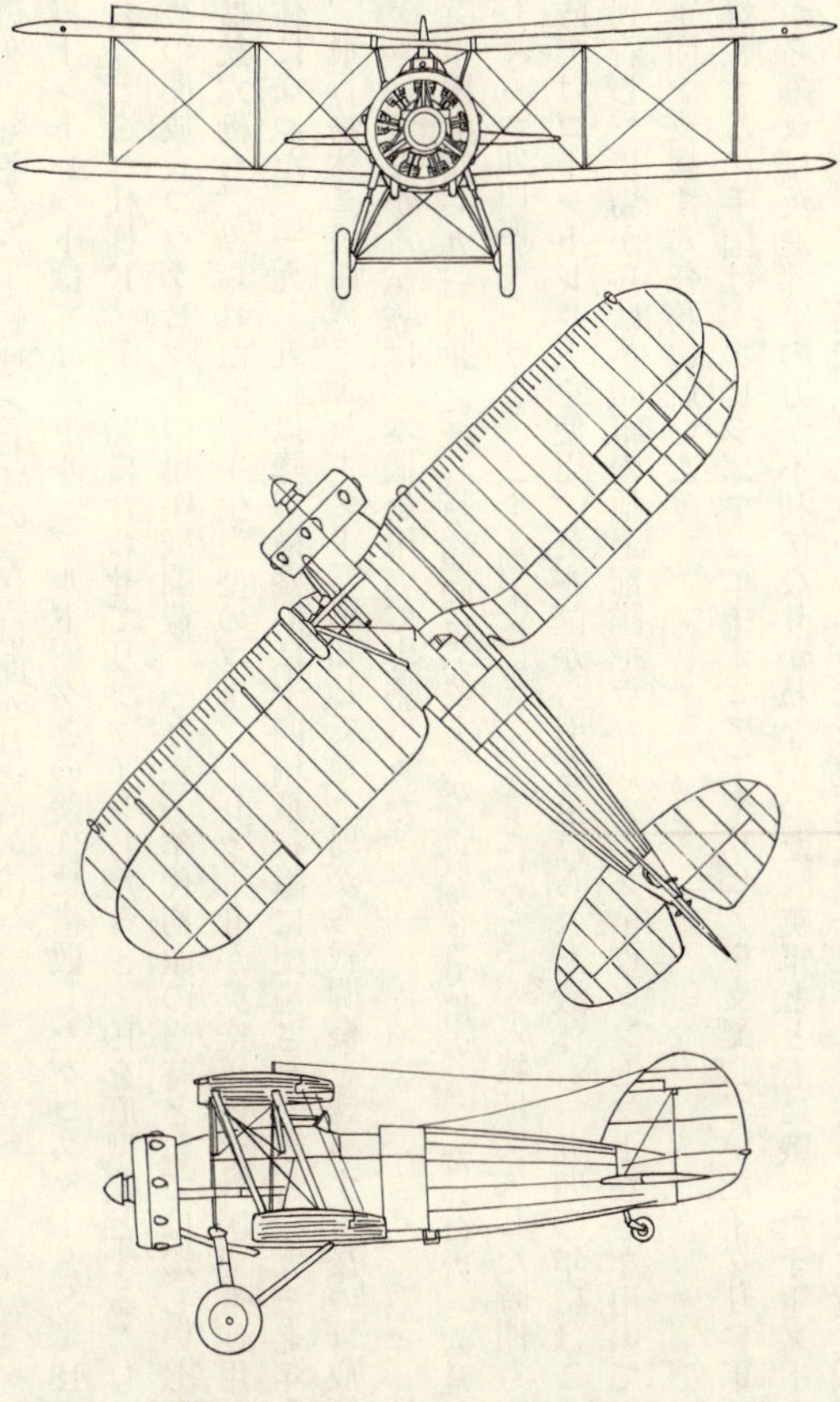

グロスター・ゴーントレットMk.Ⅱ

ンランド空軍では一九四四年頃まで戦闘練習機として使われていたようだが（ライセンス生産機か）、さすがに実戦機としての実績は聞かれていない。

ゴーントレットはブリストル・ブルドッグとの競作に惜敗したグロスターSS・18の動力、武装などを、仕様F・7／30に合わせてリファインしたSS・19を原型機とするグロスター最後の開放式コックピットの単座戦闘機。一九三〇年代初頭の当時としては珍しい七・七ミリ機銃六梃も試みられたが、主生産型のゴーントレットⅡが英空軍ほか外国でも使用される機体になった。一九三五年以降、最盛期は十四個飛行隊に配備されたが、一九三七年十一月の、飛行物体（民間機）をレーダーで感知して地上局から戦闘機を誘導する後の警戒管制システムにつながる試験は、本機を用いて実施された。

英本国では一九三八年には減勢傾向になったが（最後まで用いていたのは六一六飛行隊、奇しくも一九四四年にミーティアが初配備されることになる）、大戦に突入した時期も中東の部隊ではゴーントレットを使用。英本国から引き上げられた機体も一九四〇年にはこの戦域に到着し、夏場からは英陸軍の地上部隊やヴィッカース・ヴィンセントなどを用いていた直協軍団を支援する任務に就いた。

対戦する相手国は、アビシニア（エチオピア）やリビアを支配していたイタリア軍。補給面からみれば英連邦軍の方が不利になりかねなかった。英軍とともに戦ったオーストラリア軍、南アフリカ軍も英空軍で主力から外された複葉機群を入手してこの戦線に投入。豪、南ア空軍の使用機のなかにはゴーントレットやグラディエーターも含まれていた。

最初に独裁制を敷いた全体主義国でありながら、ムッソリーニがヒトラーに尻を叩かれる立場になったのは、ナチス・ドイツがヨーロッパでの支配領域を拡大させたのに対して、アルバニア支配後は、イタリアはほとんど反撃を受けることもない北アフリカでの権益拡大に終始したから。「地中海は我が池」と強がったところで、もっと重んじて見られていたのは、ジブラルタルやマルタ島、エジプト、それに地中海東岸（エルサレム、アンマン、ガザなど）の委任統治領を勢力圏としている英国の方だった。

フランス降伏の直前に参戦しても、空軍の装備戦闘機をして二十個航空群のうち、単葉引き込み脚機（G50、C200）は三個群に過ぎず、CR42・八個群、スペイン市民戦争での戦いぶりが喧伝されたCR32が九個群（他機種と混成も含む）と、およそ英独の空軍力と比肩できる陣容ではなかった。フランスに侵攻したイタリア空軍戦闘機も大半がCR42で、Bf109に太刀打ちできなかった仏空軍戦闘機にも対抗できず、損害も拡大。この頃になってやっと「この大戦は近代的な機種でなければ生き残れない」と認識するほど……とてもジュリオ・ドゥーエを輩出した空軍とは考えられない遅れ具合だった。

だが一九二〇年代なかばに開発されたフィアットCR20はイタリアでは最初期の金属製の機体で、平時の戦闘機としては例外的多数ともいえる五百四十機以上も製作（水上機型のCR20・Idroも含む）。これに続いたCR30、その改良型のCR32（ともにフィアットA30RAエンジン＝五百九十馬力）は操縦性、運動性を究めた格闘戦向きの戦闘機だった。ほぼ相似形だったが、CR32はわずかに寸法を小型化させたほか機体内のタンク、機器類の配置を変更して重心位置を移動させて、究極的ともいわれた運動能力が実現された。

CR30が百二十一機製作されたのに対して、CR32がエンジン変更型やスペインでのライセンス生産機など各型合わせて千二百機以上に上ったのは、スペイン市民戦争に三百七十七機も派遣されてナショナリスト陣営の主力戦闘機として使われたからだろう。ほかにも中国、ハンガリー、オーストリアに計百十四機も輸出されている。イタリア人飛行士に最も高く評価されたのは、機体重量がいちばん軽い初期生産型だった。このタイプに搭乗した古株の戦闘機乗りらが格闘性能と開放式コックピットの機体を強く求め、R計画による近代的な戦闘機の開発が始まっていたのにもかかわらず、CR32の設計思想に乗せられたようなCR42が開発されることになったのだった。

イタリア軍参戦時の空軍・保有戦闘機の多数を占めたCR32だったが、さすがにフランス～英国方面の戦闘には使用されず、イタリア本国、アルバニア、リビア、アフリカ東部ほかロードス島にも展開。フランスでの二週間の戦いの時期には、リビアやエチオピアなどアフリカ北、東部で英軍機と交戦状態に突入した。そしてバトル・オブ・ブリテンの際に英本土攻撃支援に参加したCR42の活動が下火になる一九四〇年秋、冬には、アルバニアのCR32もギリシア侵攻に加わった。だが旧式化が進んでいたこともあって、小型爆弾を百キロほど搭載する戦闘襲撃機もしくは戦闘偵察機として使用され、また、熱帯地仕様のもの（エンジン付け根下部にラジエターを追加）に改装されたものもあった。けれども開発が同年代のゴーントレットと同様、激戦のなかで消耗する機体が増えると戦闘練習機となって実戦現場か

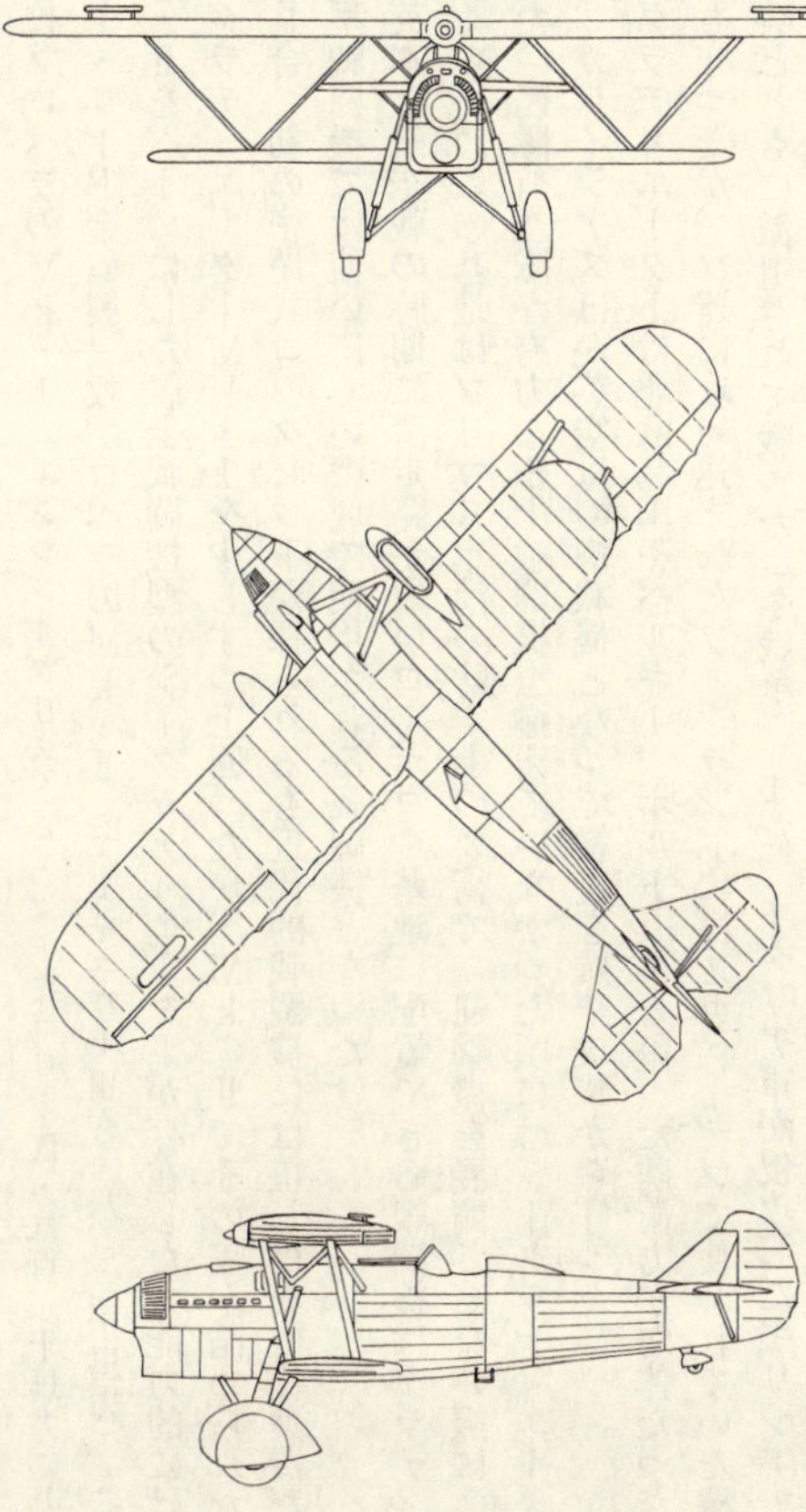

フィアットCR32

ら退いていった。

グロスター社のゴーントレットに続いて制式化されたグラディエーターには、ワッツ木製二枚プロペラのMk・I（エンジン＝ブリストル・マーキュリーⅨ・八百三十馬力）とフェアリー・リード金属製三枚プロペラのMk・Ⅱ（マーキュリーⅧA・八百三十馬力）、それにMk・Ⅱをベースにした艦上戦闘機型のシーグラディエーターが存在した。能力的にはCR42がグラディエーターMk・Iを少しずつ上回ったが、Mk・Ⅱでその差が詰められたといった具合。初の密閉式コックピットが採られるも近代的戦闘機には伍し得ない複葉機だったが、新型戦闘機では使いにくい戦域で使用される戦闘機となった。

英本土航空戦の時期に滑走路が短いローボロー基地に配置できる戦闘機はグラディエーターくらい。この基地はプリマス軍港の防空上の要衝で、迎撃機を展開させない訳にゆかなかった。艦隊航空隊が有力な艦上戦闘機を揃えていなかった頃にはシーグラディエーターとして、カレイジアスほか英空母の搭載機となって艦艇を航空攻撃から守った。

グラディエーターは北欧諸国やベルギー、ポルトガルといった防衛力が弱体だった国々の空も守ったが、ソ連に攻め込まれたフィンランドにはスウェーデンで使われていた機体が義勇兵とともに派遣されて戦った（冬戦争）。また、イタリア軍が侵攻したギリシアでは、英国からの派遣機がイタリア機を撃退するなど小規模国の空の用心棒役を果たした。英連邦諸国にも相当機数が供与されている。

これに対してフィアットCR42は空冷星型のフィアットA74RC38（八百四十六馬力）を

使用したほか、胴体や尾翼部に降着装置などが空力的に大幅に改善されて、速度性能、上昇性能が大幅に向上していた。初飛行はフィアットG50よりも一年三ヵ月も後だったが、G50にスピンにはいりやすい悪癖が付きまとったのに対して、CR42の方はベテラン好みの操縦性、運動性に優れる複葉機。外国機のレベルが知られていたかどうかの問題もあるが、G50（初期型は密閉式コックピットだった）の生産よりもCR42が急がれる雰囲気も漂ったのだろう。

G50は全金属製だったが、CR42は鋼管骨組みを用いた混合構造。G50の生産着手はCR42より少し先行していたが、生産性の違いなどもあってイタリア軍参戦の時期にはCR42の方が多数派になっていたという次第だった。ベルギーやハンガリー、スウェーデンからの輸入希望が寄せられたこともCR42の生産を急がせる要因になったのだろう。ベルギーとスウェーデンでは、図らずもCR42とグラディエーターとが友軍の同僚機になったが、裏を返せば両機とも「売り渡しても構わない機種」だったのだろう。

ところが緒戦の仏侵攻の二週間、また英本土に侵入した戦闘でCR42は単葉引き込み脚の英仏戦闘機に敗北（その前にベルギーのCR42がドイツ軍機に敗れていたが）。そこで整備に手がかからず頑丈で使いやすいという特長を活かして、北アフリカやバルカン半島で戦闘爆撃機か戦闘偵察機として使う方が無難と判断されたのだろう。一部は夜間に来襲する英爆撃機を迎撃するために、サーチライト装備もしくは消炎マフラー付きの夜間戦闘機とされている。

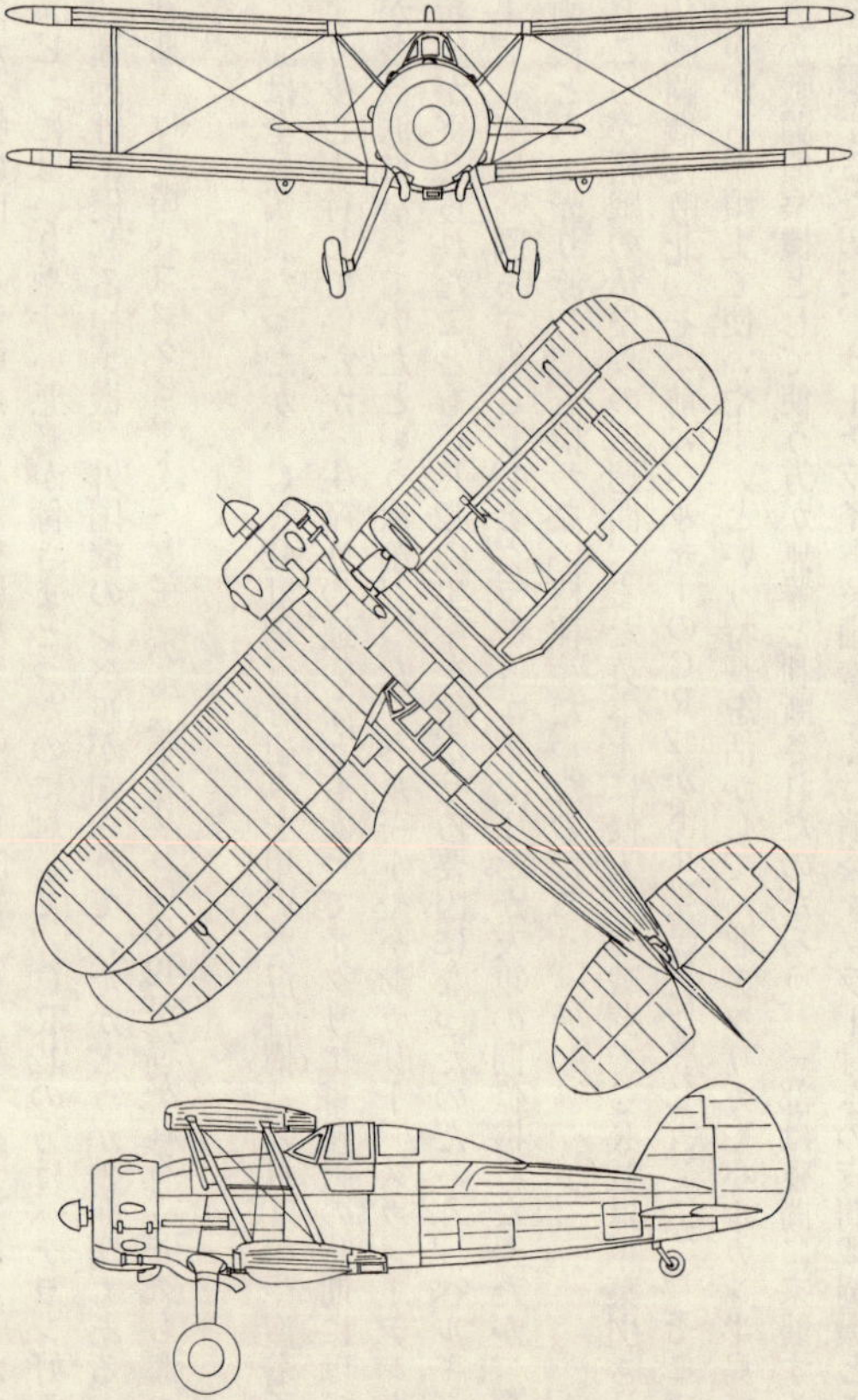

グロスター・グラディエーター Mk. II

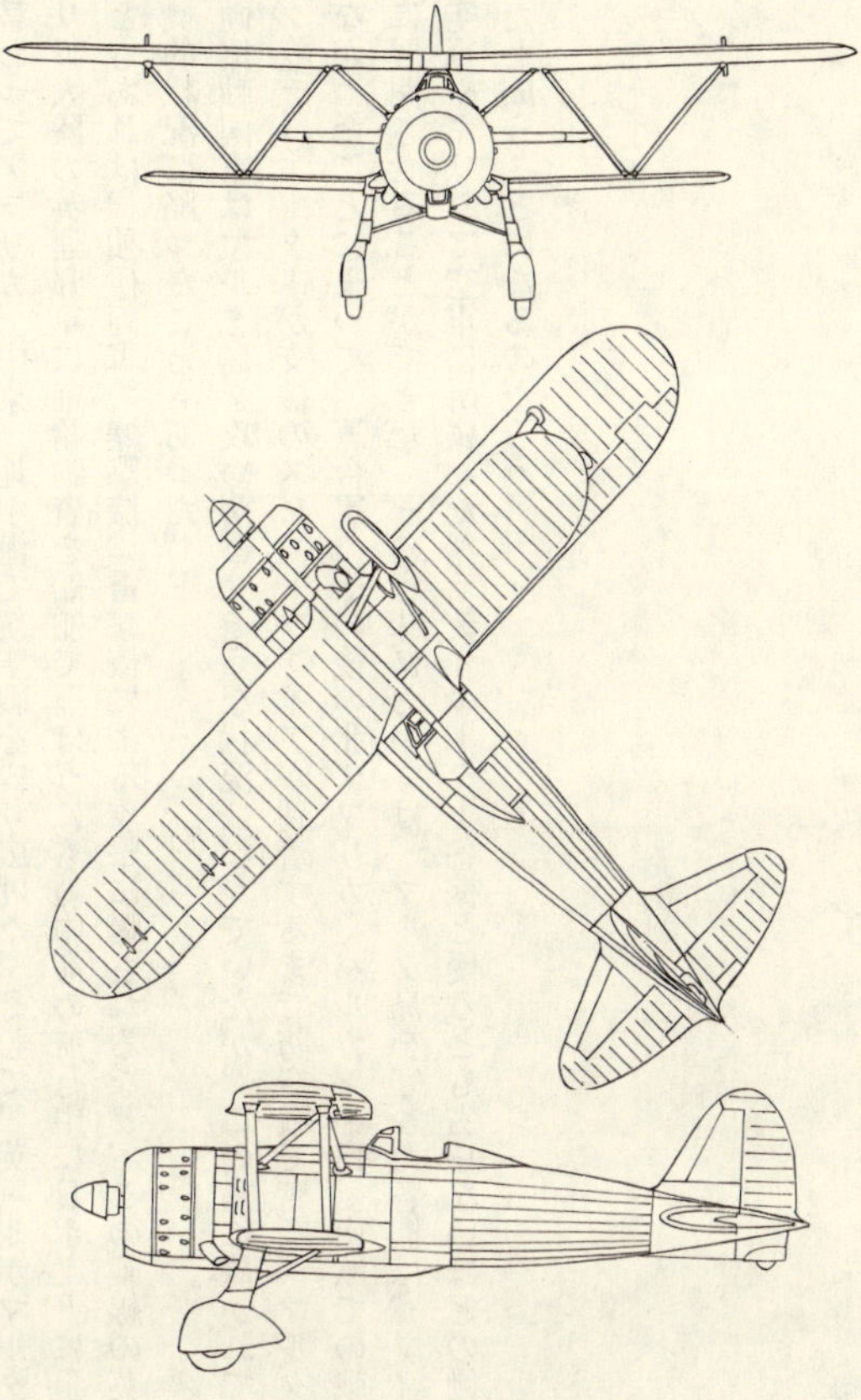

フィアットCR42

その後、グラディエーター、フィアットCR42は前線から退いたゴーントレット、CR32に替わってアフリカ、中東、地中海で航空戦を繰り広げた。そして、英軍側がマルタ島やアフリカ大陸の英連邦軍に補給物資を船舶で運ぼうにも地中海の航行中にUボートに狙われることもあれば、独伊両軍の爆撃機、雷撃機による攻撃に曝されるなど、この戦線の英軍は、危機的状況に陥ったこともあった。

両枢軸国軍はマルタ島を攻め落とせそうな状況になっていたが、この島に置かれていたシーグラディエーターが支援のスピットファイアが到着するまで防空戦で奮闘。マルタ島を失わなかったことによって、連合軍のその後の北アフリカ、バルカン半島、南欧での戦いを有利に展開させることができた。その意味においては、マルタ島を守った各機は、フィンランド空軍やギリシア空軍に所属したグラディエーター各機と優るとも劣らないほどの働きを示したということになるのだろう。

第７章　航空先進国で活躍した複葉機

前章で挙げた英伊の二代の複葉戦闘機や、ソ連のポリカルポフI-15系、フランスのブレリオ・スパッド510、それに小規模国の各機などのほか、主要交戦国の日本、ドイツ、アメリカにも、単葉機主流の時代も複葉戦闘機が現役に置かれていた。日本とアメリカの場合、太平洋戦争に突入するのが第二次大戦勃発から二年三ヵ月後だったが、日本軍は大戦が起こったときには日中戦争の最中で、かつ満州・モンゴル・ソ連の国境を巡ってソ連軍と戦闘状態にあった(「ノモンハン事件」「ハルヒン・ゴールの戦い」)。この時期は、陸軍最後の複葉戦闘機・九五式戦闘機にとっての終盤の航空戦が行なわれた頃でもあった。

日本海軍の最後の複葉戦闘機になったのは、一九三七年(昭和十二年)初頭に制式化された中島九五式艦上戦闘機だった。けれどもその年の九月には後継機種に当たる全金属製低翼単葉の、三菱九六式艦上戦闘機が制式採用。したがって、九五艦戦が前線で戦うための実戦機だったのは短期間。もともと九五艦戦も前任の九〇艦戦の構造を強化して、飛行性能の改善を図った機体だった。

これに対して川崎キ‐10九五式戦闘機は、ドルニエ社に勤めていたリヒャルト・フォークト技師が招かれて設計を指揮、指導した九二式戦闘機（複葉機）、キ‐5試作戦闘機（単葉機）の開発で経験を積んだ土井武夫技師が設計主務を務めた機体。キ‐5が期待した性能に届かなかったため「ならば従来どおりの複葉機で」と変転を重ねた末に開発された戦闘機でもあった。中島九七式戦闘機の開発が進められていた時期の複葉戦闘機だったので、九五式戦闘機においては量産型になった一、二型に続いて九七戦よりも優秀な複葉機を目指したキ‐10改も試作されていた。

九五戦一型は一九三六年から部隊への配備が始まって、翌三七年七月の日中戦争突入時には五個連隊八個飛行隊に置かれていた。飛行一六連隊第二大隊への出動命令を皮切りに中国東北部に展開する部隊が増加。最初の二ヵ月は地上部隊の支援が任務だったが、九月十九日に中国空軍のダグラスO‐38観測機の編隊と遭遇して空中戦になり、四機を撃墜。これが日本陸軍戦闘機隊の、空戦での初戦果とされている。そしてその二日後の空戦では、三輪寛大隊長機が対空射撃の犠牲になっている（秋本実著『開戦前夜の荒鷲たち＝日本軍用機航空戦全史1巻』グリーンアロー出版社）。

その後この戦いでは、カーチスの新旧ホークやヴォート・コルセアなどと交戦。秋冬にはソ連からポリカルポフI‐15系、I‐16、SBなどが到着するとこれらとも戦って多くの勝

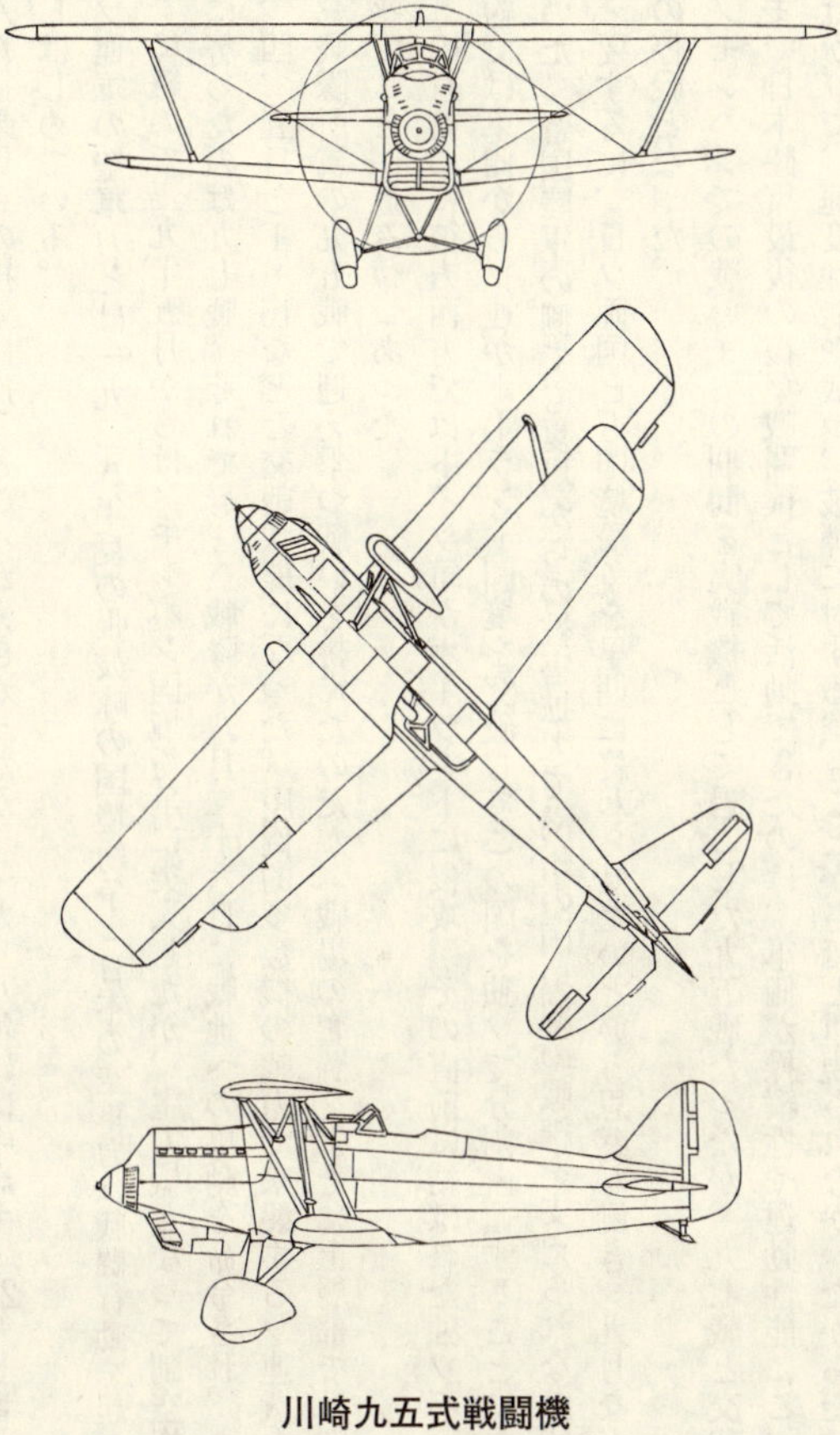

川崎九五式戦闘機

利を記録したが、喪失機、犠牲者も少なくなかった。勝利は加藤建夫大尉ほか充分な訓練を積んだ搭乗員らの技量に拠るところが大きかったが、一九三八年には中島キ・27九七戦と交代しはじめている。

ソ連軍の空軍力とは一九三八年夏の張鼓峰の国境紛争（日本の空軍力は戦闘行動を起こさず）に続いて三九年五月からはノモンハン国境紛争に突入したが、主力機となって制空権支配に努めたのは九七戦。それでも三三戦隊が八月二十六日に戦地への出動を命令され、九月二、四、五日とI・16などと交戦状態になった。圧倒的多数機の戦力で来襲するソ連機を、三三戦隊所属の九五戦で迎え撃つ戦いを挑んだのだが、戦場の奮闘をよそに上層部では別の思惑でことが進みつつあった。

その月初めに彼方西方ではドイツ軍がポーランドに侵攻、その直前に結ばれた独ソ不可侵条約では東側からソ連がポーランド国境を突破してこの国を独ソで分割占領することになっていた。帝国陸軍の側でも夏場からの被害拡大で満州の国境線の戦線を支えられない状況……要するに、日ソ両国とも国境紛争を早期に終わらせたいという思惑が働き、九月なかばでの停戦となった。

ノモンハンでの戦いまでの期間を実戦機として過ごした九五戦だったが、九七戦と交代するまで日本陸軍最後の複葉戦闘機として活動できたのは、軍側が操縦性や運動性能にこだわるばかりで、速度性能や武装、被弾に対する強さなどがさほど重視されなかったからだろう。九七戦が設計にはいった一九三六年には、低翼単葉引き込み脚で、二十ミリ・モーター・カノン付き、先進的な全金属製セミ・モノコック構造の単座戦闘機＝中島キ－12が初飛行を行なっていた。ところが九一〜九五戦並みの運動性能が求められるあまり、キ－12のような不慣れな高速戦闘機（最大速度四百八十キロ／時）は持て余されてしまい、研究機、教材の領域から出られなかった。

一九三〇年代終わり頃の中国大陸での戦いが極東の複葉戦闘機にとっての最後期の戦場だったのに対して、地中海、中東、アフリカでの複葉戦闘機の戦いがもう少し後まで続いたことは先に述べたとおりだが、ヨーロッパ西部ではその種の機体による戦いも終わりに近づいていた。だが戦闘機の主流が、複葉機から単葉機へと移り変わるターニング・ポイントとなった戦いというと、やはりスペイン市民戦争としなければならないだろう。

この戦いでフランコ将軍からの依頼に応じたドイツ軍が派遣したハインケルＨｅ51が、再興されたドイツ空軍の初代制式戦闘機だったこと、そして同機が能力面で同僚機種のアラド社の複葉戦闘機群、特にＡｒ68と比べてそれなりに問題があったことは「ドイツ戦闘機設計者の戦い」のなかで既述させていただいた。国内的にはＨｅ51を制式化させた理由（「飛行性能が〈数字的には〉良好」「生産性が高い」など）を挙げられたが、スペインでソ連製のポリカルポフI－15系に敗れるとＨｅ51の戦闘機としての問題（上昇性能、旋回性能が鈍い）は内外に隠しようがなくなった。これも戦闘機にとって求められる任務のひとつには違いなかったが、対戦闘機戦闘が不得手とわかったＨｅ51は地上軍支援に回されて、ゲルニカ無差別爆撃にも参加。ドイツ本国でも本機の役柄は戦闘練習機へと変更されていった。

後方での任務に就いていたこともあって、一九四三年当時も残っていたHe51は東部戦線の前線に戻されてパルチザン掃討や夜間騒乱襲撃などの任務で出撃……こうして、最後期の複葉戦闘機の一機になったが、このHe51よりも優れた戦闘機と評価されたAr68は、大戦突入時もなおドイツ空軍で実戦機として使用されていた。

先に生産にはいったのは、He51と同じBMWⅥ（七百五十馬力）を動力としたAr68Fで部隊配備は一九三六年の夏場から。名称の番号は前後するが、翌一九三七年春には少し低出力のユモ210Da（六百九十馬力）を動力とするAr68Eが登場。ラジエターを後退させてエンジン周りが空力的に洗練されるなど改設計されたAr68Eは、低出力のエンジンに換えながら安定性、実用性の高い戦闘機になったと評価されて一九三七年春頃から部隊配備が始まり、He51に替わる主力戦闘機と期待された。

ところが間もなく、待望の全金属製、単葉引き込み脚の新型戦闘機・Bf109Bの配備が始まり、Ar68が主力機になることはなかった。スペイン市民戦争には、初期型のBf109（BからEまで）が百四十機ほど送られたのに対して、Ar68は試験的に二機が派遣された程度だった。

その後Ar68の多くは戦闘練習機として使われることになったが、編成から日が浅い夜戦航空団隷下三個夜間戦闘中隊にも配備。これらが、大戦突入時にAr68を装備していた実戦部隊となった。初期の夜間戦闘中隊にはBf109C、DやBf110Cも充てられたが、最も前近

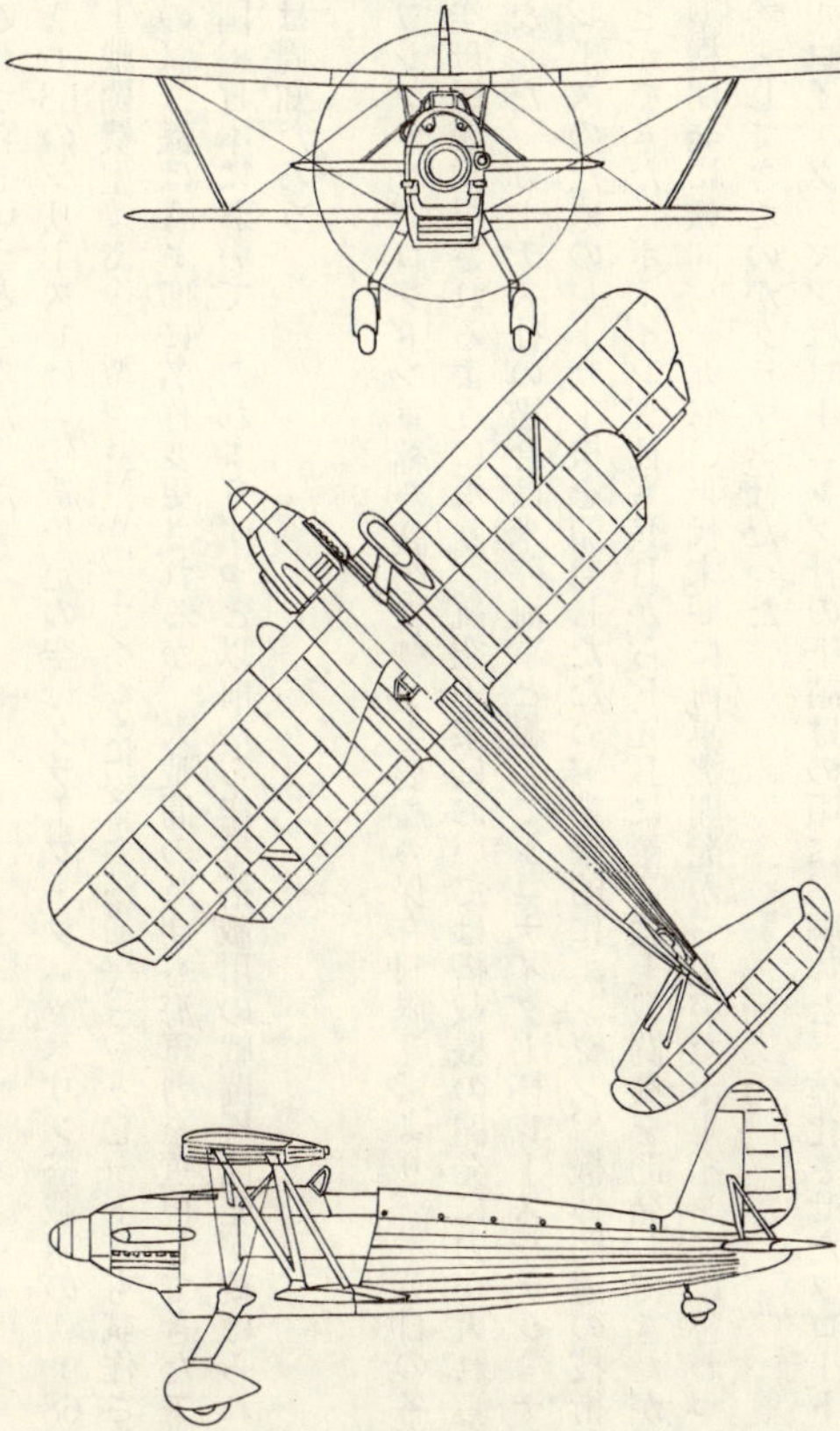

アラドAr68E

代的なＡｒ68はこの任務に不向き……という以前に、夜間防空戦のためのシステム作りがまだこれからというところだった。

Ａｒ68のシリーズでは、建造予定の空母グラーフ・ツェッペリン搭載用のＡｒ68Ｈという艦上戦闘機型（空冷星型のＢＭＷ132エンジンに変更、密閉式コックピット）も試作されていた。この試作機はＡｒ197に名称変更されるが、大戦間の時期も海軍力を重視してきたアメリカ、英国、日本において、これよりずっと以前から空母搭載用の戦闘機開発が続けられてきたことは周知だろう。

ワシントン、ロンドン軍縮会議の影響（主要艦の保有制限）により、米英日の各海軍では航空母艦が重視されるようになり、航空工業においては搭載機の開発に力が入れられるようになった。カーチス社の場合は米陸海軍と組んでシュナイダー杯レースやナショナル・エア・レースのためのレーサー機を開発したため、結果的にエンジン、機体関連の技術を高めることができた。ボーイング社もＦＢからＦ４Ｂに至る艦上戦闘機を開発してきたが、やがて大型機開発に転向。一九二〇年代末期に海軍機開発から退いたボーイングに替わって、新たに参入してきたのがグラマン社だった。

ルロイ・グラマンはローニング社の下請けの頃に、胴体と一体化させたフロートの左右に主車輪を引き込む水陸両用機の機構（グラマンＡフロート）の特許権をもって海軍機開発に乗り出した。この仕組みはＪＦ、Ｊ２Ｆダックに活かされたが、その後米海軍から求められたのはFF、F2F、F3Fと続いた戦闘機群の開発、製造。これらは複葉機ながら主車輪を引き込む、あのポリカルポフI・153に類する機体だったが、グラマン機の引き込み機構は水陸両用機の流れを汲んでいた。

「車輪を引き込めるのに複葉機」というと空力的にも奇異な印象を抱かざるを得ない。艦載機のジェット化の章でも記したように米海軍の保守的傾向はかなりのものと察せられるが、当局としては必ずしも複葉機にこだわった訳ではなかった。一九三〇年代になるとダグラスTBDやヴォートSB2C、ノースロップBT・1のような単葉機の開発にも積極的になっていた。だが一方ではほかにも、カーチスBF2Cホーク（「新ホーク」の本家版）やSBCヘルダイヴァー（後述）などの複葉引き込み脚機があった。

ボーイング機（F4B）に替わって米艦載戦闘機の座に着くからには、グラマンの艦上戦闘機にも傑出したところが求められたが、一九三一年の年末（十二月二十一日）に初飛行を行なったFF・1は、密閉式の風防、キャノピーに覆われた複座機で、速度性能もF4Bを三十キロ／時は上回る三百三十三キロ／時（七百五十馬力のライトR・1820・78装備時）。固定火器を減らして燃料タンクを増やし、航続能力を高めた索敵機型のSF・1も翌夏に試作され、FF・1二十七機、SF・1三十三機が生産された。これらの多くは空母レキシントンに搭載されたが、FF・1をカナディアン・カーでライセンス生産した「G・23ゴブリン」は米本国のFF系よりもずっと数奇な運命をたどることになる。

だが海軍当局は、複座のFFを単座機に改めればもっと戦闘機に適した機体になると認識。

飛行試験が行なわれていた一九三二年には小型化、軽量化を図ったXF2Fの試作を指示した。これを受けて作られたF2Fは、流線形を寸詰まりにさせたような胴体の、もう少し小型の艦載機となった。

エンジンをP&W・R・1535系に換えると速度性能は三百七十キロ／時級に達し、海面上昇率も大幅に向上。けれども、胴体の長さを詰め過ぎたことは安定性不良、スピンに入りやすい悪癖を招いた。だが、基本的には大きな問題とはみなされず、量産を指示された五十四機は七・七ミリ機銃二梃もしくは七・七ミリ、十二・七ミリ機銃各一梃を選択できる戦闘機となった。量産型は一九三五年から、空母レキシントンおよびレンジャーに搭載された。

そしてF2Fの安定性不良の問題を解決するために一九三四～三五年に開発されたのがF3Fだった。胴体の長さや翼幅、翼面積を大きくしたが、スピンの問題の解決につながったのは垂直尾翼下の小さなヒレ。量産型になったF3F・1（五十四機）でかねて望んできた複葉艦上戦闘機の水準に達し、ライトR・1820・22（離昇九百五十馬力）に換えたF3F・2で四百十八キロ／時（高度五千二百六十メートル）という速度性能になり（八十一機）、これを空力的に洗練させたF3F・3（二十七機）が続いた。これらは一九三八～三九年にかけて部隊配備され、一九四一年夏頃まで実戦部隊に置かれていた。その頃には真珠湾奇襲が数ヵ月後に迫っていたが。

グラマンの複葉艦上戦闘機が、後のF4F、F6Fよりも二桁は少ない生産機数だったのは平時で、かつ、不戦政策の頃のアメリカ機だったため。同時代の外国機と比べても一桁少ない生産機数だったが、F3Fに至るまでの複葉、引き込み脚のレイアウトにグラマン社では自信を深めた一方、海軍側にしてみればもの足りなさがあったからではないだろうか（ダグラスやヴォートの艦爆、艦攻は早くも単葉機化されていた）。

すでに敵国と想定していた日本が低翼単葉機の九六艦戦を日中戦争に投入していた時期に、延々と複葉機の開発を続け、それも少数機の生産というのも奇妙な具合……ところが一九三六年の新型艦戦の要求に対しても、グラマン社はF3Fの延長線上の機体案をXF4F-1として提出してしまったのである。

ここで、試作機の発注がブリュスター社（XF2A-1）に対してなされたことにより我に返り、単葉引き込み脚機のXF4F-2を再提出。新参者のブリュスター社のF2Aの不具合発生を見越していたのか、P&W社の過給機付き千二百馬力級エンジンを用い、機体もスケールアップさせたF4F-3にして、海軍側も望んでいた新型艦上戦闘機となり、太平洋戦争突入直前のきわどいところで間に合わせることができた。

結果的にFF、F2F、F3Fとも実際に敵機との空戦をすることもなければ、戦火の空を飛んだ戦闘機にはならなかった。例外的に戦場を飛んだのが、FF系のカナディアンカー・ゴブリンでこれはスペイン共和国政府の求めに応えて、市民戦争の空を飛んだ。スペイン市民戦争に際してアメリカは英仏両国よりも不介入の態度を強め、公的立場からの武器輸出をしなかったが、この件に関してはトルコを介入させたダミー取引を実施。事が露呈して当局が差し止める前に四十機の注文機数のうちの三十四機がフランスのヴィシーに到着してお

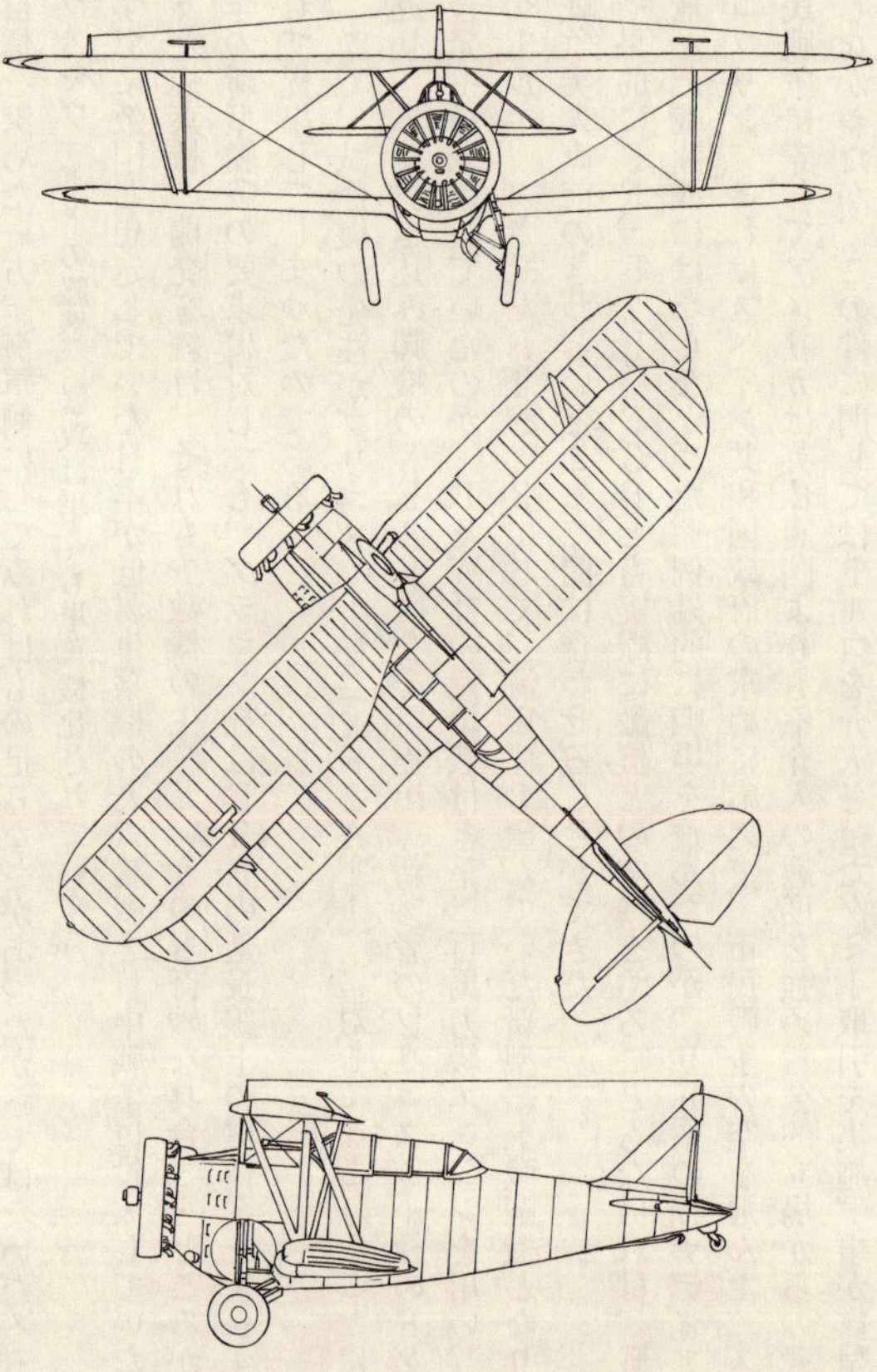

グラマンFF-1

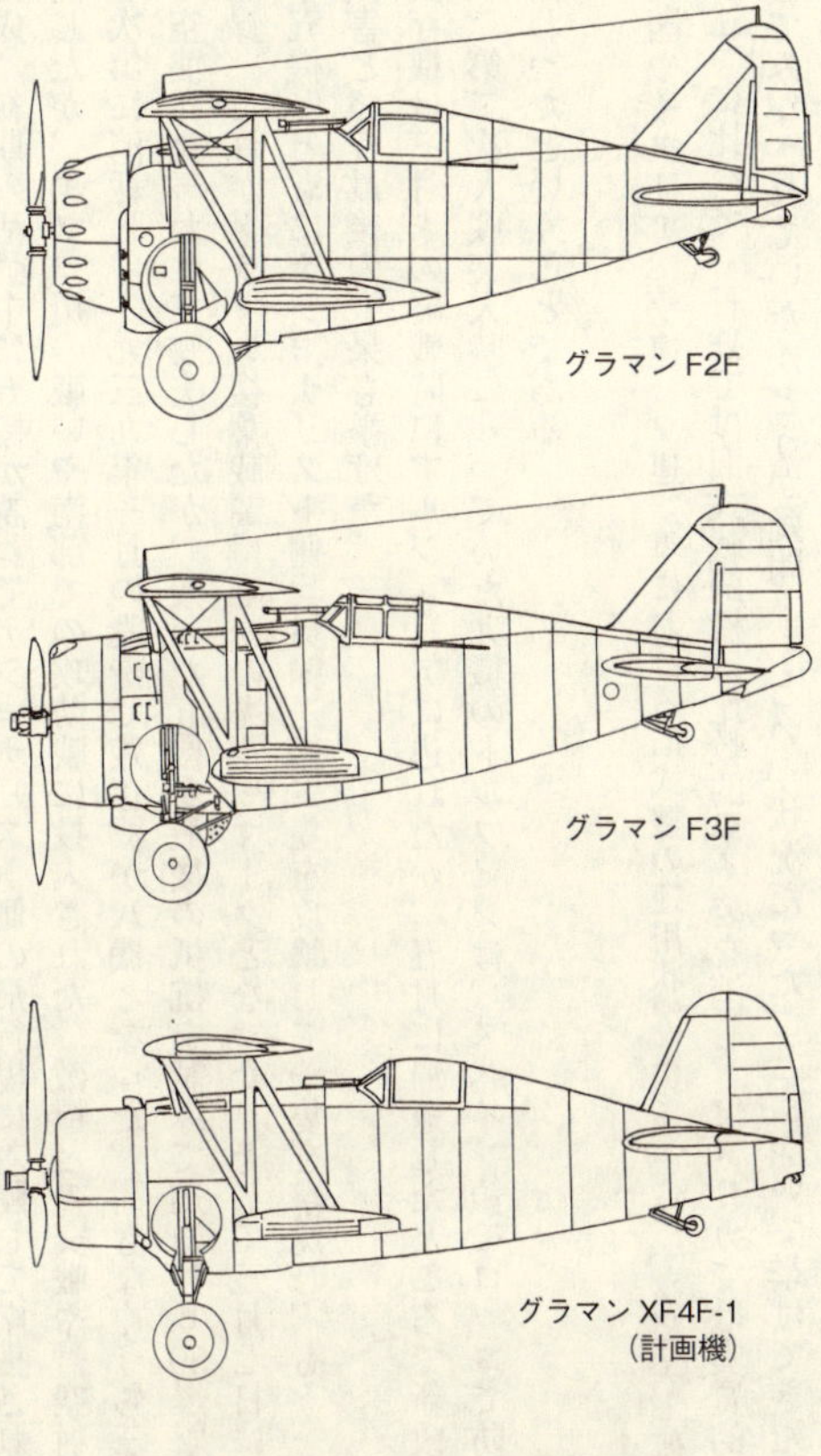

FF1に続いたグラマン複葉機

り、共和国政府に納入される直前の状態に整備されていた。

これらを入手した共和国政府軍側では、一九三八年春に「ドルフィン」と呼んで二個中隊を編成。初期の活動中に五機が誤ってナショナリスト側の飛行場に着陸して鹵獲される失態を演じたが、エブロ川の戦いや南部での攻防戦に投入された。敵機との交戦や対空射撃に遭って次第に消耗し、一九三九年一月の段階で残存機が八機となった。間もなくうち三機が事故や空襲に見舞われて喪失したが、残った五機が最後の抵抗を試みて遂にHe59爆撃機撃墜を記録。これがグラマン複葉戦闘機唯一のキル・マークとなった。そして三月七日にはI-15十五機とともにナショナリスト側兵員輸送船二隻を攻撃して一隻を撃沈し、もう一隻にも大損害という最後の戦果も挙げた。

残存機は三月末の終戦時にアルジェリアに逃れたが、五月に帰還したところで新政府軍が接収。第二次大戦突入時に残っていた九機のドルフィンは、スペイン領モロッコで防空任務に携わったということである。


英国やイタリア、ソ連（ソ連空軍における旧式機の運用状況については「ソビエト航空戦」で既述）に比べて、日独では旧式戦闘機は比較的早く姿を消し、アメリカでは実質的に戦力としてみなされていたかどうか疑問……という状況だったことについて挙げてきた。では、戦闘機以外の機種でも早々引っ込められたか、というと必ずしもそうでもなかった。

ミッドウエイ海戦で被弾して飛行甲板に大穴をあけられて漂流状態の空母「飛龍」の写真

を撮影して生存者がいることを知らせたのが空母「鳳翔」から発った空技廠九六式艦上攻撃機だったことは、太平洋戦史に関心がある人ならご存知の方も多いだろう。旧構造の九六艦攻は、開戦後も飛行甲板が狭めの小型空母で運用されていたという。さらに水上偵察機となると、九四水偵、九五水偵に、九六式小型水偵などが、開戦の翌年くらいまで前線任務に置かれていた。

ドイツ空軍でも、双発のハインケルHe59水上機が救難機として、またスパイの空輸や機雷敷設などの隠密任務で怪しげに飛び続けていた。フランス軍に至っては、近代的な軍用機の生産、配備の遅れから、いく種類もの旧式な実戦機をいつまでも現役から引き下げられない状態、そのことが短期間でのフランス敗北の要因のひとつにもなった。

要するに、複葉機、旧式機でも役に立つ戦線があるか、どうしても最新鋭機でなければダメなのか、というところの戦力バランスだったのだろう。これも後回しで既述するつもりだが、必ずしも複葉機＝旧式機、単葉機＝新型機とも言い切れないし、開発時にあえて複葉機スタイルが選ばれたケースも無きにしも非ずということだった。

アメリカの老舗メーカー、グレン・カーチス社は大戦間の時期に、ホークⅢに至る戦闘機群やコンドルⅡ輸送機、ヘルダイヴァー複座機（F8C／O2C）といった複葉機も開発し、内外に販売していた（売れ筋なのは単葉戦闘機のH‐75ホークだったが）。そしてエルンスト・ウーデットら世界の軍事航空関係者を驚かせ、攻撃用軍用機として関心を集めたのが、O2Cヘルダイヴァーなどによる急降下爆撃のデモ・フライトだった。

太平洋戦争突入後のカーチス機として有名になるのはP・40トマホーク/ウォーホーク、SB2Cヘルダイヴァーにc・46コマンドなどだったが、なおも旧構造のものも何機種か使われ続けていた。二代目のSBCヘルダイヴァー偵察爆撃機とSOCシーガル水上偵察機である。カーチス社は、ホーク、ヘルダイヴァー、シュライク(百舌鳥)といった名称を歴代機種に継承する傾向が強かった。

初代ヘルダイヴァーに当たるF8C/O2Cは、第一次大戦後もDH・4を使い続けてきた海兵隊からの要求に沿って一九二〇年代後半に開発された多用途実戦機で、O2CがDH・4ばりの急降下爆撃も行なったことからヘルダイヴァーと呼ばれた。だが、一九三二〜三三年に開発されていたパラソル翼(引き込み脚)の試作複座戦闘機XF12C・1が戦闘機として不向きだったため、XS4C索敵機に改められて、さらに一九三四年はじめに偵察爆撃機に変更されたことにより、XSBC・1ヘルダイヴァー(二代目)となった。

だがパラソル翼のXSBC・1は、試験飛行中の振動拡大によって尾部が破損して墜落。引き続いて製作されたXSBC・2から金属製セミ・モノコック構造の胴体になり、このタイプから複葉引き込み脚、胴体下部に爆弾もしくは外部燃料タンクを装備するなど、以降のSBCの姿がほぼ固まった。偵察員の後席キャノピーと垂直尾翼までのタートル・バックは一体化されたが、後席の旋回機銃使用時にはこの箇所を引き降ろして射撃することにされた。このタートル・バックはSOCシーガル、SB2Cヘルダイヴァー(三代目)にも受け継がれることになる。

最初の量産型になったのはP&W・R‐1535‐82（七百五十馬力）に換えたSBC‐3で、八十三機生産。このタイプからヘルダイヴァーの名を襲名し、一九三七年からヨークタウンやエンタープライズ、サラトガなどの空母に搭載された。時期的に実戦で用いられることはなかったが、高官の空輸などにも使用。だがSB2C‐3の生産中の一九三八年はじめには、ライトR‐1820‐22（九百五十馬力）エンジンに換えたSBC‐4の開発にもはいっていた。

SBC‐4では、エンジンの大型化によってエンジン周りの胴体も改設計。その一方でパワーに余裕ができたため、搭載可能な爆弾がそれまでの五百ポンド（二百二十七キロ）から千ポンド（四百五十四キロ）へと強化された。このタイプについては、米海軍からは一九三八年中に百二十四機発注された。SBC‐4は空母レキシントンにも配備されたが、この頃の米艦載機のなかでも最も信頼性に富む機体と高く評価された。

だがこの年は、ヨーロッパ（ナチス・ドイツの領土要求）、極東（日中戦争の長期化）とも緊張感が高まった年。そのため予備役が充実されることが決まったが、翌一九三九年九月には遂に第二次世界大戦が勃発。その年末の時点で海軍の四個飛行隊に配備されていたほか、五十七機のSBC‐4が予備役に置かれていた。さらにこの年には、フランス政府が仏空軍仕様のSBC‐4（モデル77）を九十機発注した。カーチス社ではフランスからほかにH‐75ホークの注文を受けていたため、こちらの生産を優先。ヘルダイヴァーの引き渡しはフランス降伏直前の一九四〇年六月にずれ込んでしまった（結局間に合わず、一部を除いてアメリカに戻される)。

一九四一年になると新型機(SBD)に置き換えられる部隊が相次ぐのはグラマン複葉戦闘機と同様だったが、SBC-4は太平洋戦争突入時もなお空母ホーネットの二個飛行隊に置かれ続けたうえ海兵隊への配備も始まり、翌四二年からはサンディエゴ、ロサンゼルス方面の太平洋岸で日本軍の潜水艦に対する警戒任務に当たった。また、この時期は日本軍の南方諸島への進出に勢いがあったため、サモア島の二個飛行隊でもSBC-4をこの年一杯まで運用。これらが米軍で複葉爆撃機を運用した最後期の実戦部隊となった。

このようにSBCが太平洋戦争初期まで現役にあったのはSBDの配備の遅れへのストップ・ギャップのようなものでもあったが、もう一機のカーチス複葉機・SOCシーガルはもっと数奇な経歴となった。SOCはもともとヴォートO3Uコルセアの後継機種を求める一九三三年の開発要求に基づき、XO3CとしてダグラスXO2D、ヴォートXO5Uと採用を競った水上機だった。

この時点で早くも上翼にフル・スパンのハンドレページ式自動スラットが備えられていたが、操縦席、偵察員席とも開放式だったのに対して、主フロートには引き込み式の車輪も備えられた水陸両用機。審査を経てカーチス機が制式化されることになったが、量産型は観測機から索敵機兼観測機に機種変更されてSOC-1と呼ばれるようになり、乗員キャビンは密閉式、自動スラットは中央翼を挟んで左右分割、また水陸両用もやめて単フロートの水上機になった。

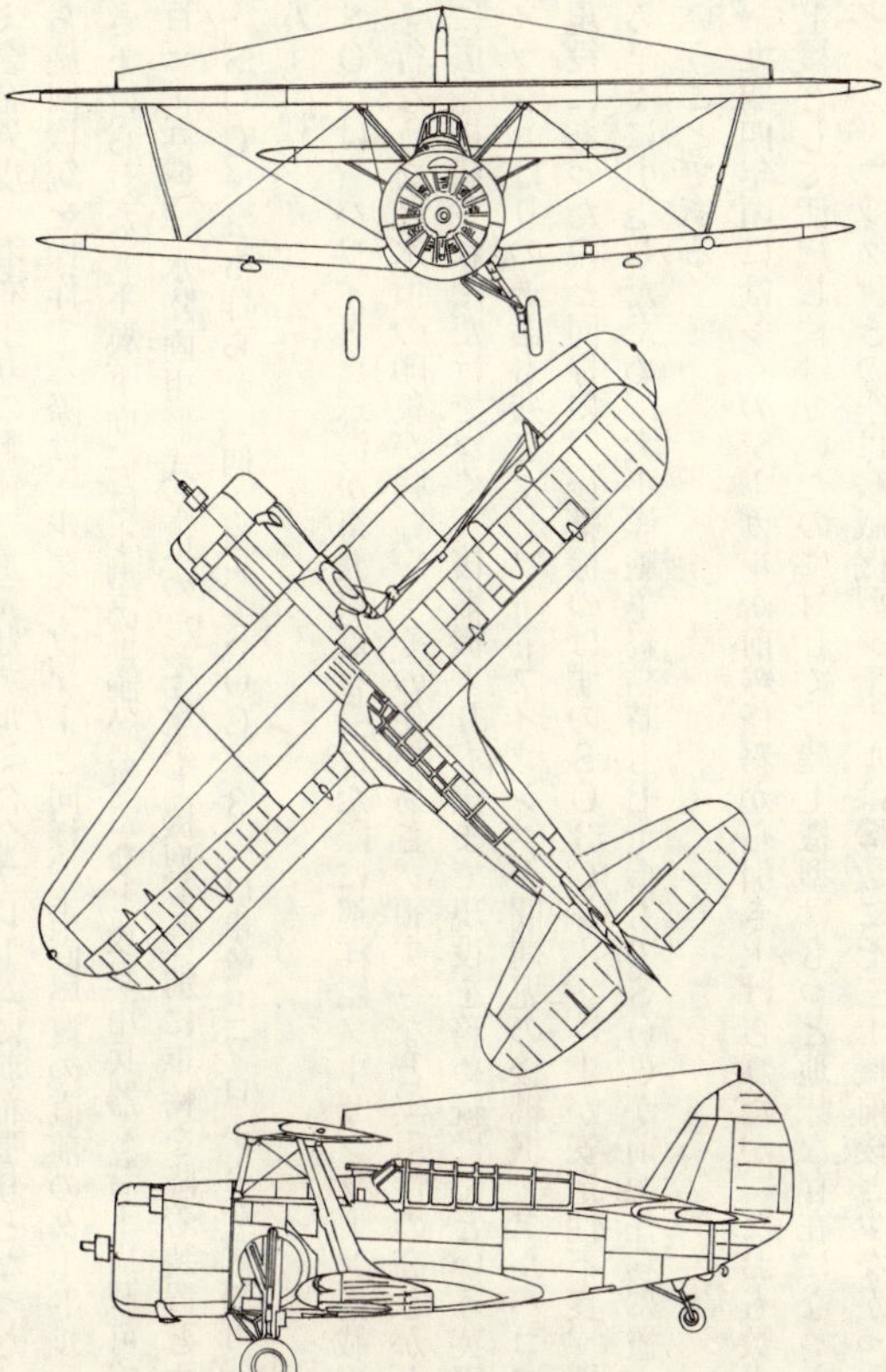

カーチスSBC-4

開発年代はSBCよりも後だったが機体構造はやや旧式で、SOC-1は鋼管骨組みにアルミ合金外皮、羽布張りの胴体、主翼はアルミ合金フレームに羽布張りとなった。観測員席から旋回機銃を操作する際はヘルダイヴァーと同様、垂直尾翼の直前のタートル・バックが引き下げられた。下翼下面には小型の爆弾、爆雷など攻撃用兵器も若干搭載可能になった（百三十五機）。水陸両用形式を止めたため水上機型とは別に車輪を降着装置とする陸上機型・SOC-2も作られ（四十機）、SOC-3では車輪とフロートが交換可能になった（八十三機）。

SOCは、ハワイ・真珠湾が奇襲攻撃を受けた際に巡洋艦ノーザンプトン搭載機が索敵活動を行なうなど水偵の印象が強いが、その使い易さ、頑丈さなど実用性の高さから、大型艦艇に広く搭載されただけでなく、後継機よりも後まで現役を務め続けたという英軍のソードフィッシュばりの逸話も残した。ソードフィッシュが問題児の後継機・アルバコアより後まで現役にあったのと同様に、後継機のはずのSO3Cシーミューが安定性不良、性能の低さから早々に引退したため、太平洋戦争終結時も七十機ものSOCが前線任務に置かれていたということである。

一九四四年頃には多くのシーガルが前線任務から引き上げられたが、なおも数十機が艦載水上機として活躍し続けていたのに対して、陸上機型はもっと地味な存在になった。アレスティング・フック付きの空母艦載機型シーガルは機数こそ三十機前後と少なかったが、戦力整備がままならなかった時期に地道に対潜任務を務めた。

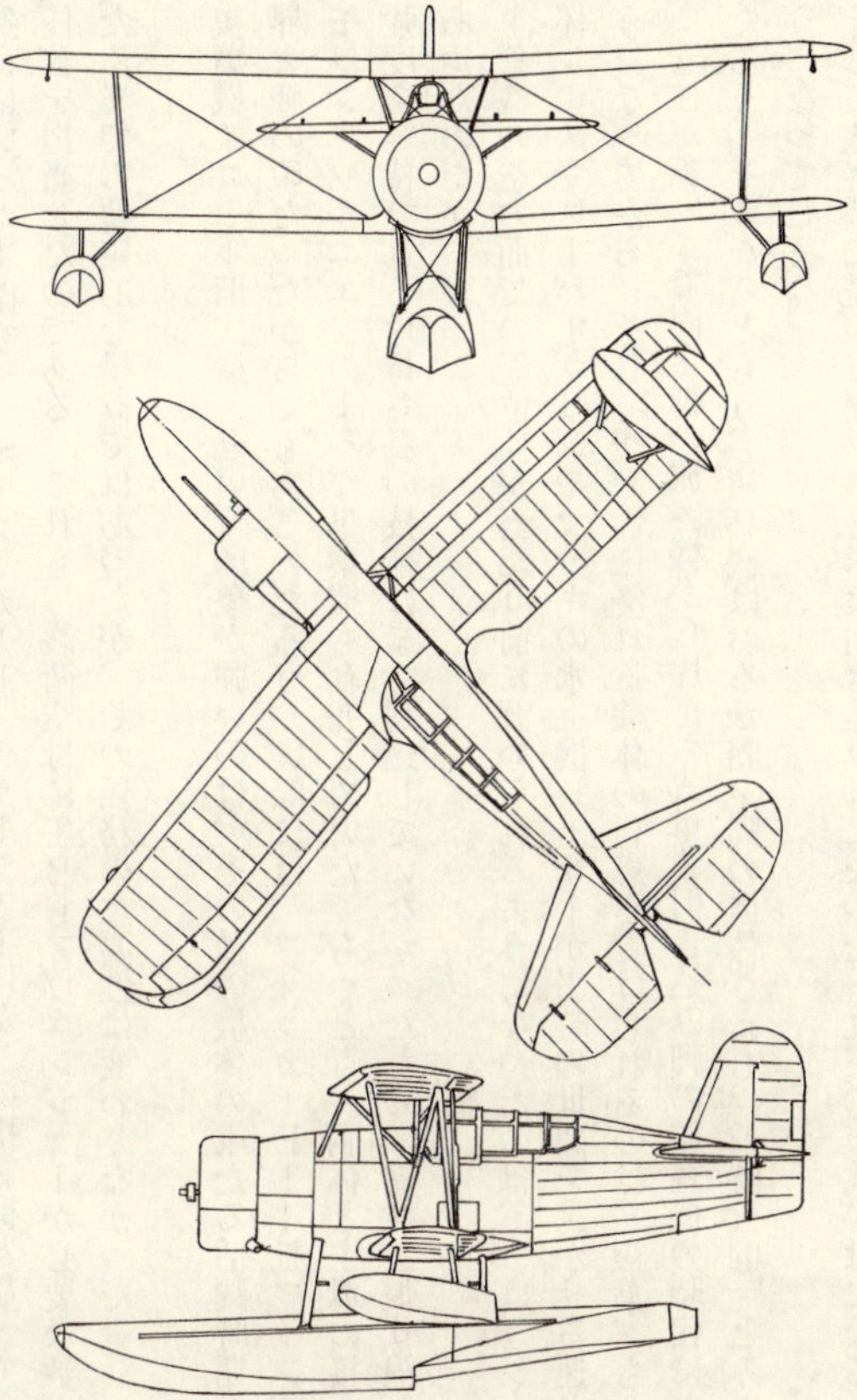

カーチスSOC-3

これらのシーガルはロングアイランドを拠点とするＶＳ‐201所属機で、参戦によって増産態勢にはいった護衛空母（ボーグ、カード、チャージャーほか）の搭載機となって、対潜哨戒任務を担当したのである。これも、護衛空母にＴＢＦアヴェンジャーが必要な数だけゆきわたるまでの暫定的な措置ではあったが、その任務の重要性は変わりなかった。

「複葉機イコール旧式機」という印象が強いのは、その種の機体の主たる活躍時期が第一次世界大戦の頃だったからでもあるのだろう。実際には、フォッカーＥⅠ～Ⅲアインデッカーやモラン・ソルニエＮのような単葉機も存在していた。もっとも、胴体と主翼の接合部だけで強度を維持できる片持ち翼の技術にまで到達していなかったため、支柱と張り線だらけではあったのだが。

単葉機の空力面での優位性が当たり前に認められるようになったのは、やはりシュナイダー杯レースでスーパーマリンやマッキの水上機レーサーが当時の世間を驚かせる速さで飛ぶようになってから。そして空力性に優れる機体の恩恵を受けられるのは、複葉、もしくは肩翼（支柱が多い）で固定脚の旅客機から片持ち式単葉引き込み脚の旅客機の時代になってからだろう。そうなるともう、複葉機はおろか固定脚の機体さえも「前時代的」とみなされるようになってしまう。

そして旅客機に続いて爆撃機も単葉引き込み脚になった一九三〇年代半ばになると、追いかけるかのように戦闘機も密閉式コックピットの単葉引き込み脚機になってゆく。操縦席が密閉式キャビンになるのは、空力性の向上によって飛行性能が格段に高められて、風よけを風防一枚に頼れるほどの飛行状態ではなくなるからだった。

そしてこの頃にはドイツで、エルンスト・ウーデットの肝いりで急降下爆撃機の開発が二本立てで進められることになった。軽シュツーカ＝制式機は、ヘンシェルＨｓ123（複葉、固定脚、開放式コックピット、単座）および重シュツーカ＝同、ユンカースＪｕ87（単葉、固定脚、密閉式コックピット、複座）となったことは、この二機がまさしく過渡期の機体にほかならなかったからだろう。

Ｈｓ123は一九三三年の水準で開発が指示された急降下爆撃機だけに、やや遅れて開発されたＪｕ87ほど急降下爆撃に適した機体にはならなかった。そのため一九四〇年には生産が打ち切られてしまったのだが、翌四一年なかばから対ソ戦が始まるとＨｓ123は地上軍の近接支援に最適な攻撃機とわかった。生産再開を望む声も多かったが、機体製造のための治具類はずいぶん前に処分済み。そしてＨｓ123は東部戦線の激戦のなかで消耗され、一九四四年頃には姿を消してしまった。

航空先進国を自負した大英帝国のフェアリー社で開発されたソードフィッシュ雷撃機が、複葉、固定脚、開放式コックピット、羽布張り構造と、第一次大戦機とほぼ同様の機体構造で第二次大戦を戦い抜いたことは航空史上の奇跡のひとつともいわれている。しかしながら、この機が自主開発のＴＳＲ‐1として提案された頃は、フェアリー社側で考えられた機体レイアウトの案のなかに、ソードフィッシュに至る複葉機の図案以外にも、全金属製、密閉式コックピットの単葉機というものも含まれていた。

これより以前にフェアリー社では長大なスパンの長距離飛行用の特殊な機体、フェアリー・モノプレーン（片持ち式単葉、固定脚）を完成させて、この機によって長距離飛行記録も樹立していた。すでに単葉機に自信を持っていたフェアリー社にとっては「片持ち式単葉機も開発可能、複葉機にこだわるものではない」というところだったのだろう。そして出来上がったソードフィッシュは、どう見ても旧態依然極まりない旧式機ながら類い稀な操縦性や運動性、それに実用性の高さに恵まれており、欧州枢軸国海軍力にとって侮れない攻撃機となった。もっともあれだけの戦果を挙げられたのは、枢軸国側の洋上空軍力の対異機種戦闘能力が極めて低い（主力戦闘機が航続性能不足）という運にも恵まれていたからだったのだが。

すでに単葉機の時代にはいっていながら、あえて複葉機形式が採られたことで知られているのは、やはり三菱零式水上観測機だろう。胴体の前側は鋼管骨組みに金属製外皮だったが、ほかの箇所には金属製セミ・モノコック構造が多用されていた。弾着観測、敵艦隊の動向把握が主任務の艦載水上機だったが、空戦能力も求められていた。前任に当たる九五式水偵が日中戦争においてしばしば空戦で勝利できたため、この機の開発時にはさらなる格闘戦能力が求められたということだった（秋本実著『南方作戦の銀翼たち＝日本軍用機航空戦全史2巻』グリーンアロー出版社）。

大きなフロートを備える水上機（ゲタバキ機）のこと、普通に考えては要求に応えられない。そこで採られたのが、あえて複葉機形式にして翼面積を拡大させて、運動性を高めることだった。試作段階では、さらに面積を拡げられる楕円テーパー翼（前縁、後縁が膨らんでいるので）になっていたが、垂直旋回や宙返りの際の強い自転傾向という初期不具合を改めるために、量産型では直線テーパーに変更されていた。

艦隊決戦において観測機として働くために、観測員席には九一式観測鏡が装備されていたのが本機の特徴だった。ところが実際のところ零式観測機ならではの実績となったのは、初期の侵攻作戦では水上機母艦の運用機として、陸上基地や空母からの運用機では守りきれない海域にある侵攻部隊・艦艇の防空、援護、上陸作戦の支援など。ほかの水偵との共同作戦だったが、零観は対戦闘機戦闘もこなして防空戦の中心的役割を担った。

そして伝説的な働きを示したのがガダルカナル攻防戦における一九四二〜四三年初めにかけて、ラバウル、ショートランド島およびサンタ・イザベル島のレカタ湾に進出したR方面航空部隊の零観の奮闘だろう。二式水戦や他の水上機とともに携わったラバウルとガダルカナルを往来する艦船の援護は、対潜哨戒のほかF4FやSBD相手の空戦だったので激戦は免れられなかったが、米軍側も零観相手の損害の多さから「ピート（零観のコード・ネーム）には気をつけろ」という印象を強めたという。

ソ連のポリカルポフ設計局はI‐15シリーズの息の長い複葉戦闘機群を開発したが、R‐5偵察機、その発展型のR‐Z襲撃機、Po‐2複葉機といった複葉機群も作っていた。曲者飛行機として知られるのが初級練習機として開発されたPo‐2で、この機はソ連軍が劣勢の時期に、また厳寒の季節に、大幅に手を入れることもなく、爆弾類や機銃類を装備して地上軍を支援する近接支援攻撃機に、また連絡機・軽輸送機へと改造。枢軸軍にとっては戦いを長引かせる厄介な敵となる一方、レニングラードやスターリングラードで苦戦するソ連兵にとっては、緊急支援物資を運んでくれる頼みの綱になった。

だがこの機のより大きな功績は「夜間騒乱襲撃機」というカテゴリーの最初期の機体になったことだろう。小型爆弾やスピーカーなどを装備して、闇夜に紛れた隠密飛行で敵前進基地上空に侵入……投下物の爆発やら大音響で敵軍の睡眠、休息を妨害するわずらわしい攻撃機として悩みの種になった。その後、この種の安眠妨害作戦は旧式戦闘機や練習機からの改造機を駆りだして両陣営で実施され、第二次大戦で広まった新たな戦い方のひとつになった（「モスキート」とも呼ばれ、朝鮮戦争においても実施された）。

ちなみにPo‐2というディジグネーションはポリカルポフの死後に、生前の功績を讃えて冠されたもの。その以前は、U‐2と呼ばれていた。当然、練習機としてのPo‐2で育てられた操縦士は数万人の規模に達し、東西冷戦初期の一九五〇年代まで使用されていたということである。

日米独の水上偵察機は複葉機も単葉機と併用されながら、戦争の途中からは単葉水偵が多数派に替わっていったが、英国の水上偵察機は最初から最後まで複葉機が使われ続けた。それも主力機は、飛行艇形態だった。第二次大戦突入時に英海軍が艦載水偵として用いていた

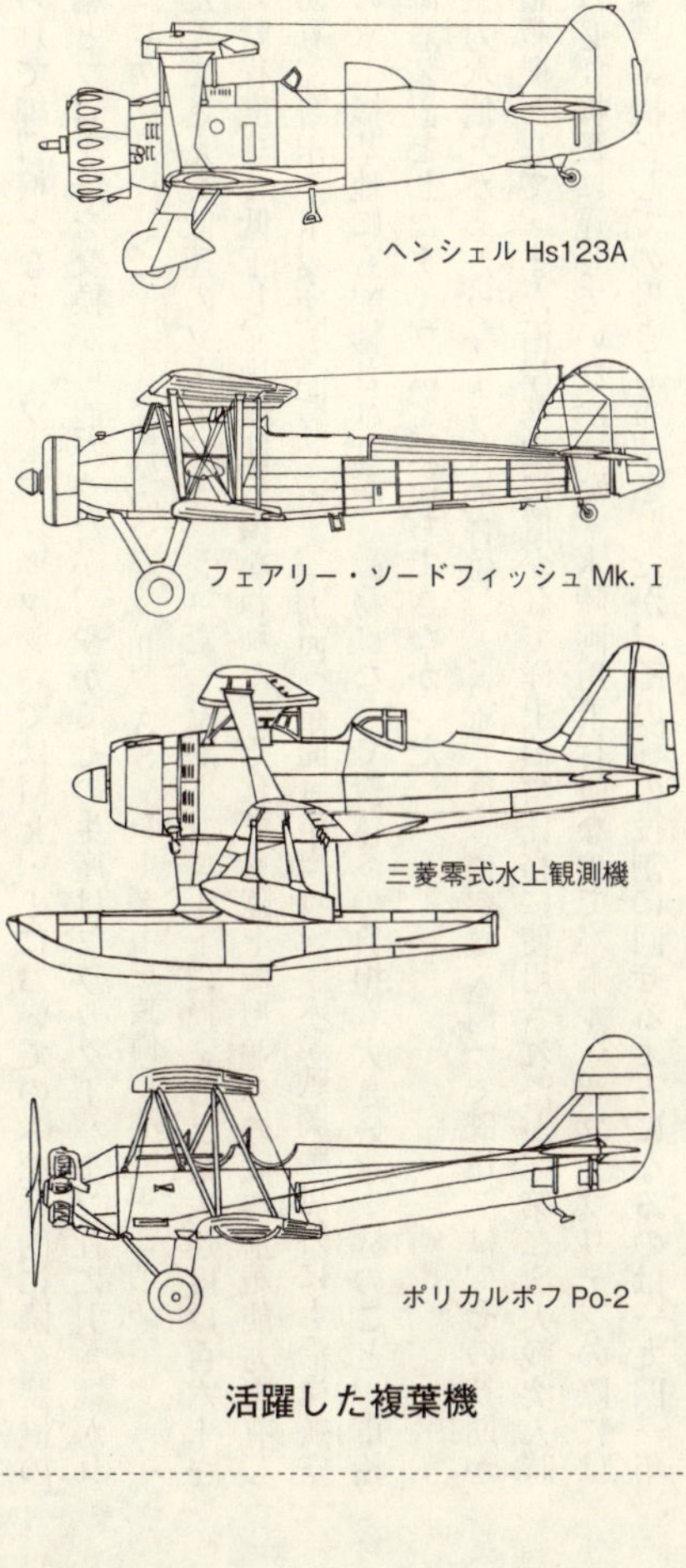

活躍した複葉機

のは、スーパーマリン・ウォーラス飛行艇と、フェアリー・シーホーク水偵、それにフェアリー・ソードフィッシュMk・I水上機型だった。

小型のシーホークは大戦初期に洋上偵察や弾着観測を担当したが、間もなく後方に引き下げられて練習機となった。ソードフィッシュではMk・Iにおいてのみ標準的に降着装置の車輪とフロートを交換が可能だったが、やがてその生産はブラックバーン社に引き継がれた（ロケット・ランチャー装備型のMk・Ⅱ、ASVレーダーを装備したMk・Ⅲ）。

ただでさえも低速のソードフィッシュだったが、フロートに換えると最大速度は百六十キロ／時程度まで低下し、操縦性も損なわれた。それでも陸上機型並みの武器搭載能力を有しており、Uボート撃沈も記録した（一九四〇年四月十三日）。大型戦闘艦以外にも沿岸航空隊の水上機基地にも配備されたが、激務になって機体への負担も大きい水上機のこと、車輪を降着装置としたタイプほど長持ちできなかった。

主力水偵となったウォーラス飛行艇（あらましは「偵察機入門」で既述）は、その初期から艦載機として、また沿岸基地に置かれて洋上偵察任務に使用されたが、第二次大戦突入時には必要機数に達していなかった。水陸両用飛行艇なのでバトル・オブ・ブリテンの際には救難捜索機としての働きも希望されたが、その種の役割に回せるようになるのは一九四一年頃からだった。

ウォーラスの生産機はスーパーマリン社製（Mk・I）、サンダース・ロー社製（Mk・Ⅱ）合わせて、一九四四年初めまでに七百四十機に達した。大西洋、地中海からインド洋～

極東に展開した英海軍大型艦やオーストラリア、ニュージーランド海軍戦闘艦にも搭載された。しかしながら実戦機としてはあまりにも低い飛行性能ゆえ、一九四三年にはいるとカタパルトから射出される種類の任務からは退きはじめ、四四年三月には後継機種にその座を譲って洋上救難が主たる任務になった。

そしてウォーラスの後継機となったのが、一九四三年初頭から量産にはいったスーパーマリン・シーオッター飛行艇だった。シーオッターも複葉機……一九四三年から複葉機が複葉機の後を継ぐというのも「どうしたものか」という印象を受けるが、その開発は一九三六年に計画されたウォーラスの発展型、タイプ309にさかのぼる。期待のブリストル・ペルシウスⅥ（七百九十六馬力）を動力とする性能向上型飛行艇だったが、やがて再度の大戦争突入の懸念から、スーパーマリン社ではスピットファイアの性能向上、量産に掛かりきりになる（ウォーラスの生産態勢も強化）。そのうえ、タイプ309試作機はペルシウス・エンジンとの相性も悪ければ（じつは失敗エンジンだった）、改善しなければならない初期不具合も多かった。

ウォーラスはその以前のシーガルⅤ飛行艇（オーストラリアに二十四機供給）以来の推進式プロペラを用いていたが、タイプ309では支柱によるエンジンの保持をやめ、上翼中央部に移して牽引式のプロペラに変更した。するとプロペラの回転面はコックピット直後に移ることになるため、艇体とのクリアランスゆえその直径が制限された。ここでプロペラとの整合性の問題が起こった。プロペラによっては離水〜初期上昇性能が著しく低下したからだという。オイルの温度の異常上昇を招く、ペルシウス・エンジンの冷却不良の問題もつきまとい

スーパーマリン・シーオッター

続けた。結局、プロペラはロートル定速三枚プロペラとされ、エンジンはブリストル・マーキュリー系に変更。すでにシーオッターという名前も与えられており、当局からは量産開始が望まれていたが、九百六十五馬力のマーキュリーXXに改められて、ようやく一九四二年初めにシーオッターASR・I二百五十機の量産が指示された。

こうしてシーオッターは一九四三年中に実戦配備される「後れてきた複葉機」となったが、旧式機極まりなかったウォーラスと艦載水偵の座をようやく交代。けれどもこの時期には、連合軍側の爆撃機の欧州大陸への出撃が日常化していたため、従来の洋上偵察の任務以外にも不時着機搭乗員の捜索、救難活動も重要任務になっていた。

この間もシーオッターの改良は試みられており、武装や装備品を改めたシーオッターASR・IIも作られたが、その登場はヨーロッパの戦いが終わった直後の一九四五年五月二十三日のこと。このタイプの五十四機がスーパーマリン飛行艇、水上機の最後の生産バッチとなったが、戦後も海難救助の任務に置かれていた。その仕事がヘリコプターに取って代わられる時代になると、四座の客席を設けた旅客飛行艇としてオーストラリアや仏領インドシナの民間航空会社に移管されていったということである。

第８章　旅客機の本気の戦い

自動車会社の技術者だったのにもかかわらず、一九〇八年頃から自作による飛行機製作に取り組み、飛行機の世界への転身を果たしたジョフリー・デ・ハヴィランドは一九一四年、二年前に設立されたエアコ社（Aircraft Manufacturing Company Ltd. の略称）で技術主任の座に着いた。このときにはすでにプロペラ関連の技術にも通じており、推進式プロペラを用いたＤ・Ｈ・２戦闘機を第一次大戦の初期段階に開発。この機は、プロペラの回転面を通して前方に発砲可能な同調機銃を備えた戦闘機として連合軍側の飛行機乗りを震え上がらせたフォッカーＥⅢ単葉機を撃退可能な戦闘機として、当時、期待の存在になった。だが一次大戦期におけるこの社の最大のヒット作は、Ｄ・Ｈ・４軽爆撃機だった。

第一次大戦での参戦を見合わせていたアメリカ合衆国も、Ｕボートの無差別潜水艦戦で民間の船舶が沈められ、一九一七年に遂に参戦。ところがアメリカでは、ライト兄弟に認めてしまった飛行機械の特許（「自然特許」なので本来は認められない）を巡る闘争が長引いたため、国内では有力な航空産業が育っていなかった。よってすぐに実戦投入できる国産軍用機が入手できず、D・H・4が新興のボーイング社でライセンス生産されて、これらが初期の米陸軍機として使用されることになった。

長期化した世界大戦の戦火がようやくおさまると、それまで増産が指示されるばかりだった航空工業の仕事は一気に下火になった。そこで余剰機となってしまったD・H・4やその発展型のD・H・9の胴体内に客席を設けるなどして民間旅客機市場に販売。会社も戦時体制が見直されて一九二〇年には「デ・ハヴィランド社」へと改められた。

そうしてしばらくは旧技術の延長線上の機体を販売しつつ、新技術の適用を検討する時代が続くが、小型の練習機、スポーツ機として設計されたD・H・60モスが一九二〇年代後半から英連邦圏の民間航空機市場で好評を博した。この機は各型合わせて二千機以上という大戦間のヒット作となった。一九三〇年代突入直後に、練習機としての役割の幅（計器飛行、標的曳航など）が広げられたD・H・82タイガーモスが発表されると、軍用航空の分野でも需要が拡大。ナチスの台頭が懸念されるようになったこともあり、次の大戦に向けて英連邦圏ほか中立諸国でもライセンス生産されて、生産機数はD・H・60の四倍以上に達した（八千七百〜九千機か）。

飛行機の需要が落ち込んでいた戦争が遠ざかった時期に、デ・ハヴィランド機においてこれだけの機数が販売され、かつ、ライセンス生産権の購入が拡大したのは、伝統的に木製構造が用いられ、高額な維持費を要する大出力のエンジンを必要とせず、何よりも丈夫で使いやすかったから、とみられている。

よく売れたのはモス、タイガーモスだけではなかった。Ｄ・Ｈ・84ドラゴン以後の複葉双発～四発の軽輸送機群も生産機数を伸ばした。

すでに金属製輸送機が多数派になりつつあった一九三〇年代半ばくらいから需要が伸びたシリーズで、合計一千機は越えた（Ｄ・Ｈ・84のうち八十七機はオーストラリアＤＨＡ製）。運用エアラインには地方を連絡する小規模運航会社が多かったが、産油国に展開した石油会社の連絡機として使用されることもあれば、外国政府の運用機となって植民地での反乱鎮圧、監視ほか警察用途などに用いられたこともあった。

ドラゴンやタイガーモスが売れたことで、時流に乗って金属製の航空機の開発に切り替えそうなものだったが、デ・ハヴィランド社では翼部をも木製モノコックに改めたＤ・Ｈ・88コメット、Ｄ・Ｈ・91アルバトロスといった全木製構造の長距離レーサー機や旅客機にこだわり続け、より空力性に優れた機体を追求。大戦下の傑作機・モスキートは、金属製の機体以上に空力性に優れる木製構造を究めたがゆえの産物だったので、決して「奇跡の木製機」でもなければ、旧構造への「先祖還り」でもなかった。

だが第二次大戦に突入すると、英国圏にあったドラゴン、ドラゴンラピッド系はすべて軍部が取り上げて生産機数も増加。最も多く作られたのがＤ・Ｈ・89ドラゴンラピッド系で七百二十七機。旧構造の、大規模な生産設備を要さない機体だったため、三百五十機近くはローボローのブラッシュ・コーチワークスというバス・メーカーで製造されたという。なお軍用機としては「ドミニ」と呼ばれた。

双発機としては小型の軽旅客機だが、頑丈で比較的軽易に扱うことができ、爆撃機や偵察機要員を育成するための通信士・航空士練習機として（Ｍｋ・Ｉで訓練生四人くらい）、また、基地間連絡輸送機（Ｍｋ・Ⅱ）としては八人ほど空輸することができた。西ヨーロッパがドイツ軍の侵攻を受けて英本土にも戦火が及ぶようになる頃には、補助輸送部隊の使用機となった急患空輸機仕様に改められたドミニが基地と病院の間を連絡した。

そのような、軍用機とはいっても非戦闘任務に当たる、後方の裏方役のような存在だったが、外国で使われた機体の何機かは硝煙漂う空を飛ぶ運命から免れられなかった。一九三〇年代もなかばが過ぎた一九三六年の夏には、国民生活や政治が行き詰まっていたスペインで陸軍の反共和国政府派の挙兵に端を発する市民戦争が勃発。クーデター勢力を率いたフランコ将軍が独伊両国に軍事支援を求めたことから、独伊、それに共和国政府軍の後ろ盾となったソ連を巻き込んで長期戦の革命戦争になった。

英仏にも政府軍側から武力支援が求められたが、独伊両国との戦争状態突入を避けて政府としての支援は拒絶。それでも民間ルート扱いで、かつ独伊ソよりもずっと内輪の規模で、輸送機や練習機ほか実戦用軍用機が送られもした。デ・ハヴィランド機だけでもモス、タイガーモスがそれぞれ相当機数、双発機でもＤ・Ｈ・84、Ｄ・Ｈ・89、Ｄ・Ｈ・90合わせて数十機供与と伝えられている。

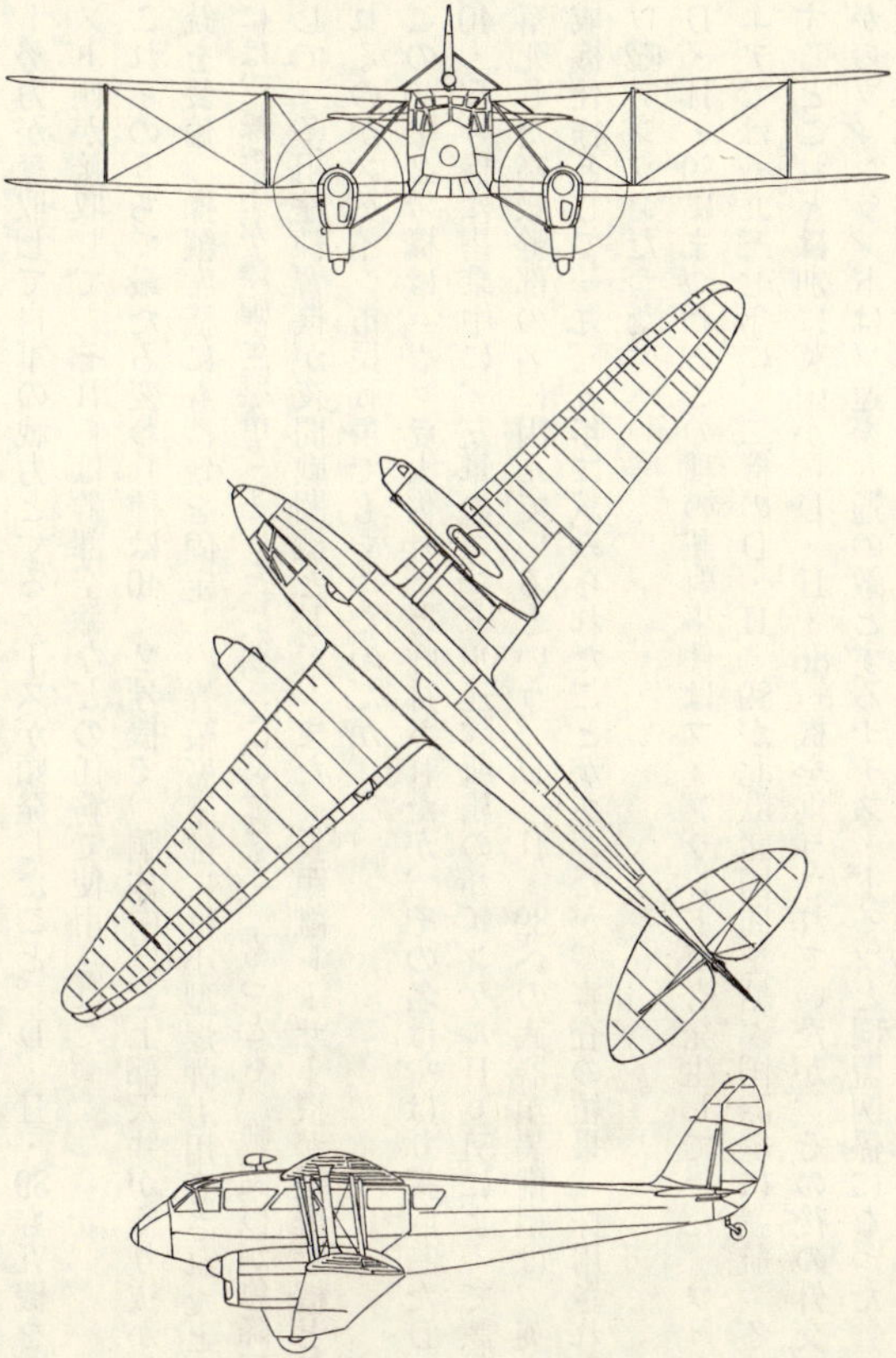

デ・ハヴィランドD.H.89ドミニ

この異様な市民戦争のもうひとつの特徴は、共和国陣営のための支援物資でもナショナリスト勢力が奪取して自軍の戦力とするケースが頻発したこと。D・H・89も五機をナショナリスト側が接収して、それらは幹部空輸などの任務で使用された。

これらのうちで最たる変わり種は40‐2号機で、胴体中ほど上部天井がくり抜かれて旋回機銃を装備。操縦席横にも機銃を固定し、操縦席下部には小型爆弾も用意されたという（一説には、操縦士が爆弾を蹴落とすことになっていたとも）。もっとも、戦闘機が急降下爆撃機として、多用途練習機が夜間戦闘機として、また、長距離レーサー機が軽爆撃機として使用されるのがスペイン市民戦争でもあったのだが。

この40‐2号機は「ヴェラ大佐号」と呼称されたが、その名はやはり接収したD・H・89＝40‐5号機に搭乗中に、友軍のコンドル連隊所属のハインケルHe51によって誤射され、墜落死した高級幹部の名に因んでいるという。D・H・89への武器類装備型は、英空軍でも哨戒機仕様として一九三五年に試みられたことがあったが、審査の結果、採用されたのはアヴロ652アンソンだった。

D・H・89にまつわるこの種の誤射事件はフィンランドでも発生していた。フィンランド・エアでは一九三七年に、二機のD・H・89が北欧諸国間を結ぶ国際線に就航。冬戦争に突入するとこれとは別に英国からD・H・86一機を供与されていたが、その後の外交の成り行きからフィンランドはソ連を共通の敵とするナチス・ドイツと同盟関係になった。一九四一年六月からの継続戦争・銀狐作戦開始にともないフィンランド領内に駐留するドイツ空軍機の動きも活発化したが、同年十一月八日に北部方面を飛行中のフィンランド・エアのD・H・89がBf109Eから誤射されて被弾、不時着する事件が発生した。

フィンランドでのケースは不時着、犠牲者なしですんだというが、ともに発砲したのが（実質的に）ドイツ機。すでに大激戦の状態になっていた交戦相手国の大英帝国で作られた軽輸送機に対して「英国憎けりゃラピッドまで憎し」の念を抱いた訳ではなかろうが、戦場の空を飛んだD・H・89にとっては重苦しい事件が続いた。

戦争が終わったときには、長期の軍務の間に多くが失われ、残存機も少なからずダメージを受けていたが、木製構造は部品さえあれば修復できたので金属疲労で廃棄される金属製の機体よりも長持ちした。修復されて民間のエアラインに戻ってくると、これらのデ・ハヴィランド複葉輸送機群は戦時中に拡大した地域路線の維持に努めた。その種の役割は、戦後に現われたヘリコプターや新型のコミューターと交代するまで続けられたが、その後もオールド・マニア向けの飛行に供し続けているのは、タイガーモスと同様である。

エアライナーが戦場を飛ぶこと自体、例外的な飛行なのだろうが、エアラインが購入した旅客機を転売してもらい、その機体に機銃や爆弾を装備して、不当な侵攻を受けた隣国を救うための奇襲爆撃を強行した貴族がいた。スウェーデンのカール・グスタフ・フォン・ローゼン伯である。ローゼン伯が入手して爆撃行に用いた旅客機がダグラスDC‐2で、伯爵はこの機を「ハンシン・ユッカ号」と命名。この珍妙とも蛮行とも解されかねない作戦は小国の戦いに関心があるひとにとっては誠に強く印象に残り、また、旅客輸送機にとっての珍しい飛行事例でもあったため、これまでも自著なかで事ある度に触れさせていただいてきた。今回は戦場を飛んだ「武闘派旅客機」群の一項での記述なので、経緯とその後の顚末なども含めて、もう少し踏み込んでみることにする。

伯爵は一九〇九年の生まれというから、ソビエト・ロシアに独立戦争を挑んだフィンランドを支援するために、父のエリック・フォン・ローゼン伯がスウェーデン国産のツーリンDを駆って飛び立ったときは、まだほんの十歳前後。そして自身が三十歳のときに第二次世界大戦が勃発し、その十一月末に当時フィンランド領だったテリヨキに対するソ連軍機の爆撃を端に「冬戦争」に突入した。

ソ連軍のフィンランド侵攻は、バルト三国が受け入れた「相互援助条約」と称する、国境線変更や実質的に領内でのソ連軍の自由な活動を求める要求受諾に従わなかったことが原因だった。ソ連軍はその夏のノモンハン国境紛争で圧勝し、ポーランド侵攻も短期間で終わらせた（その前にドイツ軍に壊滅状態にされていたからでもあるが）こともあって自信満々。フィンランド侵攻の戦いも、さほど長引かないと思っていたのだろう。

隣国の危機に際して、フォン・ローゼン伯は、まだ戦火が及んでいなかったオランダで使えそうな機材の調達を試みた。そしてＫＬＭオランダ航空が購入したＤＣ‐２一機と、コールホーフェン社で二機だけ試作されていたＦＫ‐52複葉複座戦闘機の買い付けに成功。その代金は母方の従兄弟氏が工面してくれたという。

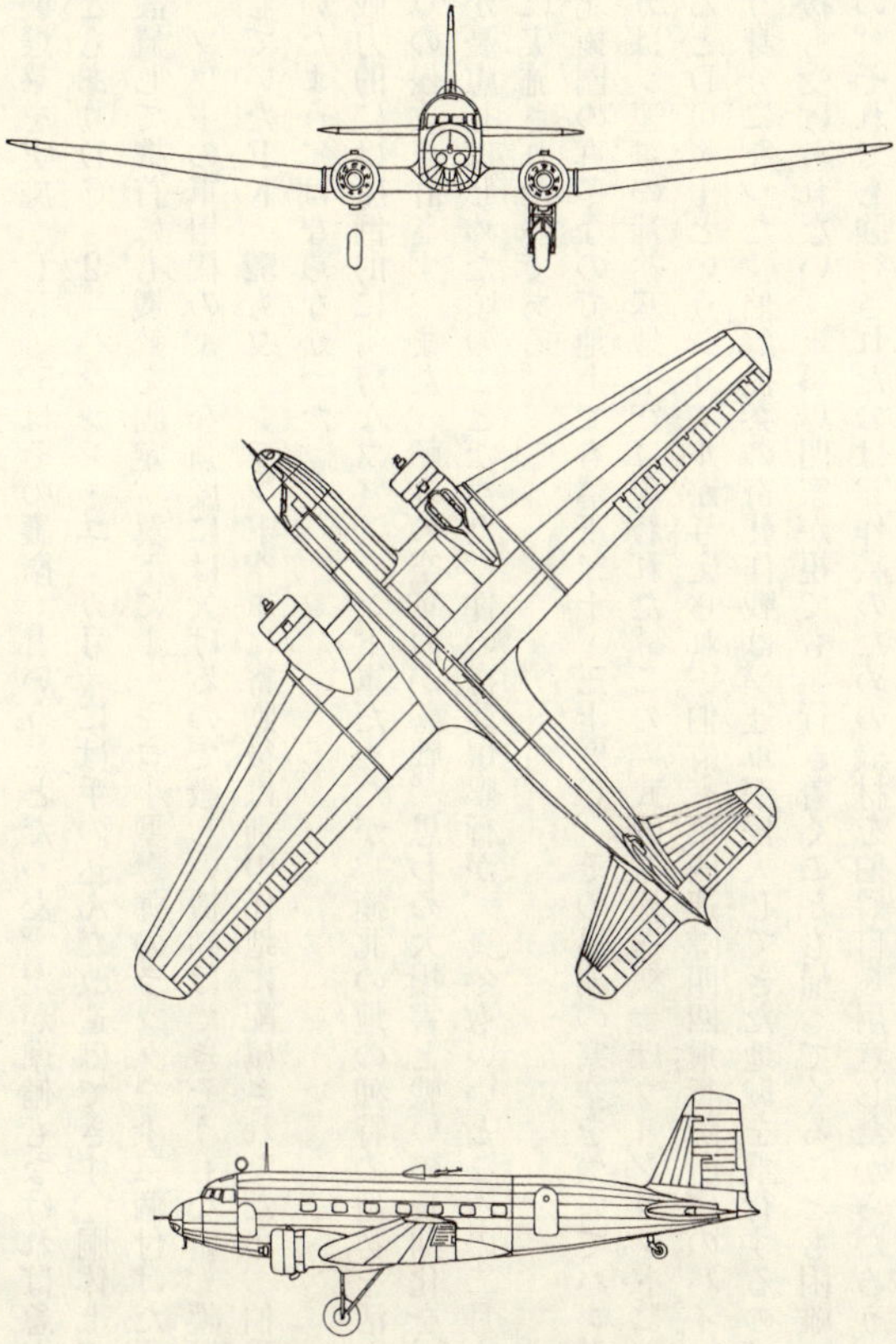

ハンシン・ユッカ号(DC-2)

伯爵の意図するところは「DC‐2に爆弾を搭載して、前進してきたソ連軍の補給基地に奇襲爆撃を実施。FK‐52はその護衛」ということだった。だが準備もなければ急を要したこともありDC‐2「ハンシン・ユッカ号」には手の込んだ改造はできず、胴体上部に銃塔を設置して機首にも機銃を固定、翼下に十一キロ小型爆弾のラックを十二個付けた程度。当然、フッーの軍用機のような強度には欠けるので激しい機動はできそうもない。護衛機に予定していたFK‐52もフィンランド空軍に寄贈後は別の任地に配属されたため、伯爵が思い描いたようにはならなかった。

戦力的には圧倒的に劣勢なフィンランド軍だったが、極北の地の独特の地勢を活かしてソ連軍の侵攻を許さず、また、頼みの空軍力が善戦。思わぬ大損害と戦いの長期化を、ソ連軍部が憂慮しはじめた頃のことだった。件の奇襲爆撃行が、真冬もいいところの二月十九日早朝に実施されたのである。

北極圏の真冬なので地上でも零下二十～三十度C。その早朝の寒空をついてハンシン・ユッカはソ連軍の補給基地上空に現われた。この「武闘派輸送機」はフィンランドに持ち込まれるとDO‐1というシリアルが与えられ、伯爵も第四連隊四四飛行隊所属のパイロットという身分になった。伯爵提案の奇襲作戦はソ連軍が侵入してきた地域を飛行するので航法の支援も受けられない。軍事専門家が視ても「行き着くことも帰ってくることも困難」というもの。それでも強行されたのは、作戦のための機材を伯爵自ら用意したからだろう。ハンシン・ユッカの同乗者には志願を募ったが、スウェーデン人、デンマーク人の義勇兵が名乗りを挙げた。そして危険極まりない、ハンシン・ユッカの単機出撃となった。ソ連軍は補給基地の上空への警戒もしていなければ、迫ってくる奇妙な爆音で眼を覚ました兵士が宿舎から起き出してくる程度。奇襲攻撃の来襲だともわかっていない。見慣れない双発機からの機銃の発砲音で奇妙に思い、投下された十二発の十一キロ爆弾の爆発で起こった爆煙で敵機の来襲だったと気づくという始末だった。

フォン・ローゼン伯自身は操縦士の資格を得ていたが、職業軍人という訳ではなかった。こうして「あわや奇襲作戦成功」というところまで進んだのが奇跡に近かった。だが、基地上空で悠然と旋回しはじめたあたりで、ハンシン・ユッカはエンジン・ストップの試練に見舞われた。「ソ連機も現われなければ対空射撃も撃ってこない」と、余裕をみせたのがいけなかったのか。

何とか活きているエンジン一基だけで帰ってこられたのは、伯爵たちも空戦の神様に気に入られていたから。一歩間違えれば「蛮行」と批判されかねなかった作戦からの帰還を迎えた四四戦隊関係者たちはさぞ胸をなでおろしたことだろう。冬戦争が終わるとマンネルヘイム元帥は、フィンランドのために犠牲になった各国義勇兵に対して感謝と弔意を述べたが、フォン・ローゼン伯もその対象になっていたかもしれない。

ハンシン・ユッカによる爆撃作戦が行なわれたのは、結局、この一回限りだった。そして、冬戦争が終わるまでダウンしたエンジンの修理がままならず、次に飛べたのは一九四〇年三月末の休戦の後のことになった。フィンランド航空で使用されていたＪｕ52／３ｍなどは疎開する子供たちをスウェーデンに空輸（通称＝チルドレン・フライト）しては、医薬品ほか必要物資を運んで帰る飛行を繰り返していたが、修理成ったハンシン・ユッカもこの任務に就いた。やがて同僚輸送機として、ドイツ軍が西ヨーロッパに侵攻した際に捕獲したDC‐2もフィンランドでの輸送任務に参加した。

一年三ヵ月の戦間期を経て一九四一年六月下旬に、ドイツと友邦関係になったフィンランドがソ連軍との戦闘の再開（フィンランド流にいう「継続戦争」）に至ると、ハンシン・ユッカはヘルシンキの司令部飛行隊に移されて、高官らの空輸が新たな任務とされた。その一方で、フィンランド領内にもソ連軍のリスノフLi‐2こと、弟分のDC‐3のソ連版も姿を見せるようになった。こちらは、胴体内や胴体下に一～一・五トンの爆弾を搭載。都市部がLi‐2の爆撃を受けたこともあった。そして三年以上も戦い続けた継続戦争も、ソ連軍優勢の戦況のなかで和平交渉がまとまって、一九四四年秋にようやく戦火が鎮められた。

第二次大戦が終わると、小規模の空軍ながら大変な強さを示したフィンランドの空軍力はさらに大幅に縮小。それでもハンシン・ユッカはもうしばらく飛び続けて、一九五六年にようやく引退した。ジェット旅客機の時代目前の頃まで飛び続けていたことになる。

ハンシン・ユッカをフィンランドに持ち込んだカール・グスタフ・フォン・ローゼン伯はというと、戦後も紛争地に救援物資を運ぶ輸送機のパイロットとして飛び続けた。また、強力な軍事力でビアフラ避難民を襲うナイジェリア軍をみると、フィンランド時代の暴力を振るう強者への怒りが再燃して、マルメMF19B軽飛行機に武器類を積んで奇襲作戦……と

「戦う貴族」の健在ぶりを示した。平和になるとトランスエア・スウェーデン機の操縦桿も握ったともいわれているが（斎藤忠直著『大空の冒険者』グリーン・アロー出版社）。軍務から退いたハンシン・ユッカが屋外でカフェテリアとして使用されたことは不本意なことだっただろうか。だが同僚輸送機、旅客機が引退後、次々とスクラップされていったのに対して、何とかその運命を免れられたハンシン・ユッカは再び空軍のもとへ。そしてフィンランド空軍博物館に展示されることになり、厳しくも懐かしい往時の日々を無言で示し続けているということである。

これまでの二例は「武装を施して若干の爆弾も搭載してみた旅客機」という、裏稼業というか余技のような例だったが、ここで挙げるもう一機の荒業師旅客機はどちらかというと、確信犯的な要素もあった。大戦間に作られた大型爆撃機というと、有名なのはソ連のツポレフＴＢ‐３だったが、フランスでも数機種の四発機が開発されていた。本邦でも思い出されるのは、航路開拓で功績があったＪ・メルモーズが遭難時に搭乗していたラテコエール300の系列の四発飛行艇であり、これにリオレ・エ・オリヴィエ（レオ）Ｈ・24系ほか、少数機ずつの飛行艇群が続く。武骨派爆撃機の代表格だったレオ20双発爆撃機を串型の四発機にしたレオ206（大戦突入時もモロッコで現役）などは、フランス軍用航空の近代化の遅れを示す存在でもあったが。

ファルマン220系列の輸送機もしくは爆撃機も第二次大戦突入時には時代遅れの機体レイア

ウトになりつつあったが、一九三二年五月に初飛行を行なったＦ220以来の肩翼、二基のエンジン前後串型配列二組を動力とする四発機という姿を維持し続けていた。Ｆ220は爆撃機の試作機として作られたが郵便輸送機に改装され、以後、爆撃機型としてＦ221、Ｆ222・1、Ｆ222・2、ＮＣ223・3が続き、並行するかのように民間輸送型のＦ２２００、Ｆ224、ＮＣ223・4が続いた。製作機数はいずれも数機から十数機という程度だったが、第二次大戦勃発時もＦ221、Ｆ222合わせて四十二機が部隊配備されていたという（仏本国に三十機、アフリカの領地に八機、仏領インドシナに四機）。

ディジグネーションのＦ（ファルマン）がＮＣになったのは一九三七年春の軍事産業の国営化法によってＳＮＣＡＣになったからで、この以前に開発された各機は、どれも抵抗の大きな胴体とあまり工夫のない主翼の組み合わせ……上半角のない矩形の内翼とテーパーした上半角の付いた外翼を、左右のエンジン・ポッドから伸びた三本の支柱で支え上げるスタイルだった。

ＮＣナンバーになってからは、さすがにこの武骨な姿は大幅に見直された。主翼は内、外翼を一体化させたテーパー翼になり、胴体は機首からの抵抗が小さくなるように洗練。巨大な角張った垂直尾翼も整形された双尾翼に改められ、動力も液冷のイスパノスイザ12Ｙエンジンに変更された。全体的に空力的洗練が施されてはいたが、串型配列のエンジン、肩翼の主翼を支柱で支える以前からのスタイルは、なおも継承されていた。

Ｆナンバーの爆撃機は開戦後からリーフレット散布を皮切りに、偵察、夜間爆撃に出動。

ドイツ軍の電撃的侵攻が始まるとミュンヘンのＢＭＷ工場爆撃にも出撃したが、機数が少なかったため散発的な活動に留まった。ＮＣ223・３は製作機数がさらに少なかったため（八機とも十五機とも伝えられている）、Ｆナンバーとともに数回出撃しただけで北アフリカのフランス領へと後退した（その後、輸送機として再使用）。

民間機型のＮＣ223・４は三機製作ともっと少なく「カミル・フラマリオン」「ジュール・ヴェルヌ」「ル・ベリエ」という民間機名まで与えられたが、大戦突入により早くもフランス海軍に徴用されることになった。まずカミル・フラマリオン号が、ポケット戦艦グラーフ・シュペーを討伐するための洋上偵察に駆り出された。

その後、民間機出身のこの三機も胴体下部に爆弾架を設け、防御火器も備えるなどしてドイツ領内への夜間爆撃を十七回ほど実施した。そんなさなか、歴史にその名を残す働きをしたのがジュール・ヴェルヌ号だった。フランスの敗色が濃くなる六月七日の夕方にボルドーのメルニャック基地を発ち、オランダ沿岸上空を飛行してから北海、バルト海に抜け、デンマークを横切った後にドイツ領内にはいり込むという迂回経路をたどって目的地上空に到達。第二次大戦中におけるベルリン初爆撃を実施したのである（爆弾二トン搭載か）。ドイツ側も虚を衝かれた状態だったが、決死の任務を達成したジュール・ヴェルヌ号は翌早朝にオルリー飛行場に無事帰着。飛行距離は五千キロ、所要時間は十三時間半にも及んだという。

たった一機が二トンほどの爆弾を搭載しての隠密作戦だったから、ベルリン市内の損害はごく限られていただろう。だが、ポーランド戦以後、ドイツ軍の勝ち戦が報じられていたこともあり、被災地のベルリン市民には心理的影響を及ぼしたとも伝えられている。

けれども、英仏両軍の爆撃機として開発された機種ではなく、フランス海軍が徴用した旅客機改造爆撃機が「ベルリンには一発も爆弾を落とさせない」（空軍元帥・ゲーリング）「落とされたなら十倍にして返す」（ヒトラー）と豪語する以前に、これを実施していたというのも珍事といえば珍事だろう。しかしながら、空想科学の冒険小説の開祖の名を冠した旅客機の冒険譚は、その後、大きく取り上げられることもなく埋もれていった。

仏海軍の「パートタイム」爆撃機の商業輸送機三機は、幸運にもフランス休戦まで生き残ることができ、八月はじめに爆撃機としての任を解かれてヴィシー政権下のエール・フランスに返還。ようやく本来の輸送機としての仕事に戻った訳だが、ル・ベリエ号はこの年の秋に地中海上空で英軍機の攻撃もしくはイタリア軍機の誤射に遭い、失われてしまったということである。

「日本のいちばん長い日」は太平洋戦争における日本の無条件降伏を決めるご聖断が下される御前会議から翌八月十五日正午の玉音放送までの二十四時間を描いたドキュメンタリーの名作（旧版は「大宅壮一編」として、新版は半藤一利先生の著作として刊行）だが、この日をもって戦闘活動が全面的に終息したわけではなかった。近年、この種の悲劇的な戦闘継続事例として挙げられることが多いのは、ポツダム宣言受諾一週間前に対日宣戦布告したソ連軍と戦い続けた、陸軍・第一〇七師団による降伏後の戦闘だろう。

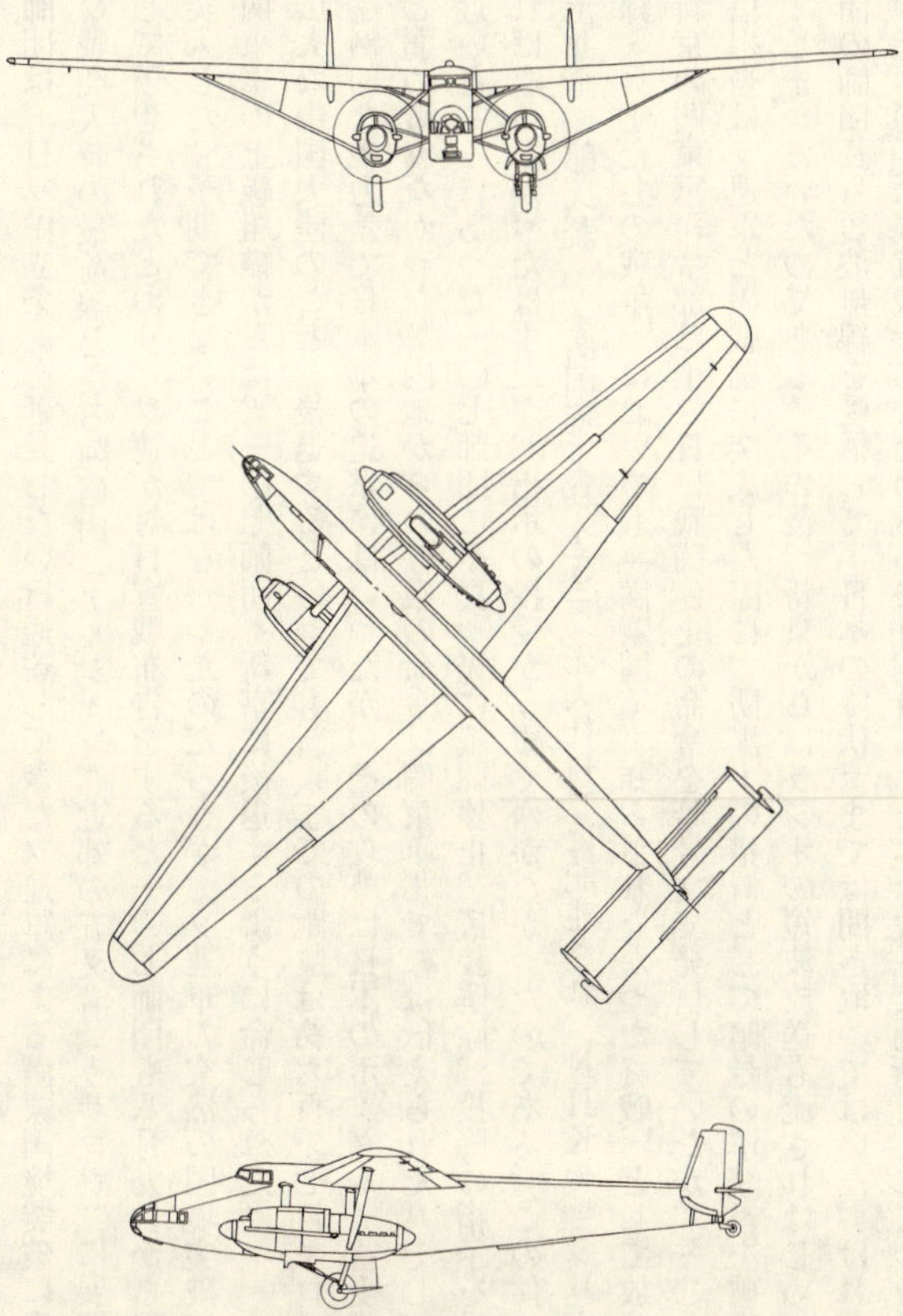

ファルマンNC223・4

青森、岩手、秋田など東北地方出身者によって、前一九四四年に新編された青森・第一〇七師団は、日ソ中立条約を延長しない旨通達してきたソ連軍による満蒙国境突破に備えて、対ソ戦突入時の最前線となる阿爾山（アルシャン）近郊の五叉溝（ウサコウ）に展開した。そして予想されたとおり、ソ連が対日宣戦布告をすると一〇七師団も八月九日から戦闘状態に突入した。予期できないことではなかったのだろうが、ソ連軍の突然の国境突破に混乱した関東軍の上級組織からは、一〇七師団も新京に後退するように命じられた。

広大な中国大陸のこと、後退するといっても新京までの距離は約六百〜七百キロ。ソ連軍は圧倒的な戦力差で日本軍の追撃にはいったが、その攻勢は日本のポツダム宣言受諾後もさほど弱められなかった。内地からの停戦の命令は関東軍までには伝えられた。そしてソ連軍に近いところにあった一〇七師団こそ真っ先に戦闘停止、武装解除、投降の指示を受領しなければならなかったはずだが、指示の授受がうまくゆかなかったのである。この件については土井全二郎氏著「ソ満国境１９４５」（光人社刊）に記述され、ＮＨＫの「シリーズ証言記録・兵士たちの戦争」においても「満蒙国境・知らされなかった終戦」として放映された。

新京の関東軍司令部は十六日に戦闘停止の命令を暗号文で発信していたが、一〇七師団の通信担当はソ連軍との戦闘に突入した際に、防諜上の措置として暗号の解読書を破棄させられてしまっていたのである。その後、新京からはラジオの短波放送も流されはじめ、一〇七師団の師団長も短波無線を受信して「日本の降伏」までは聞き取ってはいた。けれども、以前の指示の「徹底抗戦」にこだわるあまり、ラジオをニセ放送と判断してしまったというのである。

十五日の正午頃、ソ連軍の砲火が一時的に鎮まったことに奇妙な想いを抱いた前線の兵士たちもいない訳ではなかった。ところがそれから間もなくの戦闘再開〜継続や飛び交う噂に混乱させられて「本当に戦争が終わったのなら、ソ連軍は追撃してこないはずだが……」と、情報不足と不信感に苛まされるまま戦い続けるしかなかった。

関東軍司令部において、一〇七師団が停戦状態になっていない問題への対応が図られたのは八月十八日のこと。この日は新京にソ連軍の先遣隊が飛来して日本機の飛行停止を指示した日だったが、満州が混乱状態に陥っていたこともあり、翌十九日早朝に民間の満州航空が保有するフォッカー・スーパー・ユニバーサルに軍使を乗せて、一〇七師団が交戦中の興安嶺から西方百五十キロの、すでにソ連軍が制圧した興安に向かった。

スーパー・ユニバーサルはアメリカン・フォッカーこと、アトランティック・エアクラフトで開発された、初飛行が一九二七年という古式ゆかしい客席数六席の単発旅客機。一九二八年に六機輸入されたのに続いて、中島飛行機で軍用、民間向けに百機近く製造。満州飛行機でも三十五機ほど転換生産されて、満州航空の使用機となっていた。能力的には同僚機種のＭＴ-１隼に対して古さを免れられないところも見られたが、単発機ながらフォッカー系特有の無類の安定性が評価されて、太平洋戦争終盤の時期でもなお現役機の地位にあった。

軍使を乗せて何処へ飛ぶともわからない難しい飛行の任務は、満蒙の地理にも精通した満州航空のベテラン搭乗員が操縦する「スーパー」（満航での呼称）に委ねられることになった。

興安ではソ連空軍のエアラコブラに強制着陸させられたが、停戦の軍使の飛来の連絡が届いていなかったことから一〇七師団の所在を捜索する役目を果たせなかった。攻め込んできたソ連軍も兵士の相当割合が囚人兵というならず者部隊だったこともあって、ソ連側士官も居丈高になりがち。なによりも停戦命令が伝わっていないことの重大さがソ連軍側には理解されていなかった。

このように状況も改善されないまま、日本本国の降伏から二週間になろうかという時期になっても戦闘状態が続けられて、ソ連軍の追撃部隊の方も次第に犠牲者数が拡大。ようやくソ連側も「なおも降伏しない日本兵に停戦命令の通達を」と折れてきた。そうして二十八日に新京で軍使を乗せた第二陣が一〇七師団捜索に向かうことになった。

「戦闘中の部隊を早く見つけ出して、武装解除させてくれ」と望んだソ連軍は、先に満州航空から接収していたスーパーを捜索機としてよこしてきた（ソ連軍の監理官が同乗）。すでに赤い星のインシグニアが施されていたが、一〇七師団の発見と説得が飛行目的だったため、日の丸インシグニアに戻してから離陸。けれども二十八日は一〇七師団を依然見つけることができず、戦闘開始から二十日め、降伏から二週間に当たる八月二十九日になった。

不利な戦況のもと、乏しい装備でこれだけの期間戦い続けてきただけに、一〇七師団の当初の兵力・一万三千人のうち五千人がすでに命を落としていた。討伐するソ連軍の方もいつまでも戦い続ける師団を追い詰めにかかっていたが、第二陣のスーパーが先に発見したのは大勢力をもって布陣しているソ連地上軍の方。そしてその矛先に当たる方の集落に潜む日本

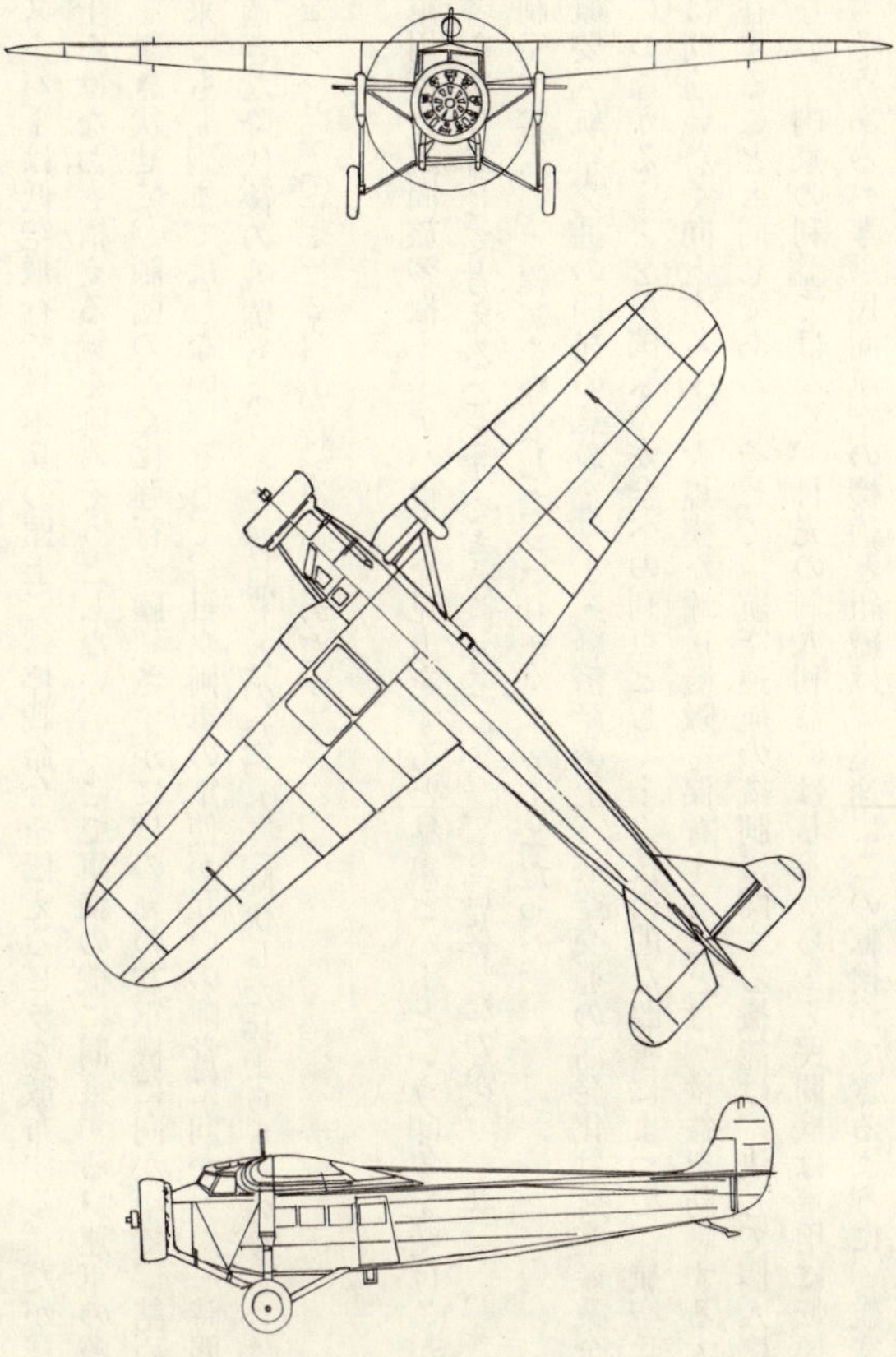

中島フォッカー・スーパー・ユニバーサル

軍を見つけたのである。

スーパーは低空飛行で日本兵の頭上で、停戦命令を伝えるビラを散布する。だが、師団の兵士らはなおも構える銃を降ろそうとしない。そこで軍使の機に同乗するソ連軍の監理担当官を説き伏せて、師団の近くに強行着陸。さすがに日の丸の友軍機に向かって、詰め寄っては来ても発砲まではしない。そして、日ソ両軍の軍使が互いの陣営に向かった一時間後に、長過ぎた降伏後の戦闘もようやく終息したのだった（降伏した兵士らもその後さらに長い年月をシベリアで過ごす苦難が待っていたのだが）。

軍用機と民間旅客機……アバウトな見方をすると猛禽とハトという印象を受けるが、この両者を切り離して考えることができないことについて言及したのが、一九二一、二七年に「制空」（第一、二編）を発表したジュリオ・ドゥーエだった。

概要「航空交通の開発の意義……1・経済産業上、航空交通の活発化は航空産業全体の発展につながる……2・国家の安全への利点として……技術的な改善によって、航空兵器の意義は間違いなく向上する……大規模な輸送機隊を保有することは、権益を防護する大空軍を潜在することと同じである」そして「航空運航の統制に関する機能は、決して個人に委ねられない。国家の利益ではなく、目先の個人利益にはしるから……民間機は軍用に転換できるし、そうあるべき。民間航空の機種と組織は、迅速にこの転換ができるように、航空省の直接の監督下に置かれるべき」と記述された。

当時、軍事の専門家だったドゥーエが民間航空について述べたのは「国防のために国が民間航空の発達を助長すべき……民間航空の活動には国防に直接役立つものと間接的に役立つものとがある……直接役立つ活動は国防機関の機能に属すべき（間接的の方は民間の機能を低下させないために当局は関係すべきではない）」と考えたからだった。なおドゥーエの「制空一、二編」は『戦略論大系・6ドゥーエ』（芙蓉書房出版刊）で読むことができる。

先に記述したドラゴンラピッド、DC・2・ハンシン・ユッカ、ファルマンNC223・4、それに満州スーパー・ユニバーサルのうち、スペインに渡ったドラゴンラピッドとハンシン・ユッカは、民間輸送機として製作されたが買主側の都合によって持ち主が変更されて軍用機になった例で、民間航空の機種が有事下において軍用機に転換されたケースといえる。そのため、戦火が終息した後はスペインのドラゴンラピッドの残存機は民航機になったが、ハンシン・ユッカは退役するまで軍用輸送機のままだった。

有事下のフィンランドでは民間航空のフィンランド・エアもフィンランド空軍の監理下に置かれ、疎開子女や必需品・貨物の空輸に従事している。だが戦時下であった民間輸送機のドラゴンラピッドが同盟国のドイツ空軍機に発砲されたのは、航路上のミスが生じてなければ、監理側の不行き届きとなるだろう。

民間輸送機が軍の委託によって軍用輸送の一部を担った例は主要先進国ならずとも多くの国々で見られており、大型飛行艇を擁した民間航空会社が軍用航空に組み入れられて激戦地の空を飛ばざるを得なくなった様子は「軍用輸送機の戦い」においても若干だが触れさせていただいた。だが、ドゥーエの予見が的確に当てはまったのはフランス海軍に組み入れられたNC223・4となるであろう。NC223・4の場合は、ドイツ領内への夜間爆撃もエール・フランスの乗員らによって実施されている。これなどは、民間輸送会社の要員、機材とも、戦時下で迅速に軍航空に転換された極端な事例だろう。

その五年後に極東での戦火が終息する際にも、日本降伏後も中国北部、ソ連との国境近辺でソ連軍との交戦状態が続けられた日本兵に対する、戦闘停止の命令を通達する役割を担ったのは満州航空のスーパー・ユニバーサル機と同社専属の搭乗員たちだった。最前線の兵士に早期に伝えられるべき停戦命令だったが、それができなかった軍部の尻拭いをするかのような任務でもあった。この種の停戦命令を伝える「緑十字」のインシグニアを施した輸送機は、大日本航空など民間航空出身の飛行士たちによっても飛ばされたということである。

今日でもP-3Cオライオンのように、基があまり需要のなかった旅客機（戦後版のロッキード・エレクトラ）だけに輸送機から発達した哨戒機という印象が薄められている例もないではない。だが早くも第一次大戦直後の時期に、有事の状況下においても航空活動の全てが軍用航空のみで成り立つものではないことを看破したのが、ジュリオ・ドゥーエの慧眼さだったのだろう。

第9章　独学だったムスタングの生みの親

小規模国の軍用機について記述した際に、オランダ機として挙げた各機のうち、その名に「フォッカー」と記されたものが十機以上にも及んだ。だが世間一般では、第二次大戦下のフォッカー機よりも、第一次大戦中のドイツ戦闘機であるフォッカーEⅠやレッド・バロンで有名なDrⅠ、一次大戦のドイツ・最優秀機とみられるDⅦの方がはるかに有名かつ高名だろう。

もともとアントニー・フォッカーは、父・ヘルマン・フォッカーが東インドのコーヒー農園の所有者だったこともあり、一八九〇年にジャワ島で生まれたが、幼少時には家族とともにオランダ本国に帰国。けれども勉強よりも興味が赴く鉄道模型やその動力の蒸気機関に熱中してしまい、高等学校の教育を終えることができなかったという。

だが技術開発への関心が強かったこともあって、一九一〇年、二十歳のアントンは技術者になるためにドイツに留学。そこでまたその数ヵ月後には、それまでの鉄道から当時の新技術だった飛行機械へと関心が移っている。鉄道技師への途から航空技術者に転じた例としてほかに英国のレジナルド・J・ミッチェル（一八九五年生まれ。スーパーマリン社でS6Bやスピットファイアを設計）が知られているが、進路変更はアントニー青年の方が先だった。早くもその年のうちに第一作の「スピン」（蜘蛛）と称する飛行機を作り上げたが、この機は知人が起こした事故によってすぐに喪失。そのためフォッカー自身は、スピン二号機で飛行免許を取得した。

オランダ女王の誕生日に記念飛行を行なうなどスタンド・プレーヤーのところもあったのだろうが、一九一二年にはベルリン近郊のヨハニシュタルに自身が経営する飛行機製作会社を設立。パイロットであり、技術者であり、会社経営者でもあるアントニー・フォッカーのこの会社が、第一次大戦中のドイツにおけるフォッカー社へと発展することになる。けれども初期の数年間は、有能な設計主任を得られなかったこともあり、思うような機体を作り上げることができなかった。

そんなフォッカーにとって大変な助力となるのが、ケルンからやって来た歳若い技術者のマルチン・クロイツアー技師だった。最初の世界大戦が起こる直前の時期に設計主任を任され、初めて手掛ける機体としてフォッカーEI単葉機を設計。それからはこの技師が、フォッカーのアイデアの段階に近い図案を基にして、機体製作のための諸々の計算を行ない、実質的に設計図の大部分を書き上げてゆくという関係になる。そして間もなく一九一四年の夏に第一次世界大戦が勃発すると、ドイツ国内の工業各社は帝国の管理下に置かれることになった。

祖国・オランダが隣国のベルギーのように交戦国に踏み込まれることもなく、中立国の立場を貫くことができたのは幸運としか言いようがなかった。だがドイツで航空機メーカーを興したフォッカーは、空軍力の充実を望むドイツ軍にとって無くてはならない存在までになっていた。

フォッカー社においては「溶接された鋼管による頑丈で生産性に富む骨組み」「プロペラの回転面から機銃弾を発砲できる同調機銃」ほか「優れた運動性を実現できる三葉機」「空気抵抗を減らして機体の製造技術にも寄与する片持ち式の翼（胴体の付け根だけで支えることができる主翼）」「空力的に優れ低速時の失速も防ぐことができる厚翼」など、アントニー・フォッカー自身のアイデアだけでなく、部下の技師たちの能力、センスも結集させて、当時としては先進的な航空技術を次々に実現させていった。

ところがクロイツアー技師は一九一六年夏に試験飛行中の事故で殉職し、フォッカーＤＶが最後の作になってしまった。その後を継いだのが溶接工から設計技師に転じたラインホルト・プラッツ（コトブッス市出身）だが、この技師はその後、フォッカーとさらに深く関わることになる。なお、フォッカー社の機体に取り入れられた溶接された鋼管の骨組みは、プラッツが得意とした溶接技術を適用したものだった。

そのプラッツも設計主任を任されると、ＤｒＩやＤⅦに片持ち翼、厚翼の技術を用いて設計。大戦終盤に量産化させたパラソル翼のＤⅧ（通称「空飛ぶカミソリ」）では、増加した未熟練工の不手際に起因する事故が多発したが、木製合板（モノコック）構造の主翼への変更を断行する。その後、この新たな構造の主翼が、第一次大戦後のフォッカー一派に新たな途を拓かせることになる。

第一次大戦時のドイツ軍の空軍力強化に計り知れないほど貢献してきただけに、アントニー・フォッカーがドイツ領内に進駐してきた連合軍およびソビエト・ロシア軍にとって、特別クラスのおたずね者だったことはいうまでもなかった。休戦時にフォッカー社が置かれていたシュヴェーリンがソビエト・ロシア軍の警備範囲に含まれたこともあり、蓄財してきた財産も様々な航空技術も接収されたらすべて「お持ち帰り」されかねなかった。もっと悪くすれば、ソビエト・ロシア国内の事業家たちも反共産主義者として逮捕、処刑されたくらいだから、フォッカーらもそのような運命から逃れられなかったかもしれない。

ところがフォッカー自身、変装の名人だったこともあって進駐してきた兵士をまんまとはぐらかして逃げ切ることに成功。財産だけでなく工場内の航空機製造用資材まで列車に積み込んで、祖国・オランダへとお持ち帰ってしまったのはフォッカーの方だった（フォッカーを捕らえかけながら逮捕しそこなった兵士は処刑されたとも伝えられている）。当然、プラッツら主要幹部も同行していた。

一九一八年十一月に四年以上に及んだ大戦争が終わると、それまで懸命に作ってきた戦争

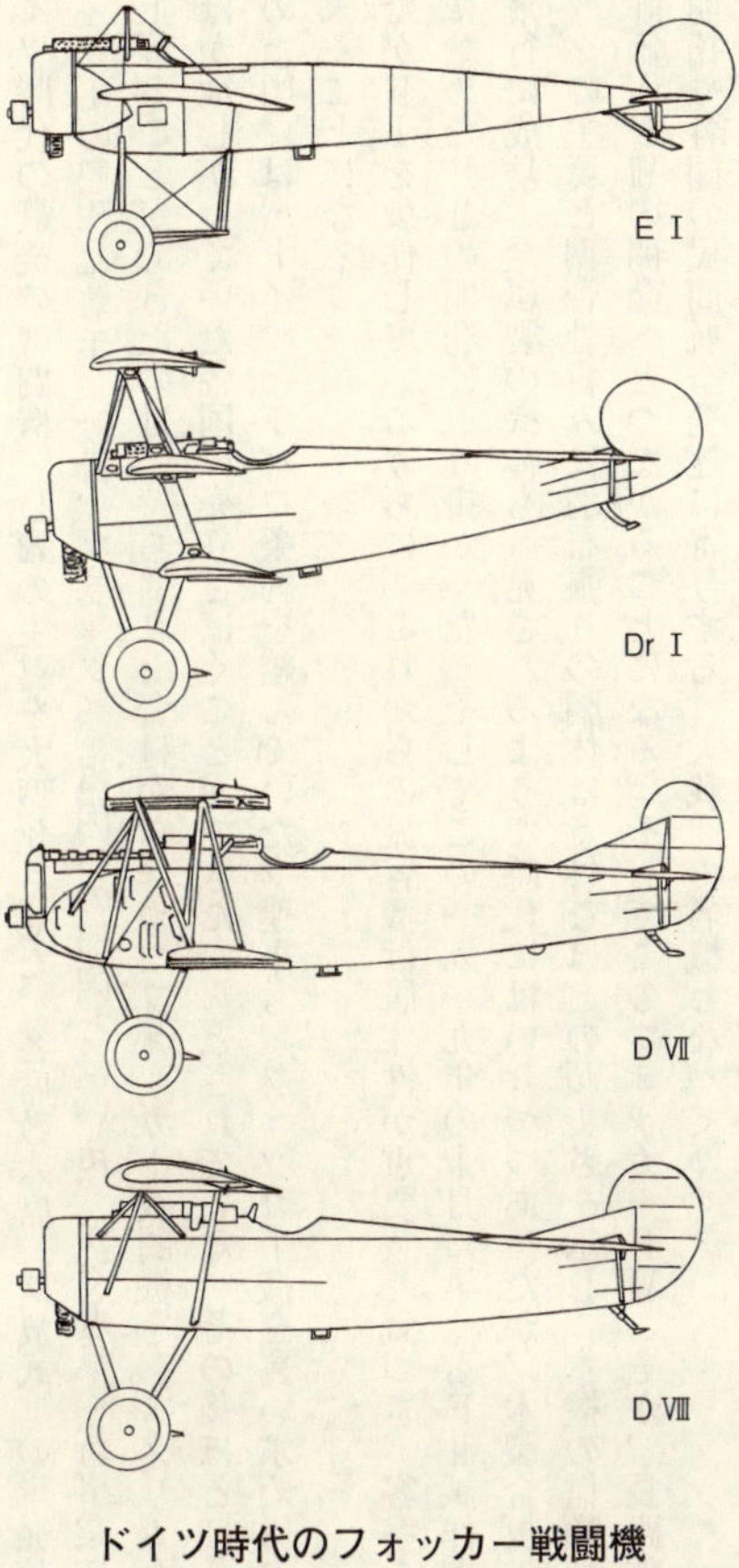

ドイツ時代のフォッカー戦闘機

のための飛行機もたちまち置き所がなくなる。ちょっと気が効いた考えで「小型機はスポーツ機にでも……大型機なら輸送機に使えるかも」という程度だった。

けれどもアムステルダムに新たな工場を置くことにしたフォッカーは、翌一九一九年にはドイツ時代の最後の戦闘機・DⅧの主翼を大型化させた、客席数六席（開放式）の単発旅客機・FⅠの製作に着手（設計、プラッツ）。祖国への帰国とはいえ、かくも早く新事業を立ち上げることができたのは、持ち帰れた資材から作ったフォッカー戦闘機を、アメリカ合衆国ほか欲しがっていた各国に売りさばくことができたからとされている。その後ほとぼりが冷めた頃には、ドイツとラパロ条約を結んでいたソ連軍も、フォッカー機を買い求めにやって来ることになる。

だがFⅠを製作しているうちに「これからの旅客機は居住性が重要」と気づき、客室を機内に納めたFⅡの開発に取り掛かった。そしてこの一九一九年の十月に早くもFⅡ試作機は初飛行に成功。金属製の機体も散見されるような時代にはいりつつあったが、木製合板モノコックの主翼と鋼管骨組みに羽布張りの胴体は意外なほどの頑丈さを示し、本機の信頼性への評価がFⅧの開発へとつながることになる。そしてこのフォッカーFⅧこそが、長距離航路開拓や各国の民間航空発達に寄与する、大戦間の名機となってゆく。

そこに到るまでの転機になったのは、一九二一年に開発されたFⅣ輸送機に対して米陸軍から注文が寄せられたことで（T‐2輸送機として二機採用）、うち一機が翌年五月にニューヨーク～サンジエゴ間無着陸飛行を達成し、フォッカー輸送機への評価が一気に高まった。

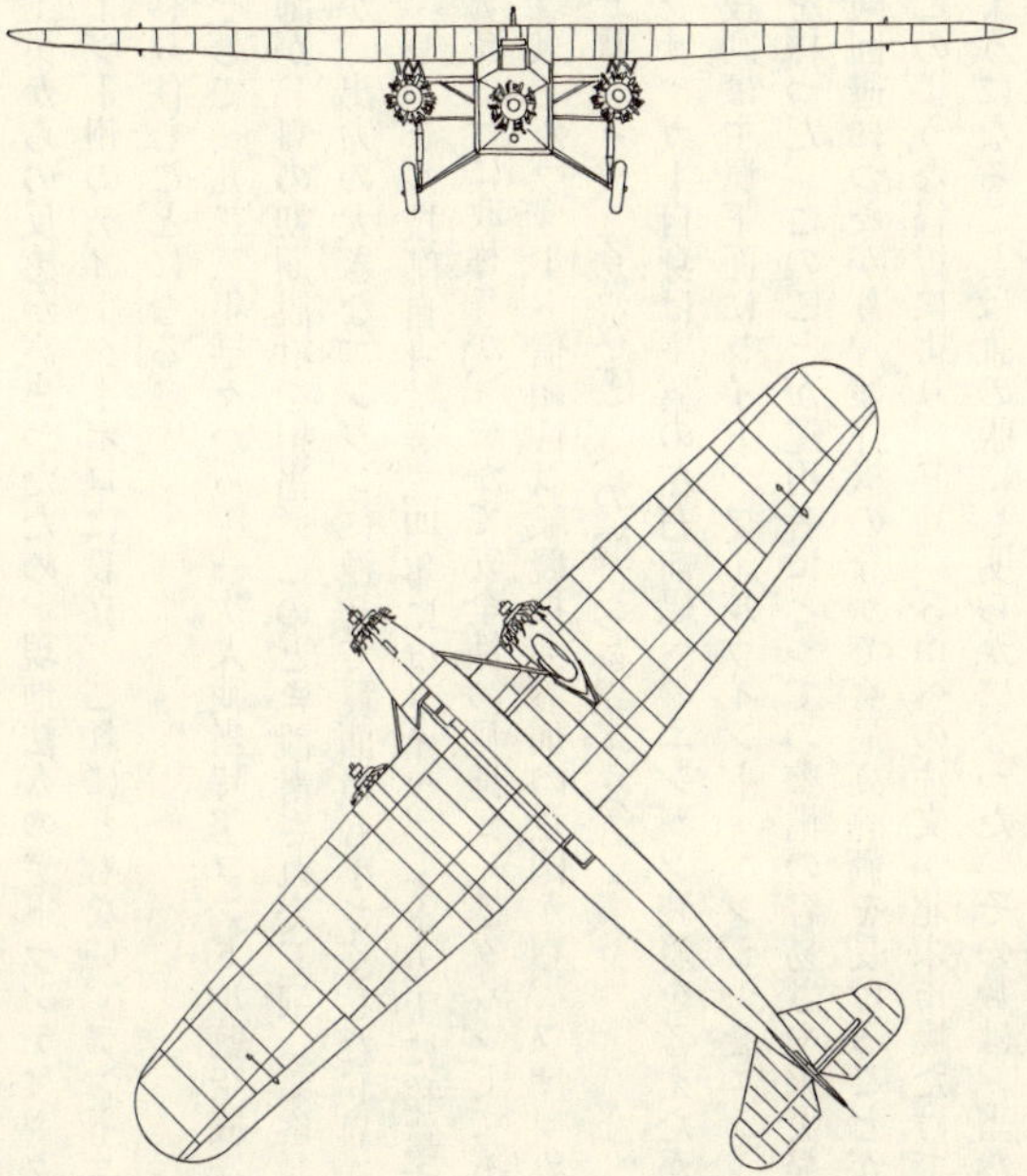

フォッカー FⅦ/3m

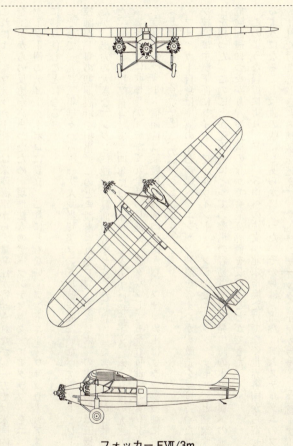

これにより、フォッカー社には米陸海軍から大量発注が寄せられたが、一方では米国内の航空工業からの反感が高まったため、現地法人のアトランティック・エアクラフトをニュージャージー州のティーターボロに設立。これにともない、アントニー・フォッカーもアメリカに移り住むことになる。

そして一九二三年早々から第一次大戦当時、コンドル航空機にいたヴァルター・レーテル技師がFⅦの初期設計を担当。このとき設計されたFⅦ（乗客数六）の生産機数は五機だったが、出力の大きなエンジンに換えて翼面積も小さくしたFⅦA（乗客数八）が好評を博した。レーテル技師自身は翌二四年にはドイツのメーカーに移籍する（その社は一九二五年に「アラド」に改称）が、やがて安全性の見地（一基ダウンしても飛行可能）および北米市場を意識したフォード信頼性試験競技会参加の意図から、フォッカーはプラッツ技師に三発機（FⅦ／3m、客席数十）への変更を指示する。

フォッカー自身は主翼の左右前縁へのエンジン装着を考えたが、改造を受け持ったプラッツ技師は主翼下面にライト・ワールウインド・エンジンをエンジン・ナセルごと懸架する方法を採った。このことが運用者にとっての整備の容易さや火災発生時の木製主翼への延焼の危険回避につながり、競作機のなかでも最高評価を受けることができた。

このような経緯により、FⅦ／3mへの注文が北米市場だけでなく世界各国から寄せられるようになることは誰の眼にも明らかになった。その数は、当然、アムステルダムのフォッカー社だけで応じきれる機数を越えて、アトランティック・エアクラフト（通称＝アトランティック・フォッカー、アメリカン・フォッカー）でも作りきれないほどの注文機数に上った。そのため、ライセンス生産権も英国、ベルギー、ポーランドほか数ヵ国に販売された。合衆国に移住していたフォッカーも市民権も取得して家族も得て、一九二七年からはニューヨークに居住した。

だが人生に上り下りがあるとしたら、一九二〇年代の終わり〜三〇年代初めあたりがアントニー・フォッカーにとって上り詰めたところだったのだろうか。フォッカー社がこだわり続けてきた「木製セミ・モノコックの主翼＋鋼管骨組みに羽布張りの胴体」という時代がいつまでも続くものでもなかった。旅客機製作に社運を賭ける同業者は金属製の特質を活かせる新たな構造を模索していたが、フォッカー自身が望んでいた航空需要の拡大もかなり進んでおり、新たな航路開拓によってさらに途が拓ける見通しになっていた。そんな時代の、一九三一年が転機の年になった。

この年の三月、雷雨に見舞われるなかカンザスシティ上空を飛行していた、ＴＷＡの前身のエアラインに所属するＦ10Ａ（ＦⅦの発展型）が主翼を破損。乗客のノートルダム大学フットボール部の関係者を含む乗客乗員全員が死亡する墜落事故が発生し、この事故を契機に木製旅客機の安全基準が大幅に改められたのである。金属製の機体よりも機体点検の義務が強化され、これが運航会社の経営に大きく影響……金属製セミ・モノコック構造の輸送機の導入が加速されたのである（「軍用輸送機の戦い」ダグラス輸送機の章で記述）。

またこの年を期に、ドイツ時代から長年に渡ってフォッカーの片腕として尽力してきたラインホルト・プラッツがフォッカー社を退職。フォッカーが四十一歳で、やや年長のプラッツが四十代なかば。別れるにはまだ早い年齢だったが、このあたりについて佐貫亦男先生は『ヒコーキの心』の中で、互いの個性が相容れないところまできてしまったのではないだろうかという趣旨を匂わせながら論じられている。

しかしながら、ここから転げ落ちるようにフォッカー社が凋落というものでもなかった。世間を驚かせた航空死亡事故の責任をとってアントニー・フォッカーはアメリカン・フォッカーの経営から退いたが、飛行機の製造、整備の事業はメリーランド州のダンダルク工場でのみ継続。じつのところ、アメリカン・フォッカーの大株主はすでに、GM、ノースアメリカン航空と移っており、やがてダンダルクでの航空機の製造事業はノースアメリカンに移されてゆくのだった（ノースアメリカンとの関係については後述）。

さらにまたオランダ本国のフォッカー社は、一二〇～三〇年代に防衛予算が限られている国国向けの偵察機や昔ながらの複葉戦闘機を作り続けてきたこともあって、まだ顧客は少なくなかった。有力な航空工業を持たない周辺諸国のために、買い付けた旅客機の組み立て代行などもしてあげていた。そして東西でファシズムの台頭が顕著になると、必ずしも最先端の技術を必要としない木金混合構造の戦闘機、偵察機を内外に販売した。ソ連軍に攻め込まれたフィンランドはフォッカー社からＤＸＸＩ戦闘機およびそのライセンス生産権を購入して最も厳しい時期（一九三九年末～翌春の「冬戦争」）を乗り切ることができた。

だが結果的に早い晩年を迎えたアントニー・フォッカーは、一九三九年にニューヨークで生涯を終え、フォッカー社を去った後のプラッツの行方などもまず伝えられていない。「フォッカー」の名を冠した旅客機メーカーは第二次大戦後のオランダで再興されたが、二十一世紀を目前とする時期の航空業界の再編の波のなかで姿を消した。第一次大戦期からＦⅦ／3ｍ輸送機の頃までにフォッカー社の残した実績が見事だっただけに、無常観を禁じ得ないものがある。

第二次世界大戦勃発の年に、駆け抜けたかのような若さでこの世を去ったアントニー・フォッカーだったが、フォッカー誕生の九年後に生まれたエドガー・シュミュードは「これからが腕の見せどころ」というときを迎えつつあった。シュミュードがアメリカへの移民申請をしたのは、遡ること十年前の一九三〇年、フォッカーが起こしたアメリカン・フォッカーが大きな曲がり角に差し掛かりつつある時期のことだった。

この頃のアメリカン・フォッカーは、大株主がジェネラル・モータース（GM）となって「ジェネラル・エイヴィエイション（GA）」と呼ばれるようになった。それから三年後の一九三三年に持ち株会社（ペーパー・カンパニー）だったノースアメリカン航空が、GMの保有していたGAの全株式を買い付け、また、バーナリ・ジョイス航空の株式の半分以上を買い取った（ティーターボロの航空機製造事業を買収）。ここでGMはいったん航空機製造事業を手放すが、その後、アメリカ参戦の翌年の一九四二年に、護衛空母の増産にともないグラマン艦載機の生産が拡大されることになったため、再度、系列内に「イースタン航空機」

を設立することになる。

移民申請をしたシュミュードがティーターボロに姿を現わしたのは一九三〇年の早春のこと。アントニー・フォッカーが率いるオランダ系、ドイツ系の航空関係者が興した会社だけにシュミュードにとっても違和感が少なく、この会社に腰を落ち着けて英語学校にも通いはじめた。ここに至るまでに、シュミュードのセンスは責任ある技術者たちが認めるだけのものになっていたが、不思議なことに学校での生活とは呆れるほど縁遠かった。

フランス国境に近いドイツの田舎で生まれ、その後、ベルリン近郊のランズベルクに移って成長しただけに、エドガー・シュミュードの生まれと育ちはドイツ人のようなものだった。だが経営がうまくいっていない歯科医の父とその家族の国籍はオーストリア。この時代のドイツ在住のオーストリア人というと、かの有名な、あのナチス党を大きくさせて暴走することになる独裁者を思い出すが、エドガーは若き日の独裁者（画家を志すも美術学校に入学できず、屈折していったとも）よりも就学の機会に恵まれなかった。

エドガーの場合、学校に通わせられるほどの財力はなかったが教育熱心な父親が自身で息子の勉強の面倒を見た。学習能力が優れていたエドガーもこれに応え、義務教育を終えると図書館に通いつめて、学校通いの学生に優る高い学力を身につけたという。後にナチス・ドイツの空軍のための軍用機を開発した高名な技術者たちの多くが名門の高等工業学校で学んだのに対して、英・スーパーマリン社のレジナルド・ミッチェルが工場で働きながら技術学校の夜間部で学び、エドガー・シュミュードに至っては家庭学習と独学だったというところが興味深い。

ドイツへの初期の飛行機の伝播はフランスや英国よりも後だったが、八歳ころに初めて空飛ぶ機械を眼にしたエドガー・シュミュードの感銘は大きく、早くも将来、目指すべきものを心に決めた。よって独学の勉学の多くは、技術者になるための準備のようなものだったのだろう。成長するとエンジン工場の見習い工として採用され、ここで二年かけてエンジニアとしての基礎を学ぶことができた。

エンジニアとしてのスタートは動力関係だったが、その学習への意欲はかねて関心が強かった航空技術にも及んだ。そんな経緯があったからか、第一次大戦中は技術者として徴兵の対象外になったものの、オーストリア・ハンガリー軍の航空部隊での整備要員として駆り出されたこともあった。もちろんそういった経験は、航空技術の世界を目指すシュミュードにとって助走段階のようなものでしかなかった。

そして四年余りに及んだ第一次大戦はドイツ、オーストリア・ハンガリー両帝国の敗戦というかたちで終わり、国内での航空技術者の途が閉ざされてしまったシュミュードはホームビルト機の製作にチャレンジ。だが大戦後のドイツは荒廃と混乱、それに戦勝国側による厳しい管理に苛まされ、学歴や財力に乏しいシュミュードが能力を発揮できる機会などなくなっていた。ホームビルト機を作っても、何とかベルギーで入手できたエンジンは戦勝国の監理者に取り上げられてしまった。ハンブルクの自動車関連の工場に採用されて開発関連の仕事を得ても、会社が特許紛争に巻き込まれ、さらにはルール危機後の爆発的インフレに見舞われて新規の仕事も不可能な状態に陥った。

エドガーの兄たちはすでに、そんな閉塞感が極まったドイツを後にして南米（ブラジル）に移住していたが、一九二五年にはエドガーも遂に出国。ブラジルでGM系の会社にはいったが、能力が高かったため管理職としての昇進も早く、四、五年も経ったころには幹部から本社がある合衆国への移住を勧められた。こうしてシュミュードが希望の地・アメリカにやって来た一九三〇年が、アメリカン・フォッカーがGM傘下のGAとなった年という巡り合わせだったのである。

その翌年にアントニー・フォッカーが退くのだから、航空機の歴史を作るふたりの技術者はごく短期間だが、同じ会社で過ごしたことになる。だがシュミュードの開発分野での才は入社後すぐに認められて、「初期設計」という、全くの新型機の構想を練る仕事を担当した。そんなシュミュードだったから、ノースアメリカンになってからそう時間が経っていない頃に開発されたO-47観測機（岡部いさく先生言うところの「アメフト部で太ってしまったAT-6テキサンのアニキ」）や羽布張りのBT-9練習機などは「歯がかゆくなるほどの旧式機」に見えたということである。

経営者と新参者の一技術者、今となってはふたりがどれだけ顔を合わせたかわからないが、木製セミモノコックと鋼管骨組み構造でやってきた経営者と新技術の追求に将来を賭ける若手技術者……ともにドイツで若き日々を過ごしたヨーロッパからの移民であるが、もしも直接に顔を合わせていたら互いを認め合えただろうか。

フォッカーらが去った後、事実上の新会社として航空業界に参入したノースアメリカンだったが、一九二九年秋からの大恐慌は合衆国の航空産業にも打撃を与え、駆け出しの時期から窮地に置かれたようなものだった。あの一九三一年三月の死亡事故による影響は大きく、二ヵ所の工場の一方をたたんでいたが、株式の資産価値が購入価値の三割を切ってしまった。O-47（社内名GA-15からNA-25へ）はGA時代からの継続事業だったが、基礎練習機のBT-9（NA-16からNA-19へ）は新規の仕事。だが時代はファシズムの台頭が明らかになり、軍事関係者らも「次に大戦争が起こったなら前の大戦のとき以上に航空機が重視される」と認識していた。

英軍はナチスが政権を取る前後からの民間登録の飛行機および操縦士の増加に眼を光らせていたこともあり、英連邦でのパイロット要員育成を急ぎはじめた。一九三〇年代も後半になると、BT-9に対する需要が内外で拡大し「高等練習機型がさらにたくさん求められるはず」と考えられた（練習機の名機・AT-6の誕生へ）。

BT-9がどのくらい引き合いがあったかというと、フランスや英国に売れたほかに日本やスウェーデンで系列機相当をライセンス生産（九州二式陸上昼間練習機、ASJA・Sk14）。そして日中戦争が泥沼化状態になってしまった日本軍の南下を懸念したオーストラリア軍がBT-9の武装型を希望してきたが、ノースアメリカン社からはAT-6系の多用途実戦機型を逆提案するという具合（これが後のコモンウエルス・ワイラウェイになる）。武装多用途機型はアルゼンチンにも販売され、これは木製の高練兼多用途機＝I・A・22の開発につながった。

練習機事業で高評を得たノースアメリカンは米陸軍の三座双発攻撃機の競争試作にも参加したが（NA‐40）、こちらは五座の双発爆撃機の仕様に合わせて変更されて後にB‐25ミッチェル爆撃機（NA‐62）となった。本邦の年配層のひとたちにとっては、空母ホーネットから発進して日本本土初空襲を実施した飛行機として覚えられている機体である。

新型機の初期構想を仕事としたエドガー・シュミュードもこれらの各機の開発に関わってはいたが、新技術の追求に意欲的な性分は、一九三五年にダグラス社の副社長だったジェイムズ・H・キンデルバーガーがノースアメリカンの社長に迎えられたあたりからさらに色濃くなってきた。社としての戦闘機開発の経験はまだなかったが（AT‐6系の戦闘機型が輸出されたことはあったが）、シュミュードはいつ求められても応じられるようにと、空力的に優れた戦闘機型機体についての研究に取り組みはじめていた。

合衆国は域外にあったが、結局、一九三九年九月にヨーロッパでは英仏連合軍が、ポーランドに侵攻したナチス・ドイツに宣戦を布告。防御力の育成を重視したことから緒戦の苦戦が予測された英空軍では、戦闘機が不足する状況を憂慮。宣戦布告しても数ヵ月は本格的な戦闘は控えられたが、その年末にはノースアメリカン社にカーチスP‐40の転換生産を打診してきた。

オーストラリア軍との取引のときもそうだったが「ダッチ」キンデルバーガー社長は、翌一九四〇年早々に顧客側の要望の上をゆく能力を予定した戦闘機の開発を逆提案。今回は、戦闘機開発の経験がないメーカーからの提案としては大胆と受け止められたが、シュミュードの開発能力を認識していたキンデルバーガーは、百二十日間という短期日での試作機完成まで条件に挙げた。シュミュードが用意した設計計画書を示して英空軍を納得させ、西ヨーロッパが危機的状態に陥った五月二十九日には「三百二十機＝千五百万ドル超」というビッグ・ビジネスが成約した。

エンジンはP‐40と同じアリソンV‐1710を使用するが、社内称NA‐73の開発にはシュミュードが考えていた主翼として、流線形断面最厚部が後退した層流翼を使用。空冷星形よりも空力的に有利な液冷エンジンでもラジエターの配置には充分に配慮して、風洞実験から優位性が確認された操縦席の下部、若干後方に設置することにした。

当時の機体設計の際には通常、曲線定規が用いられるものだったが、シュミュードは数式化された二次曲線を用いることにして設計に要する時間を短縮した。さらにまた量産に適した軍用機とするために、胴体〜尾翼を前、中、後、主翼を左、右という五つにコンポーネント化した分割構造を採用。そして作業の多寡の具合によってスタッフのマンパワーも適宜入れ替えた。NA‐73の試作一号機が期日より早い百十七日目で出来上がったはなしは、今日では伝説になっている。

試作機の評価をおろそかにしていた米陸軍が、日本軍による奇襲攻撃を受けて参戦すると、英軍に遅れて大慌てでP‐51ムスタングとして採用したが、このときもキンデルバーガー社長は急降下爆撃機型のA‐36を提案。戦闘機としての機能のみにこだわることなく、相当の爆弾や空撮用のカメラなど武器搭載能力を持たせていたことも開発時における慧眼さだった。

やがて欧州、中国方面両戦線で実戦を経験すると、米英双方で高高度性能向上を望む声が高まり、動力をパッカード・マーリンに変更。「マーリン・エンジンに換えれば高高度でもBf109に対抗できる戦闘機になる」ということは、シュミュード自身にもわかっていた。だがマーリン・エンジンの逼迫は英国でも問題になっており、アメリカのパッカード社で転換生産が行なわれるようになってようやくムスタング用にも供給されはじめて、P‐51B、Cへと発展。そして全周囲視界のキャノピーに改修されたP‐51Dがムスタングの決定版となった。「英国からの求めに応じて、ドイツからの移民の技師が設計したアメリカ機で、英国のエンジンで飛躍的に性能が向上」ということで、一方では「混血の戦闘機」という枕詞が冠されたこともあった。

こうしてムスタングが枢軸国の在来機を寄せつけない護衛戦闘機兼戦闘爆撃機に成長したはなしは、大戦機に親しんだことがあるひとならばおよそ知らないひとはいないだろうという「成功物語」となっている。ムスタングは東西の戦線で連合軍の勝利におおきく貢献……さらにその後、ジェット機が現われはじめる頃には、双胴型のP‐82（F‐82）へと発展する。けれどもその影では、シュミュード自身がドイツ語圏からの移民ということで当局から不愉快な扱いを受けたこともあったということである。

だがムスタングの発展型の開発中にしてドイツ軍のジェット機開発が伝えられると、ノースアメリカン社でも新時代への対応が迫られることになった。傑作機・Ｐ‐51のジェット化も検討されたが「レシプロ機のジェット化に留まらない、ジェット・エンジンにより適した機体」を開発することになり、機首にインテイクが開口して胴体内のジェット・エンジン、尾部のジェットのノズルまでが一貫したジェット機＝Ｐ‐86（Ｆ‐86）の開発が着手されることになった。

このようなスタイルは同僚機のリパブリックＰ‐84（Ｆ‐84）でも採られていたが、ドイツに勝利した軍の情報部からドイツにおける先進的な空力研究の成果が伝えられてくると、主翼を後退翼に改めて開発され直すことになった。この戦後型のジェット戦闘機は、一九五〇年からの朝鮮戦争において北朝鮮軍のＭｉＧ‐15と史上初のジェット機同士の空戦を行なうことになる。

前後する時期にノースアメリカン社で開発された機体として、海軍向けのＦＪ‐１フュアリー艦上戦闘機、ＡＪ‐１サヴェイジ艦上攻撃機、Ｂ‐45爆撃機などがあった。これらはジェット化への過渡期に開発された初期のジェット機だったが、ＡＪ‐１だけはピストン・エンジンとジェット・エンジンの混合動力機。ＦＪ‐１は、ムスタングの主翼と似た平面形の直線翼を主翼とする、直線翼機として開発されていた頃のＰ‐86に相当する機体に対して海軍から発注された艦上戦闘機。開発途上のものが量産されたため、ＦＪ‐２以降が実質的にはＦ‐86の艦載機型になった（各機については第３章で略記）。

しかしながらＰ‐86の開発指揮はすでに、シュミュードの弟子に当たるトニー・ワイセン

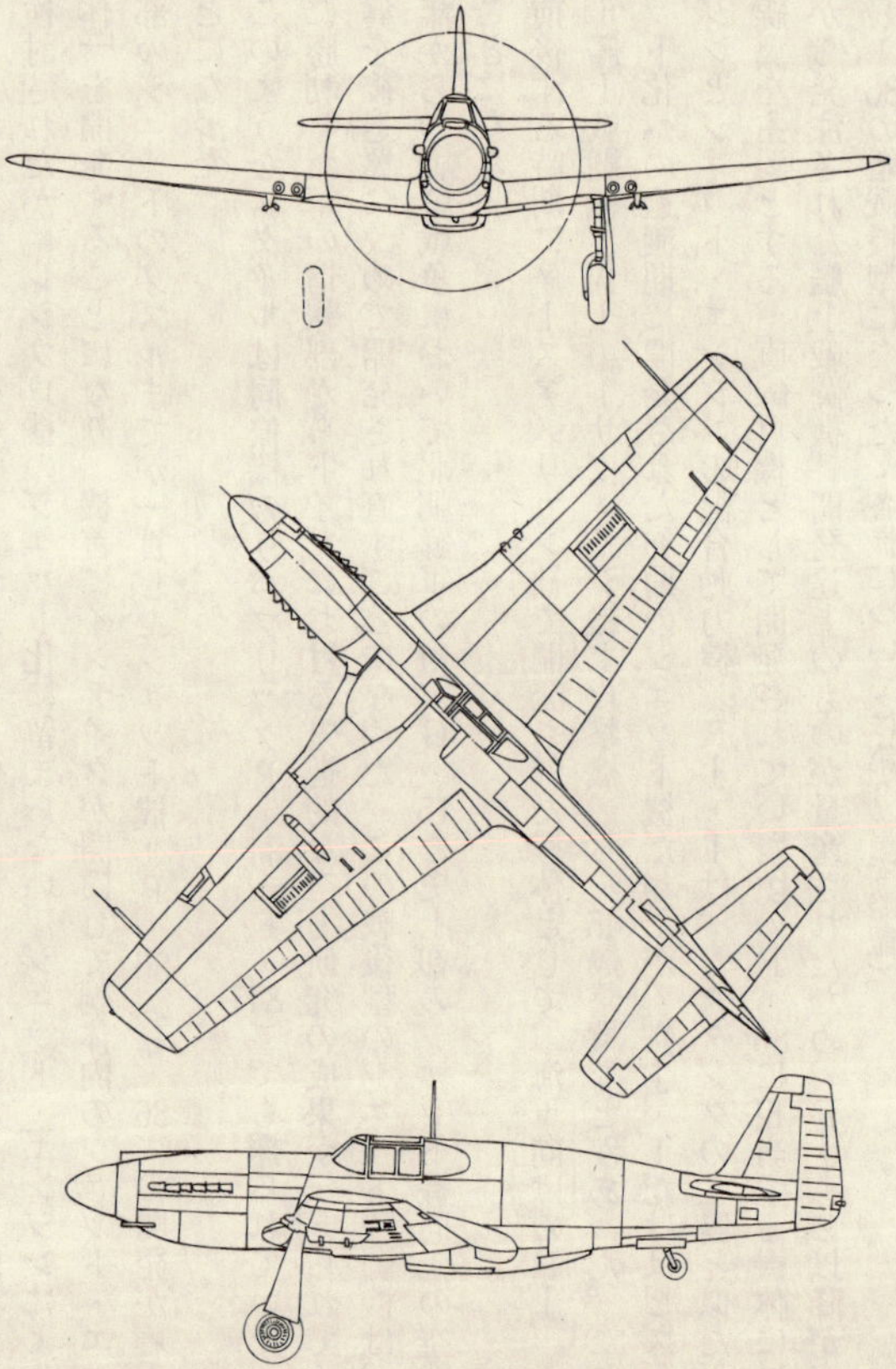

ノースアメリカンA-36A

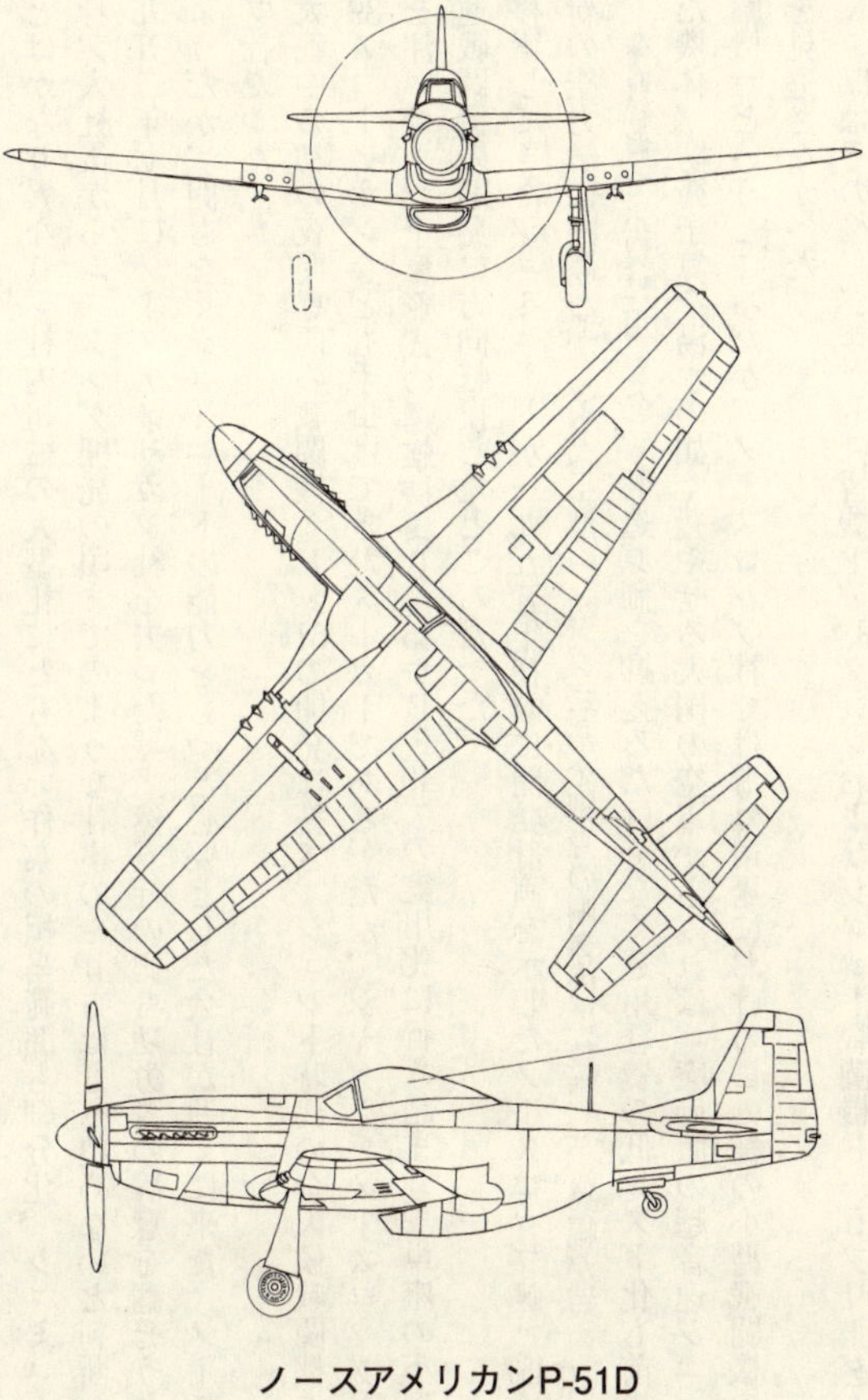

ノースアメリカンP-51D

バーガーに委ねられていた。そのほかの新型機の開発もシュミュードが先頭に立っていた時代とはかなり異なり、社内組織の大型化にともない作業の担当範囲も細分化。シュミュード自身、入社後からムスタング開発の頃までのような仕事のやり方はもう望めないと判断して、一九五二年七月にノースアメリカン社を去った。当然、社の側も功労者の辞意を翻そうとしたようだが、間もなくシュミュードの能力をもっと必要とした会社が迎えに来た。ノースロップ社だった。

大戦中の初の夜間専門の戦闘機＝P-61の開発に続き、ジェット時代の全天候戦闘機＝F-89スコーピオンなども手掛けてきたメーカーである。だが、ジャック・ノースロップが情熱を注いできた全翼形式の爆撃機（B-35やB-49）の実用化に行き詰まり、単座の小型超音速戦闘機の開発に方向転換したところだった。

移籍してきたシュミュードが一九五五年初頭に開発計画を示したノースロップN-156は、最新の空力学に則りながらも（小型エンジン二基を細身の胴体内に装備し、翼幅が短いコンパクトな直線翼を主翼に用いる）、製造原価を抑えるだけでなく運用経費の低コスト化も前提とした機体。防衛予算を湯水の如く費やせる大国の空軍からみれば「廉価版の超音速ジェット戦闘機」というところだが、ノースロップ社では海外市場におけるこの種の小型戦闘機の需要を見逃さなかった。

N-156はその後、ジェット練習機T-38タロンおよびジェット戦闘機F-5フリーダムファイターとして採用され、合衆国以外の国々でも広く使用されることになった。その現役機

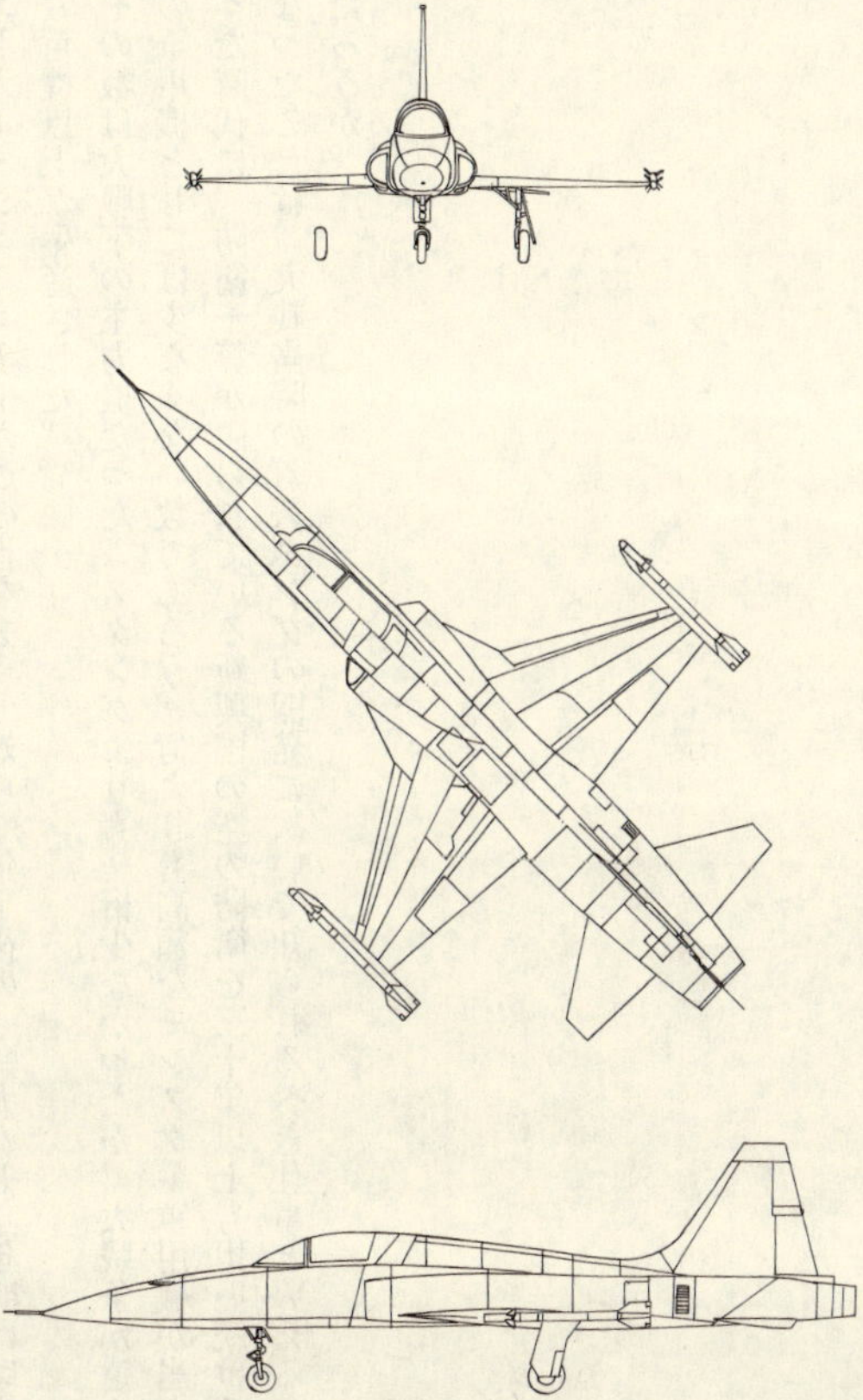

ノースロップF-5

としての期間は四半世紀にも及んだが、東西冷戦構造の終わりが近づく、そして心臓を患ったエドガー・シュミュードがこの世を去ってから一年半後の、一九八七年年明け頃までに二千六百機以上が生産された。

その数は大戦下の主力機だったムスタングよりも一桁少なかったが、大戦争が遠のいた時代の軍用機としては少なくない数であろう。何よりも高額なモンスター軍用機が当たり前となった時代に、防衛予算が限られている新興国の空の防衛を三十年以上も担い続ける戦闘機となったことは、大戦当時のムスタングの開発に次いで知られるべき仕事といえるのではないだろうか。

第10章　日本航空界の父・フォークト博士の先見性

第一次大戦で敗れたドイツの航空技術者の大戦間の苦労談は「ドイツ戦闘機開発者の戦い」において、エルンスト・ハインケルがドイツでの航空機開発が著しく制限されていた時期に、スウェーデンで製作するための軍用機を開発した件について既述した。ハンザ・ブランデンブルクW・29水上機など、注目すべき機体を相次いで産み出したハインケルだけにその手腕は日米でも高く評価され、潜水艦搭載用の水上機（U-1）などの開発を密かに受注したあたりから、大戦間の新造機の開発事業に乗り出したが、第一次大戦中から航空機開発に携わっていたユンカース（ソ連のリペックやスウェーデンに事業所を開設）やツェッペリン飛行船の空力テストを担当したクラウディウス・ドルニエ博士の新規事業もほぼ同様だった。

ドルニエは第一次大戦突入直後には飛行艇開発に取り掛かっており、ドイツが休戦する頃には民間市場向けにＧｓⅠ、ＧｓⅡといった飛行艇を作りつつあった。ＧｓⅡは九人を乗せられる串型双発の旅客飛行艇で、これが後の傑作機ヴァールの原型機とされるが、戦勝国側による航空事業の停止措置に従い、イタリアのマリナ・デ・ピサにあった機械メーカーが生産を担当することになった。この事業者はヴァール飛行艇の製造販売で業容を拡大して（ピアジオ社と共同で百五十機以上製作）ＣＭＡＳＡと称されるようになるが、ほかにスペインやオランダでもそれぞれ約四十機製作。この時点で、大戦間の双発機としては多い二百三十機強がドイツ以外の国々で作られたことになるが、この分をドイツ国内で作ることができたら、ドルニエ社（結局、七十機超を製作）もさぞ潤っていたことだろう。

結局、コンスタンス湖畔、フリードリッヒスハーフェンの事業所では「概念規定」（戦勝国が決めたドイツ製の機体の大きさや性能についての制限）に引っかからないような単発機や小型機の開発、製造に留められた。そしてそこから国境となる湖をはさんで対岸・スイス側のアルテンハイムの新工場でエンジン十二基の超大型飛行艇ＤｏＸや、三発爆撃機のＤｏＹなどの開発に着手。ヴァール飛行艇を陸上機化する考え方で開発された双発爆撃機のＤｏＮは、日本陸軍からの要求に応じて設計された機体だった。「後れてきた空軍力」の近代化を急いでいた日本陸海軍は、ドルニエ社のみならずハインケル社（愛知でハインケル機を生産）、ユンカース社（三菱でユンカースの技術を基礎にした爆撃機を開発、製作）からの技術移入にも懸命になっていた。

ＤｏＮの量産を担当したのは川崎造船所飛行機部。一九二四年（大正十三年）春に川崎側の幹部が訪独して提携関係が結ばれると、ドルニエ社からはフォークト技師をはじめとする技師七人が来日。そしてフォークト技師はその後約十年にわたって、川崎機の開発、また若手技師の指導に当たることになる。

ＤｏＮを川崎で製作した八七式重爆撃機は国産初の全金属製の軍用機となった。だが動力がＢＭＷ-６二基ではパワー不足のうえ（試作段階ではもっと低出力のネピア・ライオンだった）、ヴァールの水面上で艇体を安定させるスポンソンや胴体底部の水切りの段差を除去して横幅を狭め、固定式の車輪を付加した程度。輸送飛行艇の出自なので武器搭載能力は大きかった（爆弾一トン）が、最初から陸上機として開発された機体と比べると空力処理の至らなさは如何ともし難く、安定性にも欠け、次期重爆撃機（ユンカースK37から発展した三菱九三重爆）登場までの機体として二十六機の生産に留められた。

だがフォークト技師の独自の設計センスが色濃く反映されるようになるのは、翌一九二五年（大正十四年）に陸軍から求められた乙式一型偵察機（サルムソン２Ａ２）の後継機の開発に当たったあたりからだった。この機の開発は三菱、中島、石川島飛行機との競作となったが。

フォークトが設計主務者となり（補佐は東条寿技師）、権限の多くを任されて開発したＫＤＡ-２偵察機も動力には八七式重爆と同様、ＢＭＷ-６系のエンジンを動力としていた。「ＫＤＡ」は川崎造船の陸軍向けの機体という意味。空力性を高めるためにゲッチンゲン481という翼型を開発し、その翼型のドイツでの風洞実験の際もフォークト自身が立ち会った。

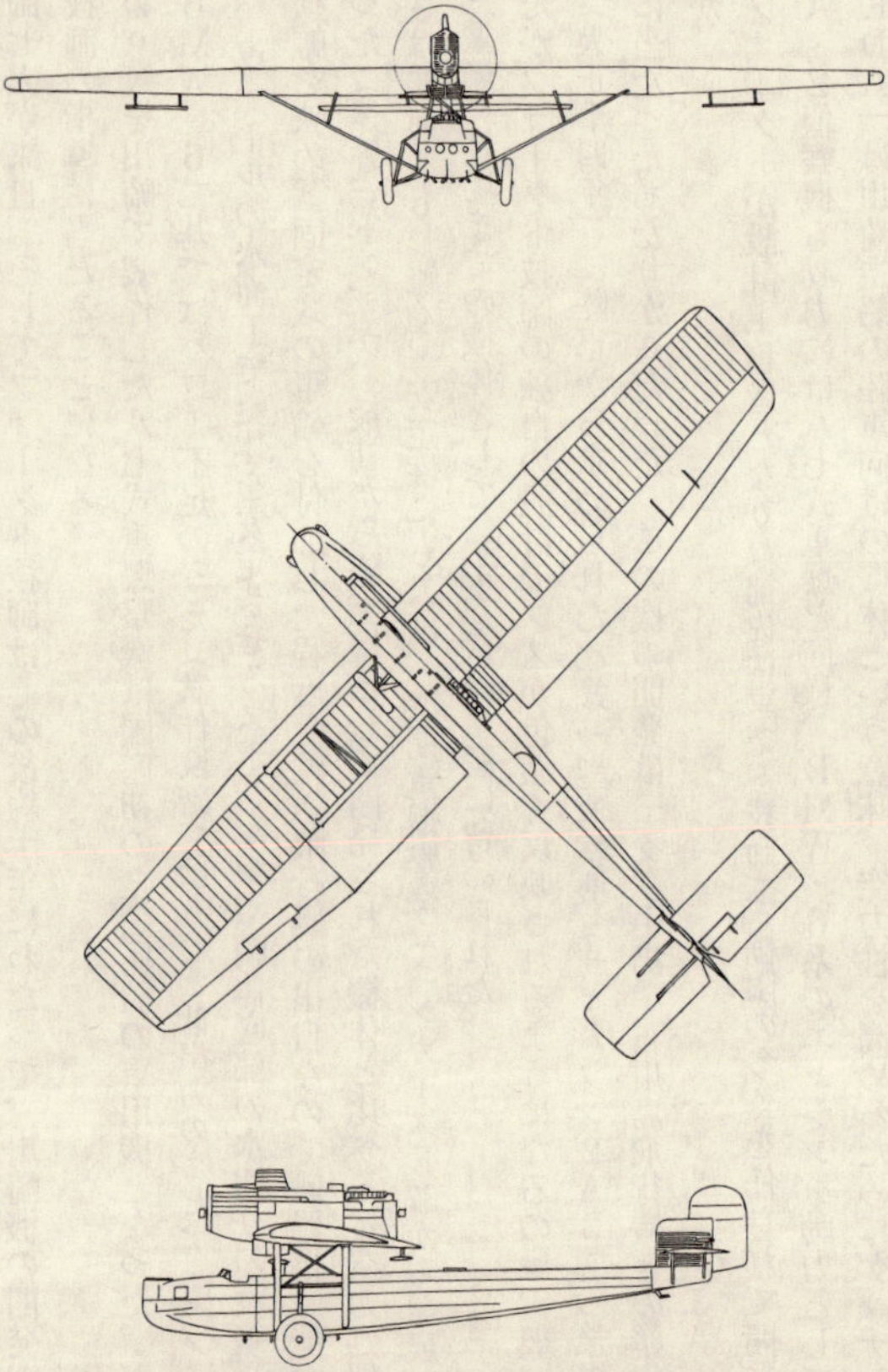

川崎・ドルニエ八七式重爆撃機（DoN）

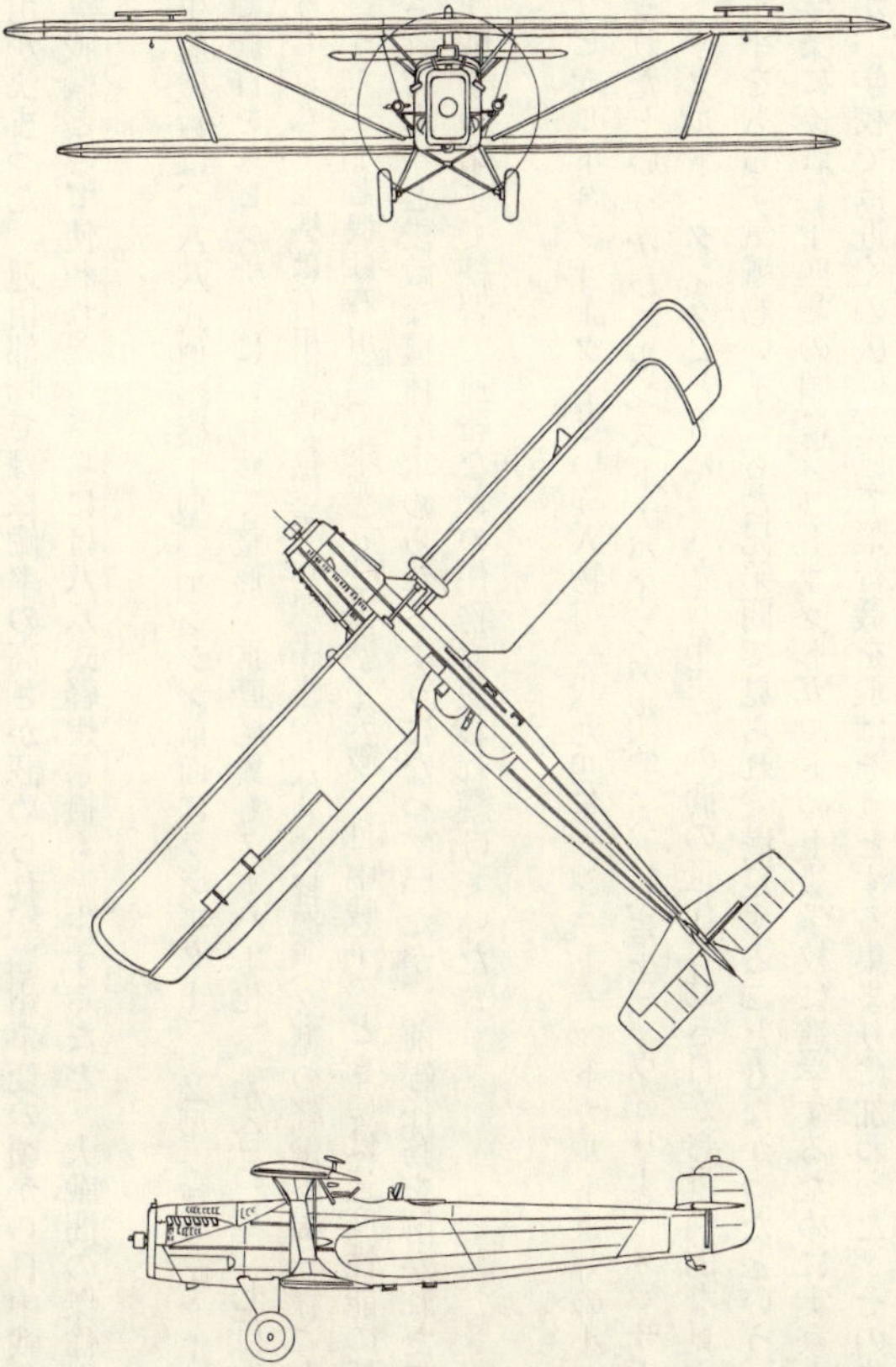

川崎八八式偵察機Ⅰ型

そういった努力の甲斐もあり、飛行性能に優れる機体と評価されて八八式偵察機として制式採用が決まった。運用部隊では稼働率の高さが認められ、満州事変の頃から日中戦争初期まで実戦機として使われた。さらには八八式軽爆撃機も派生するなど、大戦間の傑作機となった。

生産機数は、八八式偵察機1型（エンジン前面にラジエター）、2型（ラジエターを懸式にして機首をスピンナーに合わせて整形、垂直尾翼もテーパー化）、が合わせて七百十機生産（うち百八十七機は石川島飛行機で転換生産）、八八式軽爆（2型の軽爆撃機仕様）が四百七機（うち三十七機は石川島で生産）と千機を突破。日中戦争のときには速度性能の低さが指摘されてもっと俊敏な機体が求められるようになっていたが、前線任務を解かれた機体は太平洋戦争の頃まで練習、連絡などの任務で使われ続けていた。

リヒャルト・フォークトという人物、一八九四年、シュトゥットガルト近郊の小さな町で生まれたというからエルンスト・ハインケル（一八八八年生）、ヴィリー・メッサーシュミットやクルト・タンク（ともに一八九八年生）の間の世代。幼き日から批判的な見方をしては不平をもらす気難しい子どもと兄弟間で見られ、満足することもなかったという。学業に優れ、十四歳の頃にシュトゥットガルトの上級学校に進学するために実家を後にしたが、学校では近くの広い芝原で飛行機を飛ばそうとする集まりに加わった。その集団にはシュトゥットガルト高等技術学校で数学を教えながら飛行機関連の授業も担当していたH・

バウマン教授やエンジンの世界で名を成すヘルムート・ヒルト、それにエルンスト・ハインケルもいたというから、後のドイツ航空工業にとっての適塾か松下村塾のようなものでもあったのだろう。

あの、ハインケルの初の自作の複葉機の飛行テストから墜落事故までの流れはフォークト自身、実際に目の当たりにしていた。また、フランスで最初に実験用風洞を製作し、エッフェル塔設計で知られるアレクサンダー・G・エッフェルともプロペラの適否を巡って知り合いになった。影響を受けながら早くも十五歳にしてプロペラ、空力学の知識を深めて、フォークト自身が木材から削り出したプロペラを仲間の機体に装着し、その機体は実際に離陸して芝原の上空を飛行して見せた。その頃には二人乗りの機体の設計案を暖めていたが、アンザニ三十馬力エンジンが借用できたので四ヵ月後には実機を製作し、自身の生涯初めての飛行も経験した。

十七歳になったときには地上滑走中に自作機が破損したこともあってエンジンを返却しなければならなくなり、学業に専念して一九一三年に卒業。だがそれは、第一次大戦勃発一年前のことだった。フォークトも郷里で砲術科に志願した。

フォークト自身、その言動に長幼の序を軽んじるところもあれば、不躾な物言いでトラブルを起こしやすいところもあったといわれているが、一方ではそれは明晰すぎる頭脳と短時間で本質を把握できる知力に起因するとも考えられている。加えて、やや無鉄砲な行動も見受けられたようである。これらの性質は第一次大戦中のフォークトに対して、明にも暗にも作用した。

最初のキャリアとなった砲術科の兵士として戦ったときは、指揮官が戦死した後に同僚の兵士を危険から救うべく導いたが、自身は銃撃されて負傷してしまった。この戦功によって表彰されたが、入院中に航空隊への転科を希望。傷が癒えるとハルバーシュタットで操縦士としての訓練にはいったが、教官、上官に従わない悪癖が露呈して失格になる。ここで再び前線送りにされて、大激戦となった「ソンムの戦い」で再び生死に関わる重傷を負ってしまう。

だが第一次大戦の予想外の長期化は、戦争突入の当初、その有用性が疑問視されていた航空機を、戦争の行く末を左右する兵器へと変貌させていた。一九一六年夏頃からは一般市民からも、航空機の開発や機体製造に役立つところが認められた人たちが続々と駆り出されるようになった。何とか回復したフォークトも一九一七年初頭から、コンスタンス湖畔のツェッペリン飛行船の工場で働くことになった。クラウディウス・ドルニエも同社において、金属製セミ・モノコック構造などの新技術を取り入れた自身の機体の開発、テストに勤しんでいた頃のことである。

フォークトにしてみればかねて希望していた航空機関連の仕事につけたわけだが、翌一九一八年十一月にはドイツも連合軍側との休戦に応じ、ヴェルサイユ条約が発効すると航空工業の開発、製造事業も停止状態に追い込まれた。フォークト自身も学窓に戻ることにしてシュトゥットガルトの工科大学で通常の年限の半分の期間で修士の学位を取得。そして再会したバウマン教授の助手を務めながら博士号も同大学での最短記録で手にすることができた。その頭脳の優秀さも示したわけだが航空事業が制限されていた時代のこと、自動車や織機などの設計や、オーストリアから帰国して自身の事業を立ち上げたばかりのエルンスト・ハインケルの工場に期間限定で勤めた程度だった。ともに明晰だが怒りっぽい性格のところ、フォークトはすでに最先端の金属製の機体構造も目の当たりにしていたため、旧構造から離れられないハインケルと相容れるわけがないと判断したからでもあった。

だがハインケルの事業所での仕事を引き上げて帰宅したフォークトに届いていたのは、コンスタンス湖畔のツェッペリンの工場を引き継いでいたドルニエ博士からの誘いの手紙。その話を受けてドルニエ社となったフリードリッヒスハーフェンの工場にやってきたときにまとまりつつあったのが、極東・日本の川崎造船でのドルニエ機（DoN）のライセンス生産および技術指導のための技術者派遣の商談だった。ドルニエ博士は同社で働いたこともあって「新技術の導入にも積極的、若くして博士号を取った彼に任せたい」「七人の技術陣のリーダーシップを執れるはず」と考えてフォークトを呼び寄せたのだった。ドルニエ自身、フォークトの独特の設計センスを「フォークト・デザイン」と呼んで高く評価していた。

来日翌年に八八式偵察機、軽爆撃機を設計して早くもその実力の一端を披露したフォークト技師に期待されたことは、川崎造船での航空機開発を通じて技術水準を高めることと若手技術者の育成。甲式四型戦闘機（中島製ニューポール29C）の後継機の競作に参加したパラソル翼のKDA-3（一九二七年＝昭和二年試作）は中島九一式戦闘機に制式機の座を奪われたが、一九二九年六月からは東京帝大から入社して三年目の土井武夫技師を補佐としてKDA-5戦闘機の試作に着手した。

この機の試作時にかつてドルニエ博士のもとで学んだことがあった全金属製セミ・モノコック構造を胴体について導入。BMW・6エンジンの横幅に合わせた角張った印象の戦闘機となり、試作段階で九一式戦闘機を上回る最大速度三百二十キロ／時と高度一万メートル上昇を達成した（九一戦は三百キロ／時、実用上昇限度八千メートル）。

液冷エンジンの国産機というのも日本国内では少数派だったが、機体強度や低速時の安定不良など手を入れなければならないところも少なくなかったが、満州事変勃発（一九三一年九月）によって翌月にはこの機も九二式戦闘機として制式化。初期不具合を解決しなければならなかったため、本格的な生産は翌年はじめからになったものの、その飛行性能はナチス・ドイツとなった新生ドイツ空軍の初代制式戦闘機のハインケルHe51を上回り、機体構造もより先進的。世界を驚かせた日本機というと零戦がまっ先に思い出されるが、ポリカルポフI-5やボーイングP-12、ホーカー・フュアリーMk・Iといった同時代の戦闘機を凌ぐ飛行性能を示した。生産機数はBMW・6を動力とした一型が百八十機、BMW・6を改良したエンジン（「川崎BMW・7」と呼ばれたが、ドイツのBMW・Ⅶとは別のもの）に換えた2型が二百機製作されて、満州や華北方面で迎撃待機の任務についた。

祖国のドイツで航空機設計の機会を得られなかったフォークト技師が、来日するや八八式

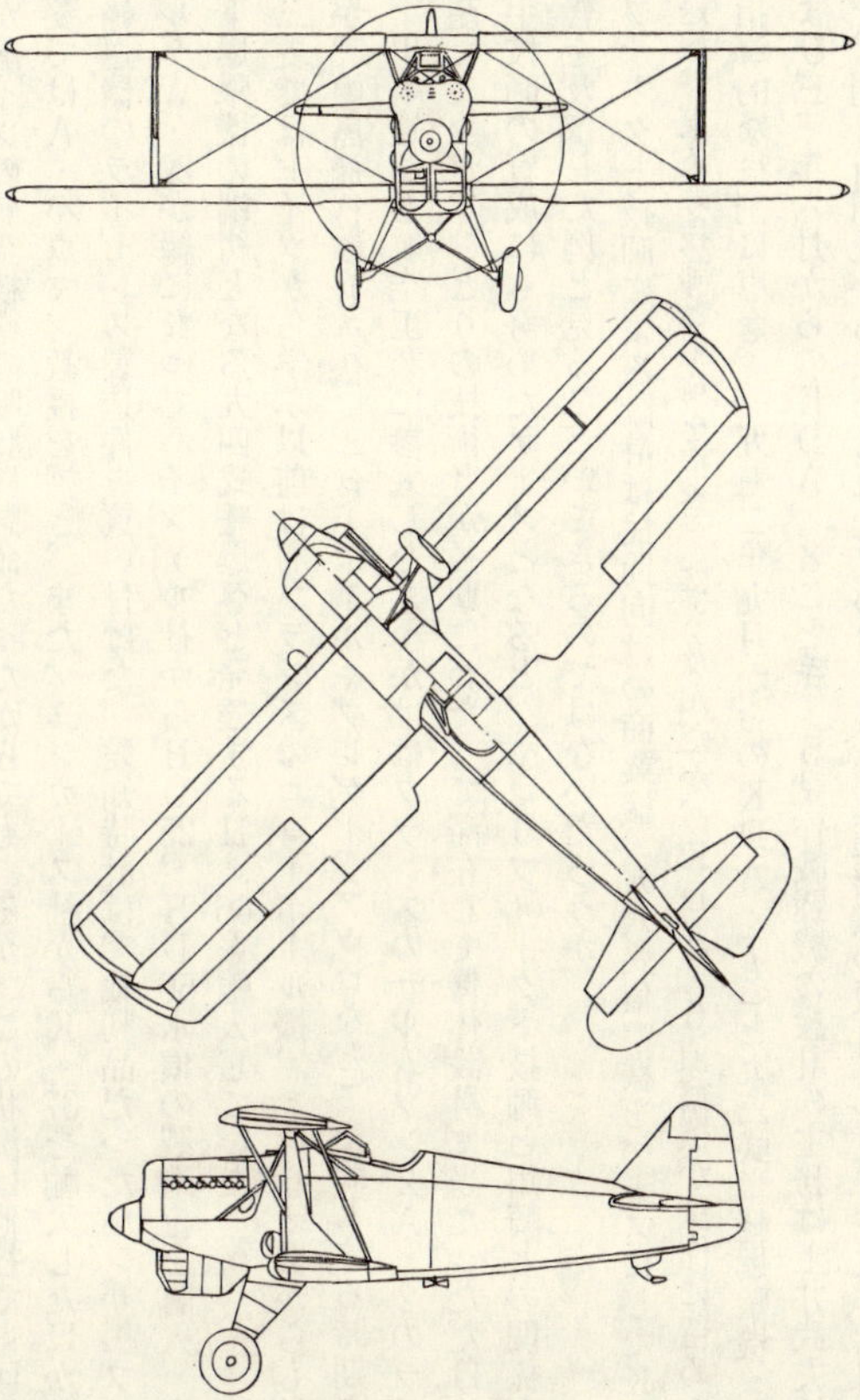

川崎九二式戦闘機

偵察機、九二式戦闘機と、相次いで制式採用される機体を設計したのは川崎造船所飛行機工場がドイツの航空技術の吸収に懸命だったからでもあるが、この状況は他社でも同様だった。三菱ではA・バウマン教授を招き、また、ユンカース社からK・37を輸入したほかG・38四発輸送機のライセンス製造件を買い付けた。愛知時計は、戦利品だったハンザ・ブランデンブルクW・29が縁になってハインケル社からHD25、HD56水偵の製造権を購入、海軍の急降下爆撃機の端緒となる九四式艦爆へと発達するHe66も輸入していた。

三菱ではドイツから学ぶ以前は、フランスのニューポール機、アンリオ機からも学び取ったが、中島飛行機も英仏（ニューポールやブレゲー、アヴロなど）を師とする時期を過ごした。川崎造船も航空工業に参入したきっかけはフランスのサルムソン2A・2のライセンス生産だったが、ひとりの技術者が長期にわたって滞在して機体設計に当たっただけでなく、若手技師の育成にも努めたケースとなると、やはりフォークト技師と川崎との関係が多大な影響を及ぼした例と見ることができるのではないだろうか。

フォークト技師による設計は民間向けの商業機（八八式偵察機をベースにしたKDC・2輸送機、東条寿技師と主務を担当）にも及んだが、KDA・6偵察機が試作に留められた後は指導的な役割に専念。一九三二年九月からのKDA・7こと九三式単軽爆撃機（キ・3）および三三年六月からのKDA・8ことキ・5試作戦闘機の設計の主務は土井武夫技師が主務を、朝日新聞社から求められたKDC・5高速通信機の設計（やはり三三年六月から）は内藤茂樹技師が主務を担当して、フォークト技師は各機の設計指導を務めた。

これら各機の出来具合はというと、九三式単軽爆撃機は、動力がそれまでの川崎BMW・6から過給機付きのBMW・9へと改められたが、ライセンス生産されたエンジンは過給機系でのトラブルが多発して、整備担当者の手を焼かせる機体になってしまった。制式化されると一九三四年初頭から二百機（ほかに石川島で四十機）生産されたが、三菱九三双軽爆撃機との能力差がそれほどなかった一方、九三単軽爆の稼動率の低さが問題視された。

一九三七年七月に日中戦争に突入すると、九三単軽爆も戦術爆撃や偵察、地上部隊への物資空輸支援などにあたったが、やはり、エンジン・トラブルが前進基地の整備員を悩ませ、陸軍でのBMW・9への印象を悪くさせた。そして早くも年内には三菱九七単軽爆との交代が始まってしまい、本機の製作機数が八八式軽爆ほど伸びなかったことが、当時の川崎関係者にとっての焦りのタネにもなりつつあったという。

キ・5はBMW・9ではなく発展型のハ・9を動力とした低翼単葉機で、前下方視界の確保と主車輪の支柱を短くさせる逆ガル形式の主翼になったが「玉乗り」といわれたほど横安定性が問題になった。キ・5が制式化されることはなかったが、フォークト技師の琴線に触れるところがあったのか、帰国後にはHa137、Ha139、Bv142といった逆ガル翼の機体を設計することになる。そしてKDC・5は一機しか作られなかったが、東京、大阪と新京や南京などを結ぶ高速長距離機として卓抜した飛行記録を樹立。朝日新聞の社有機だけに、機関士を務めたのは三菱雁型飛行機「神風号」で欧亜連絡飛行記録を樹立した塚越賢爾飛行士だった。

これらの各機が事業ベースで成功したかどうかというと、やはり八八式偵察機や九二式戦闘機に対してほろ苦い印象が漂うだろう。

八七式重爆の技術指導で来日してから早十年が経っていたが、一九三三年はナチス党がドイツの政権政党になった年で、防衛政策も再軍備へと大転換。空軍力の育成には特に力が入れられることになったため、フォークト技師も帰国の指示を受けていた。

だがフォークト技師による川崎飛行機（一九三七年に改組、社名変更）でのより大きな功績は、土井武夫や井町勇といった設計技師を育てたことだろう。フォークト技師の帰国直後に土井技師が主務、井町技師が補佐を務めて開発した九五式戦闘機は日本陸軍の戦闘機として初撃墜を記録するが、陸軍最後の複葉戦闘機となった（第7章で記述）。そして太平洋戦争に向けて、土井武夫技師は三式戦・飛燕や二式複戦・屠龍、九九式双軽爆、キ-102襲撃機の、井町勇技師は九八式単軽爆の主務設計者を務めることになる。中島飛行機の各機と並ぶ陸軍戦闘機、戦術爆撃機が川崎飛行機で開発されることになるが、そうなるまでの道筋を作ったのはほかならぬリヒャルト・フォークト技師だった。

極東での技術指導の仕事は後進を育てたということが成果となったが、十年ぶりに帰国したフォークト技師にオファーしてきたのはブローム&フォス造船から派生したハンブルガー航空機と、軽飛行機、練習機メーカーのクレム社。フォークト技師を帰国させた当局は新生ドイツ軍の空軍力の充実に向けて航空産業の拡大に努めたが、それはドイツ航空工業の活動の自由を奪うものでもあった。

実際に新型実戦機の開発を指示されるのは高名なベテラン技術者を擁する老舗メーカーや、事業活動が制限されていた大戦間の時期も積極的に航空産業であり続けようとしていた数社くらい。それでも航空産業を拡大しようとしたのは、未経験の新参各社は転換生産担当メーカーくらいにしかみなしていなかったから。開発は重要だが作り手も確保しておきたいという考えが働いていたという。

よってブローム＆フォスが航空機部門を興しても多くを望めないはずだったが、経営者のヴァルター・ブロームは「海上商業交通の将来は飛行艇にある」と考えてハンブルガー航空機を設立し、これに応えたラインハルト・メヴェス技師も一年経たずして初級練習機（Ｈａ135）を作り上げた。そしてメヴェス技師のフィーゼラー社への移籍話が実現されたときに、フォークト技師が帰ってきたということだった。フォークト技師の方も「練習機や軽飛行機よりも飛行艇」とするハンブルガー航空機に関心を持った。

そしてただちに逆ガル翼の近接支援機兼急降下爆撃機のＨａ137、ガル型翼の長距離飛行艇のＨａ138、逆ガル翼の水上商業輸送機のＨａ139などを相次いで試作。続いて、洋上偵察兼雷撃用の水上機Ｈａ140や非対称の近距離偵察機Ｈａ141、Ｈａ139の陸上機型のＨａ142も試作するが、ルフトハンザから注文された商業用大型飛行艇のＨａ222の開発に取り掛かった一九三七年にハンブルガー航空機はブローム＆フォスの航空機事業部と改組されて「Ｈａ」のメーカー略号は「Ｂｖ」に改められた。

だが、これだけ何機種も試作されながら制式化されてまとまった数の生産機を求められたのはＢｖ138だけ。その当初は、試作機の安定性不良の問題からガル型翼が大幅変更されたり、搭載するジーゼル・エンジンが変更になったりと初期開発に手間取らされた。それでもＢｖ138は実戦投入されるようになると、長距離飛行艇としてＵボートとの共同作戦や洋上偵察、磁気機雷の掃海にと、ヨーロッパを囲む海の上を飛び続けることになった。

「全周囲視界の単発直協偵察機」という要求仕様の文言にこだわったため、ほかには例を見ないような非対称機となったＢｖ141も、エンジン変更にともなってＢｖ141ＡからＢｖ141Ｂになる際に実質的に別機となるほどの改設計。増加試作機まで二十機も製作されて、東部戦線では試験的偵察飛行で実任務をこなしながら、やはり安定性で信頼感を得られなかったことにより、競争試作の相手側・Ｆｗ189ほど高い評価を得られなかった。

Ｂｖ222はヴァルター・ブロームも期待した六発大型飛行艇だったが、製作はエルベ河沿いのフィンケンヴェルダー工場で十二機生産された程度（もっと大型のＢｖ238が開発にはいっていた）。生産にはいるものがなかなかなかったため、この工場はフォッケウルフＦｗ200Ｃの転換生産に充てられたが、フォークト技師の設計は独創性と奇妙奇天烈の積のような「フォークト・デザイン」の立案に注力されるようになる。

あのＢｖ141やＢｖ143対艦ミサイルなど以外で、実機が製作されたフォークト・デザインに類する機体というと、無動力の滑空戦闘機Ｂｖ40が挙げられるだろう。だがこれも、高高度までＢｖ40を曳航できる機材に欠ける問題が露呈したため（曳航中に爆撃機の護衛戦闘機に

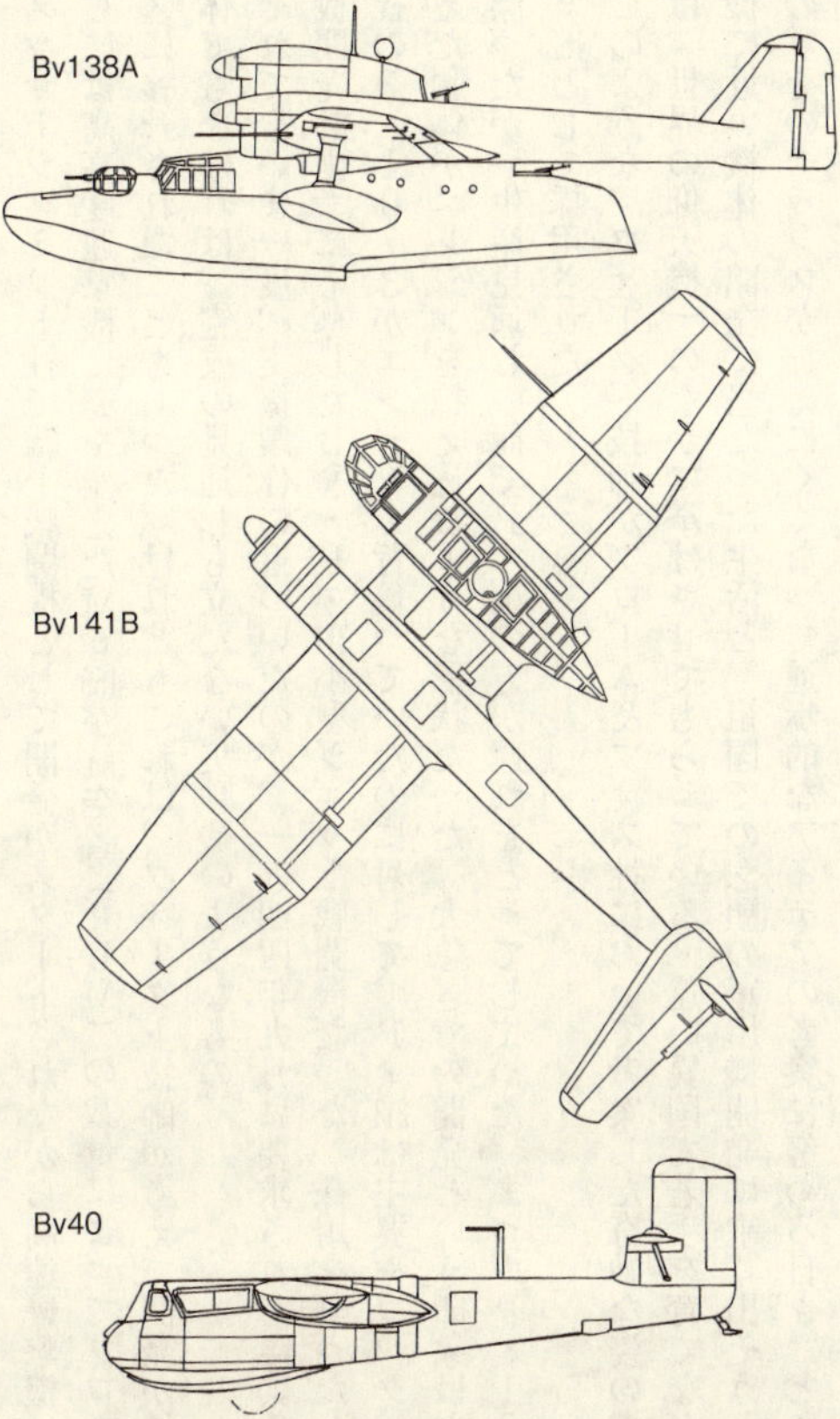

ブローム＆フォス社でフォークト博士が開発指揮した機体

狙われたら、その時点で迎撃任務は果たせなくなる＝Ｂｖ141、Ｂｖ40とも「異形機入門」で既述)、実用試験用の生産分も棚上げされるしかなかった。

メッサーシュミット社で艦上戦闘機として開発がスタートされながら高速爆撃機へと変更、さらには高高度迎撃機に姿を変えたＭｅ155が航空省（ＲＬＭ）の裁量によってブローム＆フォスに移管されたこともあった。けれどもこれは、フォークト技師が考えて開発が始まった機体でもなければ、完成の見通しも立たない実験機のようなもの。

それでもいま一度、実機製作に近づいたのが、一九四四年九月に要求された「緊急軽量戦闘機開発計画」に応募したＢｖ・Ｐ・211小型ジェット戦闘機だった。採用を争ったハインケル社のＰ・１０７３がエンジンを背負っていたのに対して、Ｐ・211は主翼やコックピットを備えた胴体がエンジンを抱え込むような形状だった。大急ぎでの開発という印象はどちらにも漂ったが、生産見通しの面でＰ・211の方が遅れをとってしまった。よってＰ・１０７３がＨｅ162として採用された。

このような、フォークト技師がブローム＆フォス社において考案した奇妙な姿の機体の一端は「世界の仰天機」のなかに挙げさせてもらっている。遠い異国で若手を育てながら、在来機に近い機体の開発に当たった生活と、祖国での念願の軍用機開発に乗り出そうとしたもののの、そのチャンスが捉えにくくなって進歩的なアイデアの考案に努める日々。どちらを望むか問えば、前者を選ぶ方が多数派なのではないだろうか。

しかしながら、フォークト技師のニュー・コンセプトの案出というのは、裏付けに欠く思い付きのようなものではなかった。シュトゥットガルトで過ごした少年時代以来、常人では置いていかれるような卓抜した知的能力で究めてきた空力学に立脚していたので「妥当性はある。だが、実機での飛行を実現できるほど技術が進歩していない」というものも少なからずあった。これらにまつわる研究は、大戦終了後に再びドイツを離れて、アメリカに渡ってから再開されることになる。

終戦の翌年にウィンブルドンで英軍から取り調べを受けた後、英政府からの仕事斡旋、またアメリカの民間会社での仕事を紹介されたフォークトは、ドイツで行なわれていた技術開発を明らかにさせる「オペレーション・ペーパークリップ」の一環としてニューヨークに到着。ライト・パターソン基地に移動すると、一九四〇年代初め頃にクレム軽飛行機二機が飛行中に翼端を連結させて航続性能を拡大させることを試みた実験をここで再開した。ただし今度は、B‐29の両翼端にF‐84サンダージェットをドッキングさせるというものになった。フォークト自身、この飛行を「フロート・ウイング」と呼んで一九五〇年代になったばかりの頃に実験を繰り返した。だが、ドッキングさせて飛行している間にB‐29が制御できない降下に陥ってしまい、二機のF‐84、全乗員もろとも失われる重大事故が発生してしまい、以後のこの実験は取りやめられた。

爆撃機に護衛戦闘機が随伴して飛行する難しさと、航続性能の違いの問題は大戦中、どちらの陣営でも問題になっていた。だが、翼端でのドッキングによって護衛戦闘機の航続性能

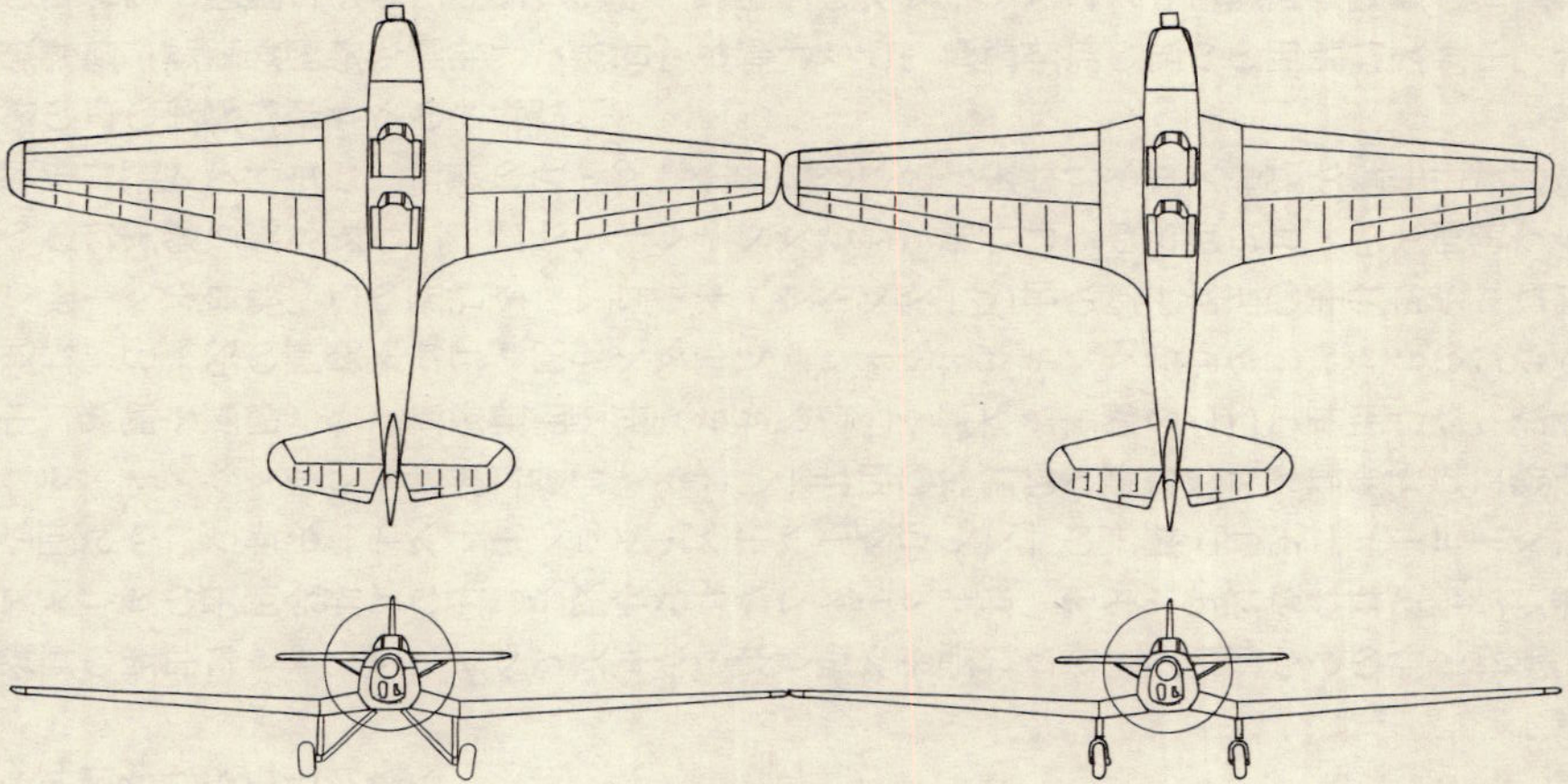

クレムKl35の合体飛行

1940 年代初頭にフォークト博士の発案で試みられたクレム Kl35 の２機による長距離飛行実験。護衛戦闘機の航続性能不足の解消策として期待されたが所期の成果が得られなかった。

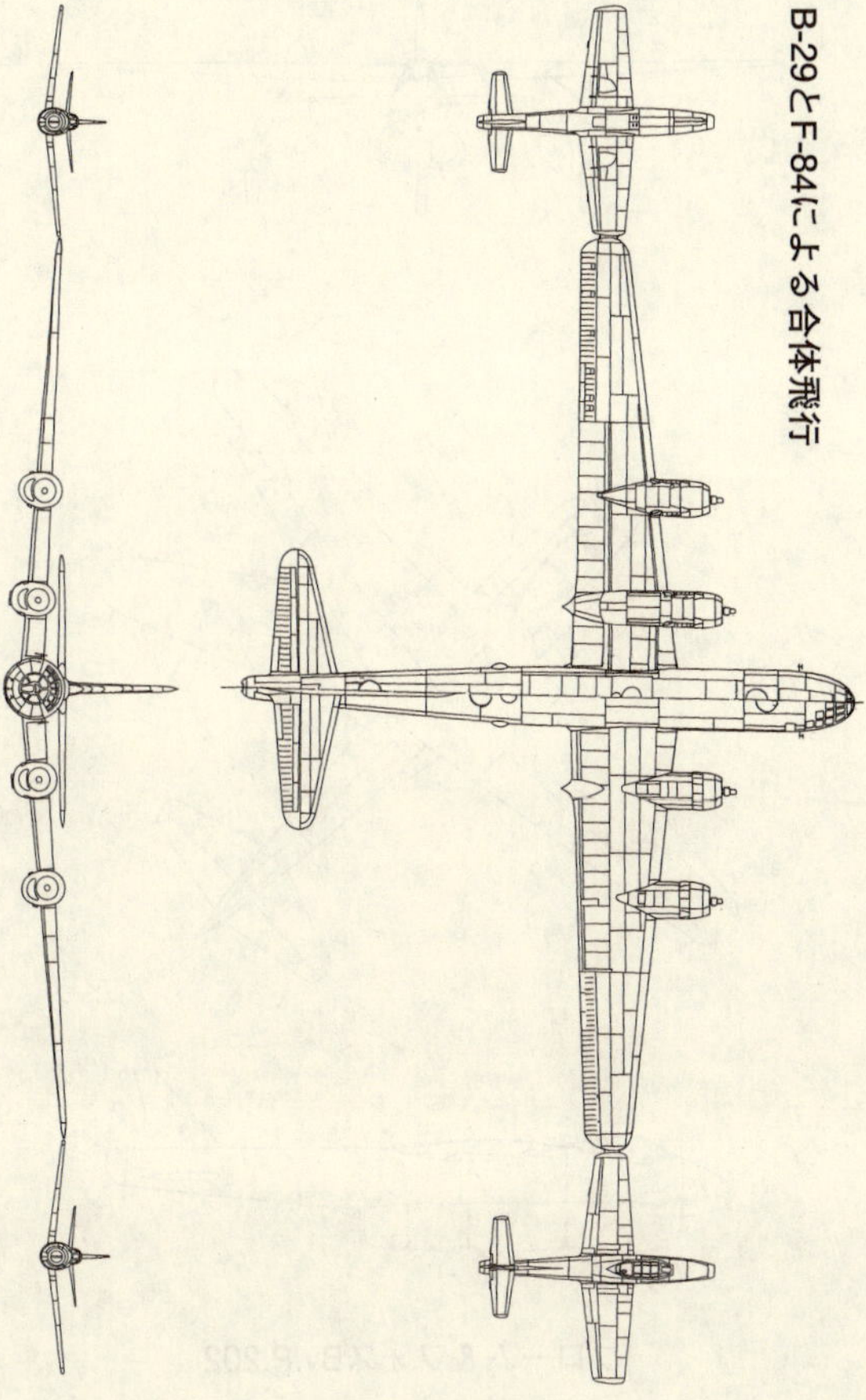

B-29とF-84による合体飛行

ブローム＆フォスBv.P.202

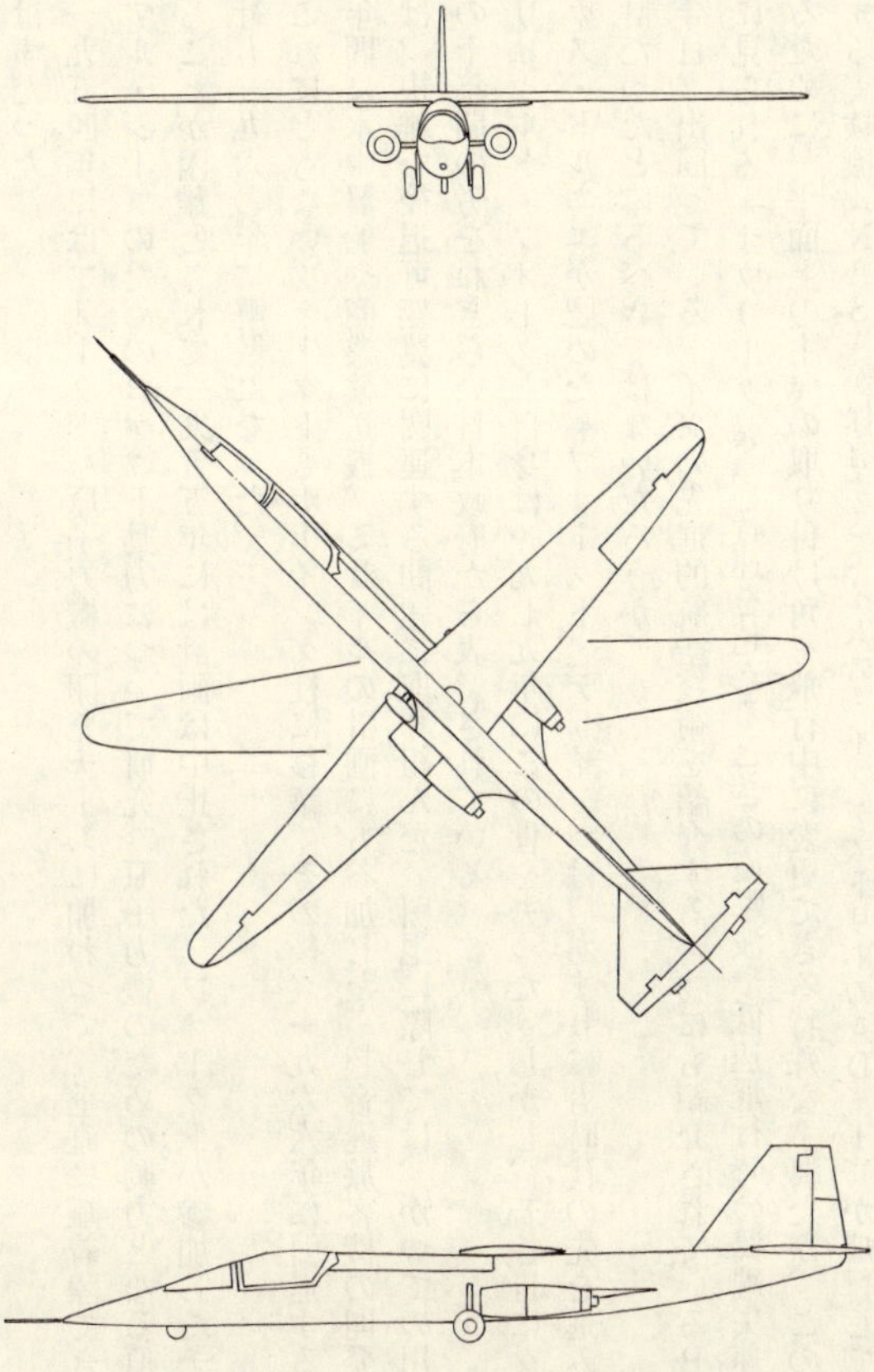

エイムス・インダストリー AD-1

を伸ばし、事が起こると分離して敵機を撃退という戦い方ができれば、この問題も解消されるはずだった。

一九五四年にはフォークトも原子力機の開発チームに加わって、垂直に離着陸できるアエリアル・ジープのためのロケット動力について研究。原子力機のための動力となる原子炉を作ることが困難とされて一九五五年には計画は中止された。フォークトが参加したチームの会社も一九六〇年に解散になった。

これにともないフォークトもボーイング社に移籍。その後、一九六六年に引退するまでの七年間に水中翼船や商業輸送機、ミサイルの計画にも参加した。超音速旅客機の開発に際しては、複雑な後退可変翼に関連する問題に取り組んだ。引退に際しては、かつての川崎造船での十年間の労をねぎらい日本政府から表彰されている。

リヒャルト・フォークト自身は一九七九年にこの世を去った。しかし、若き日にクラウディウス・ドルニエが認めた「フォークト・デザイン」は、あまりにも時代の先を進み過ぎた設計だったとみるべきではないだろうか。

今日、出回っているドイツの先進的航空技術を紹介する書物にも紹介されているBv・P202に見られる「オブリーク翼」、音速を超えるときの衝撃波や低速飛行時の翼端失速を解消するために、平面上の主翼の取り付け角を飛行中に変更できる特殊な主翼だが、この主翼を有する実験機（NASAが保有するエイムス・インダストリーのAD-1）が飛行して、オブリーク翼で実際に飛行できることを示したのが一九八〇〜八一年のことだった。

ほかにも非対称機や後退翼と前進翼が合わさったBv・P188にも見られる「クランク翼(Compound Swept Wing)」などもある。フォークト技師の考えていたことは今もって非常に難解というのが個人的な感想でもあるが、これらフォークト・デザインの謎が解き明かされるのはいつになるのだろうか。

第11章　中国空軍の日本本土初空襲と「ふ号兵器」の恐怖

日本人にとって、日本人以外の人たちにも認めてほしい第二次世界大戦中の、一位、二位に挙げたい大事件は広島、長崎への原子爆弾投下事件だろう。戦争史や軍事航空に関心があるひとの間で話題になってきた議論に「何が原爆投下につながったか」というのがあるが、あるひとは「真珠湾奇襲後の米側の怒り」と言い、別のひとは「日中戦争か満州国建国か」とさらに遡る。市民に対する爆弾投下ということで「コンドル軍団のゲルニカ攻撃か、それともバトル・オブ・ブリテンの最中に起こったドイツ空軍爆撃機によるロンドン上空での爆弾投棄事件か（これがベルリンへの報復爆撃になり、無差別爆撃がエスカレートしていったから）」とする意見もある。

おそらく、それぞれの見方、考え方においていずれも外れとは言えないだろう。もっと極端にいえば「飛行機から爆弾を投下してみせて以来……核分裂、核融合の際に猛烈なエネルギーが発せられることがわかって以来……いつかはこうなるかもしれない」と考えられていたのではないか、となる。

ここでは、日本が太平洋戦争に突入することになる前段階の、日中戦争の時代からの、ポイントと思しきエピソードをつなげてみたいと考えている。したがって、見方によっては「風が吹けば桶屋が儲かる」的なはなしのつながりという印象もないではないだろう。

極東で起こった航空機による初期の軍事衝突というと、第一次大戦下、青島（チンタオ）方面を領有していたドイツ帝国軍のタウベ機と、日英同盟の規約に従って連合軍側から参戦した日本軍のモ式（モーリス・ファルマン機）との対決が思い起こされる。けれどもこれは第一次大戦下の戦闘であり、第二次大戦につながる戦闘とはみられない。

第一次大戦が連合国側の勝利で終わり、日本の中国大陸での権益はおおいに拡大されるが、このあたりから大日本帝国の「中国大陸でやっても良いこと、いけないこと」の解釈について、国際関係上の考え方とのズレが生じはじめた。そして世界大恐慌発生後の泥沼にはまり込み、満州事変勃発（一九三一年九月）から翌春の満州国建国へと進み、国際社会での「日本の孤立」が深まることになる。

第一次大戦後、英仏を師と仰いで軍用航空の拡大を進めてきただけに、日本の軍用機は満州事変においても投入された。それに対して中国の方は、広大な国土内での内戦状態の継続、近代国家への脱却の遅れなどから、軍用機なるものを初めて手にしてからまだ二、三年という状態。日本軍は中国軍がフランスから買い付けたばかりのポテ25を鹵獲し、これらと国産機の川崎八八式偵察機をもって編成された独立第八飛行隊が、張学良行政府の置かれていた錦州市街への爆弾投下を実施（十月八日）。さらに一九三二年一月末には、欧米人らも居留する上海租界を日本海軍機が爆撃して第一次上海事変に突入した。第一次世界大戦が終わって以来、主要交戦国においては十三年間保たれてきた都市爆撃の封印は、これらの戦闘活動をもって破られた。

そして世界大恐慌からの脱出を図る国際社会・列強国は、自国経済を守るために保護主義を強める国々と全体主義（ファシズム）に走って支配権益・領土拡張を進める国々（当然、当時の日本はこちら側）とに二極化。その一方で、共産圏のソビエトは大恐慌による痛手から免れられていたが、一九二四～二八年の第一期五ヵ年計画によって国力の増強と軍事力強化を実現させていた。中国大陸での権益と戦闘活動を拡大させてきた日本陸軍にとってもソ連は脅威対象国となった。

一九三〇年代のなかば、ヨーロッパ南西部で起こったもうひとつの長期戦が「スペイン市民戦争」だった。フランコ将軍率いる陸軍主体の革命軍は早期に鎮圧されるはずだったが、フランコ将軍から支援を求められた独伊両国が武力介入を開始。さらにソ連軍がスペイン共和国政府軍を支援して戦争状態にまで拡大して長期戦となった（一九三六年七月～三九年三月）。これに対して一九三七年七月に起こった日中戦争（その頃の日本での呼び方「北支事変」「支那事変」）では、米英が中国軍に積極的に武器を供与するようになったのに対して、ソ連からは武器だけでなく軍事指導者や義勇兵の派遣まで行なわれた。

「日中戦争」といってもこの時代の日本は、今日の北海道から本州・小笠原、四国、九州、沖縄までの日本列島という訳ではなかった。台湾、朝鮮半島も、また樺太、千島列島も日本の領土内だった。したがって「日本領内爆撃」というと、台湾や朝鮮半島への爆撃もこの範疇にはいった。

七月七日の盧溝橋事件を端に発する日中戦争突入後の日本軍は、年末までに首都とされていた南京も陥落させるなど（重慶に首都を移転）、進撃を強めていた。けれども中国軍は内陸に引き下がりこそしても抗日姿勢を緩めることはなく、戦いは泥濘にはまったような長期戦になった。

戦闘状態突入から一ヵ月が過ぎた八月半ばから、海軍の九六陸攻や空母「加賀」搭載の八九艦攻、九四艦爆が杭州や漢口ほか中国空軍基地への爆撃を試みたが、中国空軍のカーチス・ホークⅢ（新ホーク・固定脚機のホークⅡを老ホークとしたのに対する引き込み脚機の呼称）の激しい迎撃にあって予期しなかったほどの損害を受け、新鋭機の九六艦戦の配備を急ぐことになった。やがて中国空軍の新ホークは、劣勢だった地上軍を支援するために爆弾まで搭載して、南京に迫る日本の地上軍を阻止する作戦にも出撃するようになり、激戦のなかでその数も次第に消耗していった。

十月になると援助協定を結んでいたソ連からポリカルポフI‐152やI‐16、ツポレフSB‐2ｍ（通称＝エスベー）、それに義勇兵ら二百人が到着したが、このあたりで日本の空軍力への抵抗が行き詰まる。連合航空隊となったはずの中ソの航空兵が良好な関係を築けず、また、中国側がソ連機にまだ不慣れだったということもあった。複葉のホーク機に慣れていた中国人パイロットにとって、格闘性能よりも速度性能を重視したI‐16にはすぐには馴染めないものがあったという。

蘭州・西北からのソ連機のフェリーも冬場の悪天候に苛まされた。そのような悪条件のなか、南京に迫る日本地上軍に対する空からの抵抗は続けられたが、十二月十三日の首都陥落を防ぐことはできなかった。だが重慶に後退する一月ほど前の十一月十一日には、中国空軍機も揚子江河口付近に飛来。このときに発せられたのが、その七、八年後には珍しくなくなる警戒警報の初めての発令だった。

やってきたソ連の空軍力は四百機で、義勇兵を率いたP・V・ルイチャゴフ少将はスペイン市民戦争ですでに実戦を経験。ここまでの空の戦いにおいて来襲する日本機を撃退したことはあったが、首都を後退させるなど劣勢な状態が続いている中国軍を鼓舞するためにも、日本側領地への反攻爆撃が重要と考えた中国軍事委員長の蔣介石はルイチャゴフ少将にSBによる日本領内爆撃作戦の実行を依頼した。中国空軍による対日反抗空襲については、秦郁彦先生の『第二次大戦航空史話――中国空軍の日本初空襲』に詳しい。

これを受けたルイチャゴフ少将は、翌一九三八年早春の台湾爆撃作戦を計画。日本陸軍が防空戦闘機を配置する台北の松山飛行場および新竹に対して、SB二十八機による隠密爆撃作戦の準備にはいった。一月二十六日の南京爆撃作戦で撃墜されたSBの搭乗員がソ連兵だったので、ソ連軍が介入していることは日本側でも把握していたが、台北爆撃作戦はソ連兵だけで行なうこととされた。

果たして作戦は二月二十二日に決行。ヨーロッパならチェイン・ホーム・レーダーのような上空監視用のレーダーの実用化が急がれている頃だったが、台北の民間機の飛行場を日本陸軍が徴用した松山の飛行場では、少数の戦闘機パイロットが当直を務めていたくらい。そんなところに高空から迫ってきたエスベーの集団はエンジンをカットして、滑空飛行の状態で爆弾をばら撒きながら基地上空へ。飛行場に詰めていた陸軍の航空兵らにしてみればまったくの奇襲になった。

来襲したのが二十八機だったうえ必ずしも精確な投弾ではなかったため、甚大な損害には至らなかったが、飛行場の格納庫や新竹の天然ガスの採掘場も被弾した。また、基地をそれた爆弾が民家や水田に着弾して市民に犠牲者が出たが、なんといっても日本領土内に対する最初の爆撃事例がこの作戦となった。日本本土初空襲というと一九四二年四月十八日の、米空母から発進したドゥーリトル中佐率いるB-25による東京ほか主要都市部に対する爆撃が有名だが、それは現在の日本領に対する爆撃であった。当時の日本領まで含めるなら台北の松山飛行場を狙った中国空軍のSBによる作戦の方が先になる。

「日本を爆撃するのはソ連」と予測したのは陸軍だが、それは沿海州方面からの航空攻撃を想定したもの。そしてやって来たのはソ連機で、乗っていたのはソ連兵というところは当たっていたが、中国空軍の青天白日のインシグニアが施されていた。

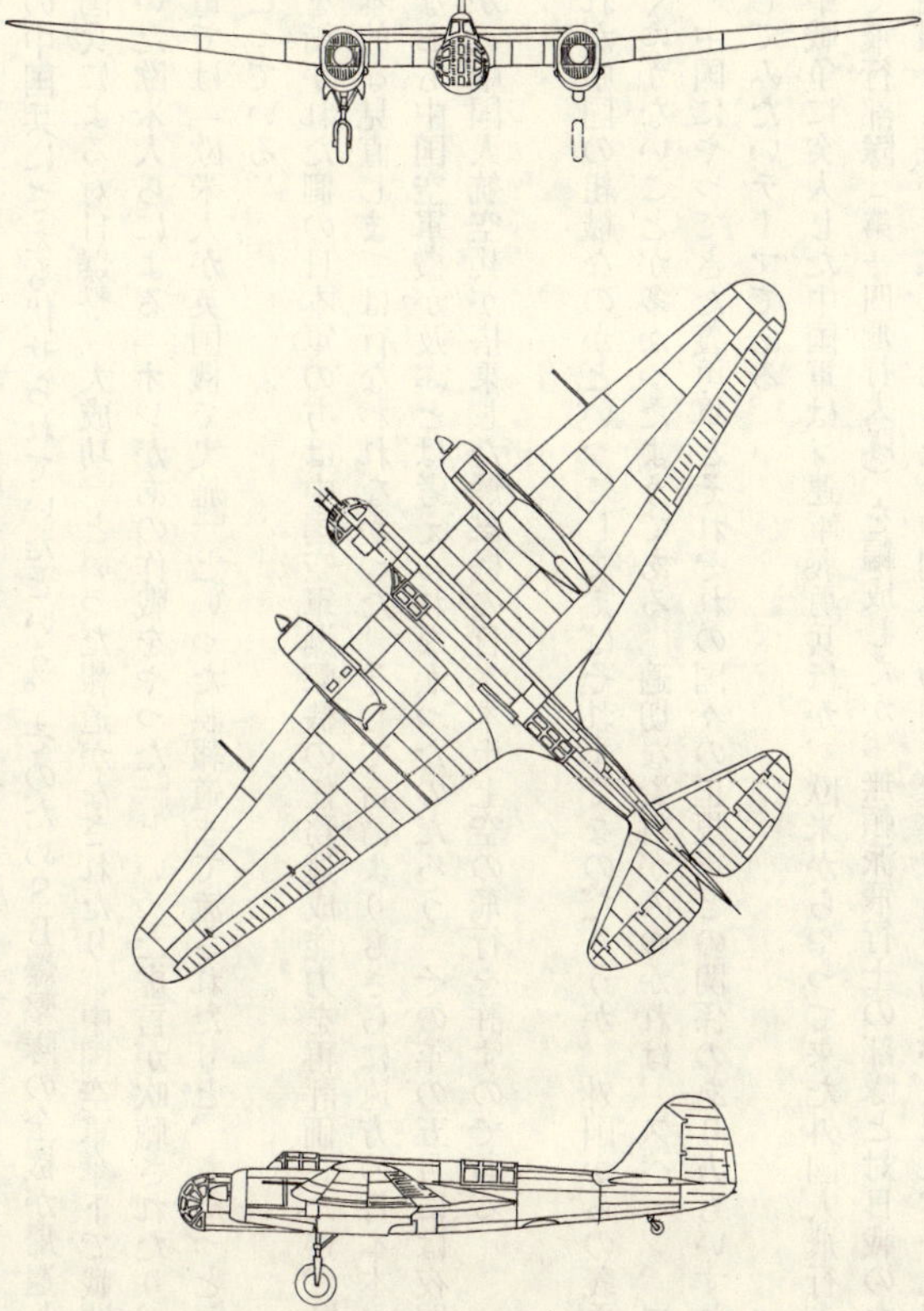

ツポレフSB-2m

ルイチャゴフ少将が企図した爆撃作戦の準備は秘密裏に行なわれ、作戦の実施は当日まで現地の中国兵にさえも伏せられていたという。そのためSB爆撃隊の全機が帰還した後は「中国兵による対日爆撃、大成功」といった報道がなされたり、中国空軍傘下で戦闘に加わっていた欧米人らによる「オレがあの作戦をやった」といった虚言が吹聴されたり、さらには外電では「欧米人が英国機で実施」といった誤報道まで流されたりと、ちょっとした騒動も起こっている。

虚を衝かれた側の日本軍の方は中国空軍爆撃機の任務達成能力を再評価したが、防空体制の根本的な見直しまでは行なわれなかった。そして台湾よりもさらに遠方の日本本土となると、なおも中国空軍機が及ぶとは考えられなかったのだろう。その年の五月には夜間ではあったが、中国人航空兵が搭乗した爆撃機の日本本土上空の飛行を許すのである。

これが中国の組織なのかといってしまえばそれまでなのだろうが、外国からの義勇兵とはうまくゆかないことが多かったようである。適切な資料がみつかれば、スペイン、フィンランド、中国にやってきた義勇軍とそれぞれの国々の正規軍との関係のあり方もいずれは明らかにしてみたいテーマである。

日中戦争に突入した中国軍はソ連軍義勇兵ほか、欧米からやって来た外国人飛行士らをも擁して飛行部隊（第一四飛行大隊）を編成したが、無頼派飛行士の部隊と対日戦のための統率の権限をも我が手にしておきたい中国軍との間に溝ができて関係がこじれ、一九三八年春には外国人飛行士たちは中国を後にした。そうなるとアメリカなどから入手していた、より近代的な全金属製の単葉機なども中国人飛行士たちが独力で飛ばさなければならなくなるが、二月の台湾空襲に続く作戦はそんな頃に計画された。

蔣介石軍事委員長からの次の指示は、「中国の空を蹂躙する日本軍やその国民に対して「日本の内地も空襲される恐れがあることをわからせること」。新型のマーチン139W轟炸機（爆撃機のこと。マーチン139WはB-10の輸出型）を擁する一四大隊は中国人飛行兵だけで運用することになったが、その一方で四月末からは日本軍機の漢口、南昌への来襲が活発化。それまでに貴重なマーチン轟炸機を事故で数機失っていたため、重慶に後退して入念に飛行訓練をして日本の内地、九州に向かう飛行は五月に実施されることになった。

だが九州までは、給油が可能な前進基地の寧波を経由しても片道一千キロ。作戦は夜間の洋上飛行でなければ九州への到達は考えられなかったので、確実の帰還を期するなら爆弾搭載は難しかった。そこで爆弾ではなく日本軍が中国でしていることを知らしめる反戦ビラを二機の轟炸機に搭載し、これを九州上空で散布することとした。

そして五月十九日の夕方迫る時刻に漢口を発ち、寧波で給油後、夜半の東シナ海上空を二機編隊で長駆、飛行する。三時間も飛び続けて九州上空に到達してみると、日中戦争突入によって日本側でも防空配備がなされていたことになっているが、二十日に向けての夜間の都市部は灯火管制すらなされていなかった。その灯りのまたたきから都市部をみつけながら、二機のマーチンは熊本の八代、水俣、人吉から宮崎の延岡、富島、小林にかけての上空を飛行して、爆弾倉内の反戦ビラを撒ききった。

日本側は夜間の飛行機の爆音は耳にしても、その正体を認識しきれず、迎撃機の出撃や対空射撃はおろか、探照灯による照射もできなかった。もっとも轟炸機の方も、夜間の航法が完璧だったわけではなく、予定していた地点よりもかなり南方でのビラ散布となってしまったのだが。そのため、長崎、佐世保、福岡、八幡といった要地の市民が反戦ビラを眼にすることはなかった。その文面は、中国に亡命した左翼作家・鹿地亘による反戦を訴えたものとされるが、地上にばら撒かれたビラも、憲兵、警察らが必死になって回収し、一般市民の心にも届かなければ、眼にすることもほとんどなかったようである。

この種の、九州地方へのマーチン轟炸機の長距離飛行は、十日ほど経った三十日の夜間にも実施されたというが、こちらは帰路の洋上で行方不明になってしまい、無事の帰還を果たせなかった。そのため日本側の新聞報道や対応および把握状況の推移「午後九時前後から鹿児島県西部の海岸を国籍不明機数機が出入り……二十二時三十分に熊本上空から一機は宮崎、一機は福岡上空を目指して解散。同五十二分に九州全土と山口県で空襲警報を発令。二十三時二十分、両機とも海上に離脱。翌日一時三十分に空襲警報解除」などから、その飛行経路や目的を推測するしかなかった。このときは、もしかしたら散布されたかもしれないビラすらも発見、回収できなかった。

中国空軍のマーチン機の決死の渡洋飛行はその後の両国にどう影響したか、というと、中国・ソ連連合軍は「(もう少し航続性能、搭載能力が大きな爆撃機が使えるようになれば)そ

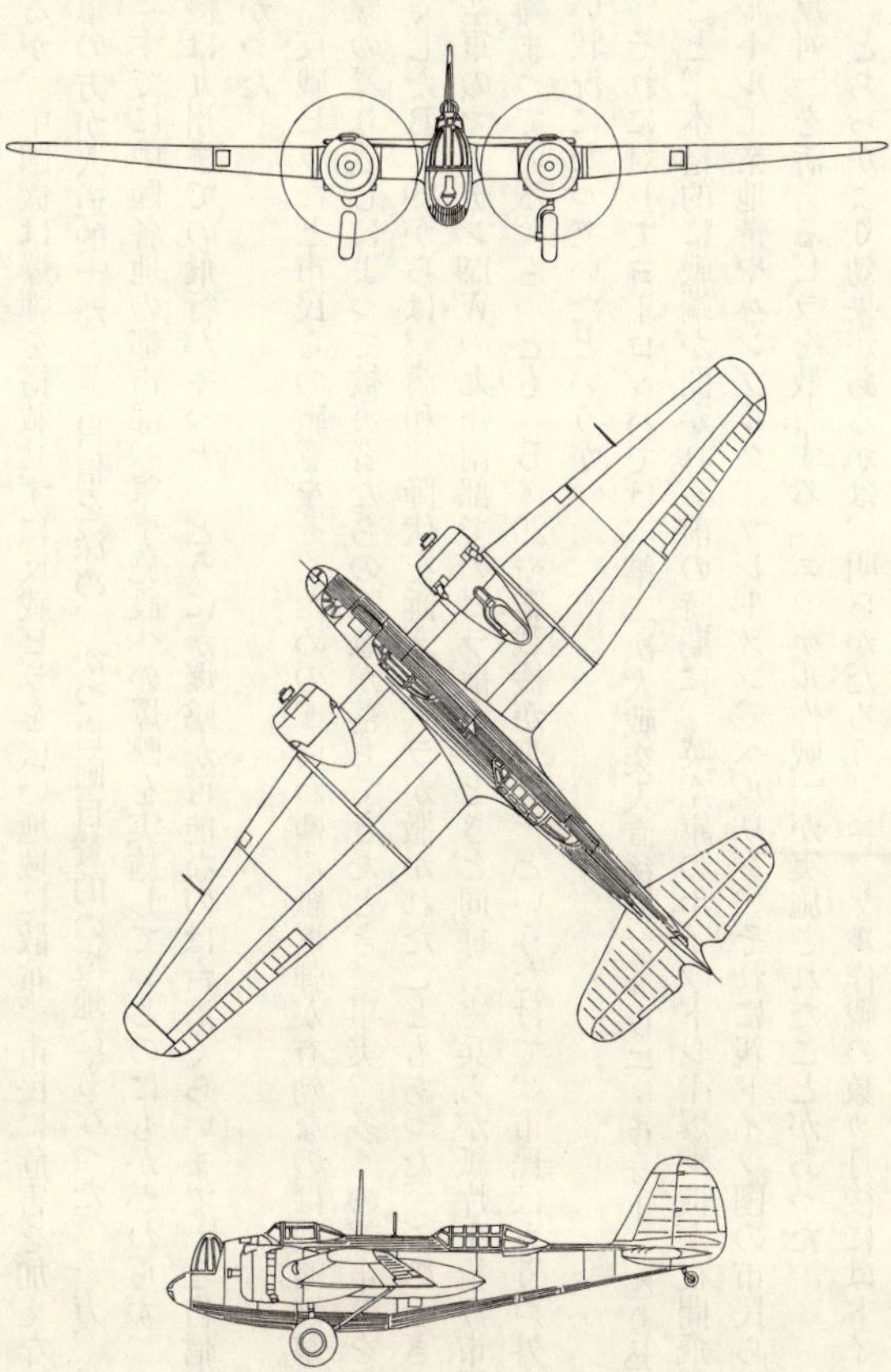

マーチン139W（B-10）

の気さえあるなら、日本本土に爆弾を落とせる」「日本軍は中国の市街地にも爆弾を投下するが、中国機は爆弾を搭載せずに反戦ビラを広い地域に散布。市民に危害を加えない中国空軍の方が人道的」などと自信を深め、かつ自画自賛的の境地にもなった。一方、日本側は「すでに中国各地の都市部、軍事施設への爆撃を実施しているのにもかかわらず、中国空軍機は九州までの飛行がやっと。どうにか爆撃が可能なのは台湾くらいまで」と自信を崩さなかった。

反戦ビラなど市民らの戦意をそぐための、いわゆる紙爆弾が有効なのは戦略爆撃、都市爆撃の繰り返しによって被災者たちの戦意が落ちてきたとき。事実、多くの都市部を爆撃し尽くしたB‐29からは、講和、降伏を訴えるビラが撒かれたこともあった。このときも、中国空軍のマーチン139Wの九州南部でのビラ散布のときと同様、憲兵らが紙片を拾う市民を取り締まっている。もっとも「B‐29や艦載機が来た」というだけで、市民はもう戸外を歩けない状況になっていたというが。

それに対してヨーロッパでは、第二次大戦突入直後のフォウニ・ウォー(座り込み戦争)こと、本格的に戦端が開かれる前の時期に、英空軍のホイットレー爆撃機が夜間飛行により、ルール工業地帯やハンブルク、ブレーメン、ベルリン、それに親ドイツ国の市民らに「戦争反対」を訴えるビラを散布する「ニッケル作戦」が実施されたことがあった。

どちらがより効果があるかは、明らかだろう。ニッケル作戦の数ヵ月後にはドイツ軍は北欧に侵攻して短期間で占領し、ヨーロッパ西部も夏前に制圧と、さらに戦火が拡大。これに対して、B-29が都市部を焼き払うと都市機能どころか、工業の生産力維持も不可能になり、工場疎開も始まった。このときにもしも反戦ビラを拾って読んでいたなら、さらに厭戦気分が高められていただろう。

だがこのことよりも大きな問題は、台湾、九州と、順次、日本領内への中国軍機の侵入を許してきたことに対しても危機意識が高まらなかった、防空に対する危険認識の希薄さだろう。先にも挙げたが、大ブリテン島南岸にチェイン・ホーム・レーダー群が築かれていたときに、極東の島国は日を開けず二度も夜間侵入を許した。

さらにその四年後には、米英と戦闘状態に突入したこともあって日本列島の東方海域に監視艇を配置してはいたものの、その防御装備は軍用艦艇のレベルではなかった。攻撃を受けるとひとたまりもなかった監視艇から、生命と引き換えの「米機動部隊接近」の通報を受けた防空担当も適切な対応ができず、空母ホーネットを発ったB-25による東京、横浜、名古屋、大阪への爆撃を許している。結局、この種の、接近する敵方を探知する機能は、日本本土への爆撃が本格化した時期になっても根本的には改善されなかった。

九州上空へのマーチン機による夜間侵入から間もなく、日本軍機による爆撃は重慶空襲にまで発展するが、なおも中国との戦いが終わる様子は感じられず、それどころか中国駐在の自由圏各国の報道が対日批判を強めていた。批判が強まり、孤立感が強まった極東の帝国は満州方面、中国南方とさらに戦線を拡大させるとともに、ヨーロッパのファシスト国＝ドイツ、イタリアとの共闘をもくろむ……東西で別個だったはずの戦争は、世界規模で泥沼化に向かっていた。

第二次大戦中の各国の爆撃機のスペックをみて真っ先に気づくことは、本邦の各機の爆弾搭載量がやけに少ないこと……大戦後期になると、連合軍側およびドイツ軍の単発戦闘爆撃機の搭載量よりも下回っていたという点だろう。この件については「陸軍機の場合、中国大陸での戦いを前提としていたから。海軍機は長距離の洋上飛行の末の対艦攻撃を意図していたから」と説明されてきた。

ここまでに挙げてきた中国空軍の爆撃機をみると、確かに爆弾搭載量が六百キロ級のツポレフSB-2m（SBは高速爆撃機を意味するソ連での略号で、2mは双発機を意味する）、マーチン139Wも一トン・クラスで、中国軍においてはともに「重轟炸機」と呼称されていた。そして、単発のヴァルティーV-11（爆弾二百七十～五百数十キロ）、ノースロップ5B（二百七十キロ）、カーチスA-12シュライク（二百七十キロ）などが軽爆撃機、攻撃機に位置づけられた。

これらに対して、満州事変から日中戦争にかけての時期に日本陸軍が運用したのは川崎ドルニエ八七重爆（爆弾五百キロ～一トン）、川崎八八軽爆（二百キロ）、同九三単軽（三百～五百キロ）、同九八軽爆（三百～四百五十キロ）で、三菱九三重爆（一～一・五トン）や同九三双軽（三百～五百キロ）、同九七軽爆（三百～四百五十キロ）、同九七重爆（七百五十キロ～一トン）。概して五百キロを越える爆弾搭載量の各機が「重爆」になったのは、やはり中国空軍での類別に対応しているようである。

海軍機の九六陸攻も都市爆撃に使用されており、これら日中戦争での使用機のなかでは重爆に相当したのだろうが、日本においては重爆、軽爆という分け方は陸軍での考え方によるもの。「重爆撃機」としてはその後、中島百式重爆・呑龍、三菱四式重爆・飛龍が続くことになる。だが呑龍、飛龍が一トン前後の爆弾を運ぶ頃には、P・47やP・38、P・51にF4U、F6F、タイフーン、Fw190F、Bf110などが同等、もしくはそれ以上の爆弾搭載量とされていたから、日本機を調べ上げた連合軍側の情報部の担当官らも奇異な印象を与えられたという。

ここでの問題点は、極東の日中両航空軍における「重爆撃機」についての考え方が、欧米のそれと大きく異なっていることにあった。大戦間の時期に航空用エンジンの発達や航法の高度化、機体製造技術の発達などにより、第一次大戦当時の軍用機に対して戦闘機、爆撃機とも格段の進歩が見られたが、欧米においてそのベースになったのはウィリアム「ビリー」ミッチェルやジュリオ・ドゥーエらの航空軍に対する考え方だったのだろう。特にミッチェルの方は、戦略爆撃の重要性をいち早く解き明かしたので「米航空戦略の父」とまで称されている。

第一次大戦下では、爆撃機の任務の多くは地上軍に対する航空支援に占められ、ごく一部の大型機や飛行船による都市爆撃は例外的な作戦活動に留まっていた。ところがそれから何年もしないうちに、ミッチェルは「やがて爆撃機にとっての最も重要な役割は、戦争継続を困難にさせるための戦略爆撃になる」と看破。前線での地上軍支援も重要だが、戦争を早期に終わらせるなら、戦線の後方の工場施設、倉庫、交通の要衝、エネルギー供給源などを破壊する戦略的な爆撃作戦およびそのための機材が、より重要になると気づき、まさに次の世界大戦における爆撃機（およびその運用組織）の在り方を予見したのだった。

やがてファシズムの台頭が懸念されるようになると、列強国およびソ連では新しい技術を適用した爆撃機の開発を活発化させるが、その頃に現われた双発爆撃機にはざっとみても次の各機が挙げられる（カッコ内は爆弾搭載量）。米／B-25（一・四トン弱）、B-26（一・八トン強）、英／ホイットレー（三・二トン弱）、ハンプデン（一・八トン強）、ウエリントン（二トン強）、独／He111（二トン）、Ju88（三トン）、ソ／DB-3～Il-4（二・五トン）、仏／LeO451（二トン）。そして、本邦で使用されたときは搭載量一トンまでとされた輸入機の「イ式重爆」は、イタリア本国でフィアットBR20として使用された際には一・六トンまでとされていた。これら双発爆撃機の一・五～三トンとする爆弾搭載量は、後方の戦略施設をダウンさせるために必要と見積もられた爆弾の標準的な出撃機数で作戦を行なった際の一機あたりの分量ということだろう。

ところが八百キロ～一トン程度の爆弾搭載能力を要求された日本機の開発要求時の趣旨は「主トシテ威力ヲ要スル目標マタハ主要施設ノ破壊」（九三重爆）、「主トシテ敵飛行場ニ在ル飛行機ナラビニ諸施設ノ破壊」（九七重爆）となっていた。欧米の重爆撃機（heavy bomber）および中型爆撃機（medium bomber）は概して戦略目標に対する爆撃作戦を任務とされたが、日本陸軍の「重爆撃機」は前線の敵方軍事施設が攻撃対象……戦略的目標の攻撃は必ずしも要求内容には盛り込まれていなかったようである。中国との戦争で行なわれた都市爆撃も、開発時の目的からすれば後付けの任務のようなものだったのだろう。

とはいっても、スペイン市民戦争や日中戦争などを経て次の世界大戦突入までに、攻撃目標とされる側の防空態勢も強化され、迎撃用戦闘機の精強さも高められた（これができなかったのが小規模国家群だった）。そして爆弾搭載量を一・五〜三トンとする米英独の双発爆撃機も、実際にそれだけ大量の爆弾を搭載するのは近距離の防護が手薄な攻撃目標の場合くらいで、迎撃が避けられない通常の作戦時はやはり一トン前後の搭載量に留められることが多くなった。

このレベルを上回る打撃力を求めるなら、四発爆撃機に頼るしかなかったということであろう。イ式重爆の故国の同僚爆撃機であるサヴォイア・マルケティSM79（三発機）も公称爆弾搭載量は一・五トンとされていたが、機動性が要求される英艦隊に対する雷撃作戦のときは七百五十キロ魚雷一本を搭載するのがやっとだったという。

大戦が後半から終盤になる頃には、ドイツのDo217がHs293誘導弾（発射重量一トン強）を二発、He111が「V1号」ことFi103飛行爆弾（二・一五トン）を搭載し、アメリカのB-25系がタイニー・ティム・ロケット弾（発射重量六百キロ弱）を二発装備するなど、比較的大型のミサイル、ロケット兵器の発射母機として機能した。

これらに対して（無線誘導系の開発の遅れから有人体当たり機になってしまった問題はある

が）海軍の一式陸攻が約二・三トンの桜花を搭載し、四式重爆飛龍が発射重量一・四トンのイ号一甲誘導弾の母機として予定されていた（なお、六百八十キロのイ号一乙誘導弾の発射母機には九九双軽が予定されていた）。こうみると日本機の搭載量は「積めるだけ積み込んで」ではなく「実戦において積むとしたら」の考え方に基づいているようにも見られる。だが、大戦争が激化した頃により根本的な問題として浮き彫りになってきたのは、防御火器の前近代性（動力機銃を装備できず）や搭乗員を守り、発火を防ぐための装甲、耐弾性の欠如だった。

このように列強国の空軍力においても特異な存在となりつつあった日本の重爆撃機だったが、日中戦争が太平洋戦争に拡大しようかという頃には、さらに異常な作戦活動にも手を染め始めていた。生物・細菌兵器の空中散布である。爆撃機が攻撃目標に向けて投下するものとして、前掲の「制空」を著したドゥーエは爆弾、焼夷弾、毒ガス爆弾を挙げ、生物・細菌兵器がさらに大きな脅威となると指摘した。だが毒ガス兵器については、第一次大戦中における使用時の効果から両陣営が使用することによる壊滅的事態が懸念されて、その使用が禁止されたこともあり、第二次大戦突入時の航空用爆弾としては通常爆弾、焼夷弾の使用が一般的になっていた（一九二五年の「毒ガス禁止の議定書」、その後一九九三年に「化学兵器の開発、生産、貯蔵および使用の禁止並びに破棄に関する条約」等）。

だが前述したような重爆撃機についての特異な考え方が通用しなかったからなのか、戦略的な空軍力が育てられたとは言い難かった。それ故、地上軍だけでは制圧できない敵に対して、航空戦力をもって攻略する「航空撃滅戦」の実施を謳ってはみたものの、なかなか所期の戦果を挙げるには至らなかった。中国軍の、広大な国土を活かして撤退しつつも降伏はしないという戦い方にはまり込んでしまったこともあり、日中戦争は予想外の長期戦の様相を呈してきた。

そして中国軍への軍事支援に乗り出したソ連軍とも、ソ満国境を巡って一九三八年夏には張鼓峰で紛争状態になり（空軍力はソ連側のみ投入）、翌三九年五月から九月にかけては満蒙国境を巡る紛争に端を発する「ノモンハン事件」が起こった。ノモンハン事件は宣戦布告こそなされなかったが、両軍とも空軍力も積極的に投入させて戦争に類する規模にまで拡大。だが結果的に、戦力差や装備の近代性の差などによって日本側が押しまくられるかたちになって九月の休戦に持ち込んでいる。

けれどもこの戦いの最中、日本軍の将兵の間で赤痢など消化器系の伝染病が発生。この事態を「ソ連軍機が投下した細菌爆弾によるもの」と主張した関東軍防疫給水部（七三一部隊）が、八月下旬にソ連軍が水源として活用していたハルハ河支流にコレラ菌、チフス菌などを散布。これを契機に以後、三次にわたって上空から病原菌を散布する細菌作戦を実施した。寧波《ニンポー》作戦、常徳《チャントー》作戦、浙贛《チョウカン》作戦である（以下、常石敬一神奈川大学教授著『七三一部隊』および『医学者たちの組織犯罪』に典拠）。

一九四〇年の秋に行なわれた寧波作戦、翌四一年秋実施の常徳作戦では、ペスト菌に感染したネズミの血を吸ったノミが含まれた穀物や綿を九七重爆などの陸軍機に搭載して、攻撃対象となった地域（一九四〇年は寧波、翌四一年は南昌）に投下。寧波に対する作戦は中国側にとっても未経験かつ不意の細菌攻撃だったこともあって、百人以上が犠牲になった。けれども南昌での作戦は、前年のこともあったので中国側の防疫措置も進められており、不運な少数の犠牲者に留められた。だが寧波作戦にしても、通常爆撃実施を上回る戦果とはみなされない失敗作戦に終わったということになる（日本軍の細菌兵器は、ドゥーエが指摘したほどの効果を挙げられなかった）。

さらに一九四二年夏には、江西省から浙江省（金華）あたりにかけてコレラ菌　赤痢菌、それに発疹チフス菌（南京の多摩部隊が培養）などを九九軽爆に搭載して空中から散布。日本軍の侵攻をくい止める中国軍の進出が予想される地域への細菌散布だったが、当該地域に先に乗り込んだのは日本軍の方だった。細菌の散布も秘匿されていれば日本側では防疫の必要性も認識されていなかったため、多数の兵士が短期間で次々に斃れていった。よって日本兵の一万人規模が友軍の細菌部隊が製造した病原菌に感染して、千七百人以上（実際にはもっと多数の模様）が戦病死してしまったということである。

ここまでくると「失敗」の領域を超えているが、後々により大きく影響してくることは、これらの細菌戦のかなりの部分が連合軍側（特にアメリカ軍）の知るところとなったことだった。このあたりから、日本陸軍の独特の考え方による爆撃機陣が中国で投下したものは、やがてその頃の日本の一般市民の運命に重くのしかかることになってゆく。

すでに中国軍への武器供与を開始したほか、一部中国兵の再訓練も行なうなど、中国戦線にも深く関わるようになった米軍にも、日本軍の一線を越えてしまった戦いぶりが伝わらないわけがなかった。やがて日本軍が劣勢になると、米軍の捕虜になる日本兵も増加。そのなかにはこれらの細菌作戦に関わった軍医らもおり、そのあらましは一九四四年頃には相当部分がアメリカ側に把握されていたとみられている。

「真珠湾への奇襲攻撃」や日本機の体当たり攻撃が今もって合衆国国民にとって衝撃的出来事として語り継がれていることは、あの二十一世紀一年目の「9・11ツイン・タワー・ビル旅客機突入テロ」が「真珠湾奇襲以来の対米攻撃」「カミカゼ・アタックの再来」と喧伝されたことからも明らかだろう。だが「日本人、何をしでかすかわからない」という印象を最も深めたのは、一九四四年頃だったのではないだろうか。

この年には、ヒマラヤ山脈の東方の成都を前進基地とする米陸軍航空軍のB‐29による対日爆撃――満州から中国大陸、東南アジアにかけての日本軍の勢力圏内の戦略的要衝ほか、九州北部への爆撃作戦が開始された。中国空軍のマーチン139Wが九州上空で反戦ビラをバラ撒いてから六年も、ドゥーリトル率いるB‐25ミッチェルによる初空襲から二年が経過していたが、それでも日本本土上空の警戒、防空体制には大きな進歩はみられていなかった。したがって米航空軍にとっての大敵は、発進基地から日本の攻撃目標までの距離の遠さとなった。

裏を返せば、太平洋を隔てる日本、大西洋を隔てるドイツとも、合衆国本土内からすれば「組織的な攻撃を受ける訳がない遠方の敵国」のはずだった。大ブリテン島と往来する艦艇を苦しめてきたドイツ海軍のUボート群も、充実された対潜戦体制ですでにほぼ制圧。同様の対潜戦体制は、かつては北米西岸の南北に接近したこともあった日本海軍の伊号潜水艦群も寄せ付けなくなっていた。

ところが、マリアナ諸島に展開したB-29が日本の全域に対する爆撃作戦を行ないはじめた一九四四年の十一月、千葉～福島にかけての東岸から放球された「ふ号兵器」こと風船爆弾が北米大陸の西岸から内陸にかけての地域に着弾しはじめたのである。米軍は不発弾を回収してその正体、また、日本軍の作戦の全体像の解明に懸命になった。連合軍が脅威の対象として懸命になって防衛対策を練ったナチス・ドイツの「V兵器」こと、飛行爆弾V1号（フィーゼラーF・i103）や弾道ミサイルV2号（陸軍兵器局A4）と比べるとまことに前近代的ではあったが、日本列島の自然条件をも考慮して仕立て上げられた、呆れるほど巧みな無人の飛行爆弾だった。ふ号爆弾については『風船爆弾』という書名で複数の書物が刊行されているが、ここでは主に鈴木俊平氏の著作（光人社NF文庫）と吉野興一教諭の著作（朝日新聞社刊）などを参考にさせていただいた。

大多数の風船爆弾は、和紙製の気球の中に水素ガスを詰めて、小型爆弾類を懸架して東日本の東岸から放球（ゴム製のものも少数、用いられた。ちなみに和紙製は陸軍の管轄でゴム製は海軍）。レイテ湾の海戦で日本海軍を事実上、壊滅状態にさせたこともあり、後は太平洋を島伝いに北上するとともに中国大陸での勢力圏の奪還、そして戦略爆撃機や艦載機による日本の都市部への航空攻撃で帝国日本の戦争継続能力をそぎ落としてゆく……そう考えていた合衆国の首脳部にとっては、新たな憂慮となった。さらにこのことは、戦後の国際体制のあり方を考えるなら、ヨーロッパの同僚国やソ連には知られたくない悩み事にもなった。

日本の東岸から放たれたふ号兵器が太平洋を横断するシーケンスは、概要、次のような具合。昼間は水素ガスの温度上昇にともない高空まで上昇するが、膨らみすぎて破裂しないように排気バルブからガスを放出する。偏西風に乗って東方に飛行し続け、気温が下がる夜間には風船内のガスの温度低下にともない高度を下げるが、高度計が海面からの高度を感知してバラストを投棄して再び上昇に転ずる。風まかせの浮揚のようでもあるが、地球の自転方向と逆向きに流れる偏西風を利用できる日本列島の地理的条件を有効に活用した攻撃兵器で、二～三日も太平洋上を風に乗って漂えば北米に到達するとみられた。

積まれていたのは小型爆弾（十五キロ）と焼夷弾程度なので、攻撃的効果からすればB-29一機の数百分の一程度。アメリカ側に憂慮され、そして恐れられたのは「細菌兵器が搭載されるかどうか」だった。かつて中国大陸で細菌兵器の空中散布を実際に行なった日本軍のやること、再度の実施もあり得ないことではない。米側では戦場に派遣される前の戦闘機パイロット多数を西岸の航空基地に集めて哨戒任務に当たらせて、風船爆弾の本土内到達前に撃墜する態勢を築くとともに、気球部分の和紙の生産地、残されたバラスト内の石から放球場所の割り出しを急いだ。

だがアメリカ側のこの慌てぶりは、杞憂でも過剰反応でもなかった。日本側でも風船爆弾の米本土到達が可能と認識されると、細菌兵器の実装が検討されていたからである。前掲の「医学者たちの組織犯罪」によると、搭載可能な細菌兵器の研究は、あの七三一部隊ほか複数の研究機関で進められていたが、ふ号兵器の完成よりも早く一九四四年五月に「凍結乾燥させた牛疫ウイルスならば実行可能」という結論に達したのは「登戸研究所」こと第九陸軍技術研究所の七班。二昼夜半もの飛行時間中、セ氏十度からマイナス五十度にも達する温度変化に耐えて、感染能力を維持できる病原菌について研究したところ、この結論に達したということである。ウイルス散布の方法は、あらかじめ目標地点の経度を設定して拡散させるやり方（経度信管）が適当とみられた。

けれども、人の道としての見地から昭和天皇がこの種の兵器の使用に不快感を示され、開戦時から日本の首相の地位にあった東条英機も「日本の穀倉地に対する米軍による報復」を懸念。よってここに至り、中国大陸で行なわれたことがあった細菌兵器の空中散布を、さらに組織的に行なう作戦の実施は避けることができた。

日本側では「可能だとしても実施せず」とされたふ号兵器への病原菌搭載だったが、そのような考えは当然、交戦国のアメリカに伝わりようもなかった。そして明けて一九四五年になっても減りそうもないふ号兵器に対しての懸念が深まるばかり。その一方で、無傷の状態で回収された不発のふ号が調べ上げられて、その構造や製造場所、放球地点なども明らかになってきた。

風船爆弾

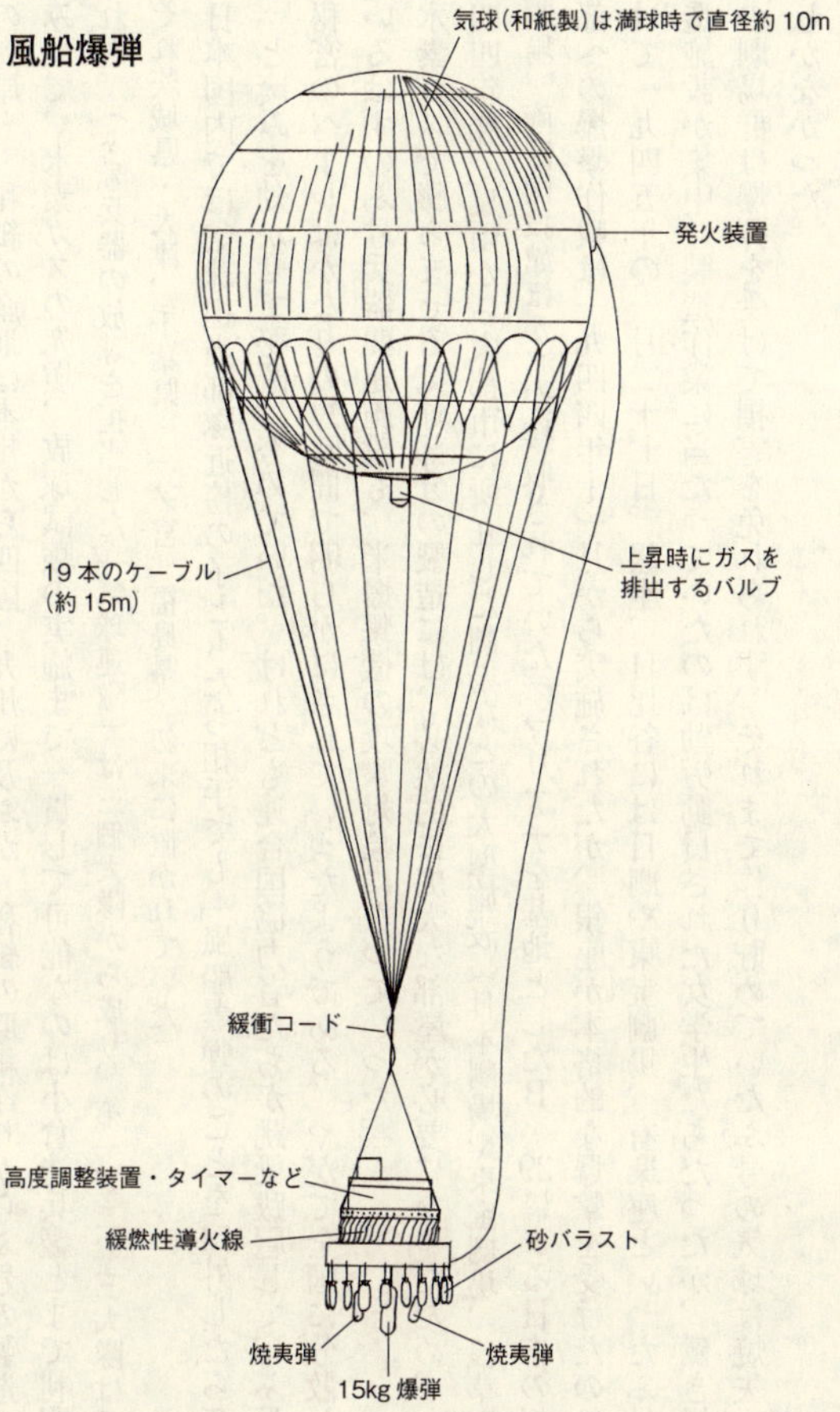
気球(和紙製)は満球時で直径約10m
発火装置
上昇時にガスを
排出するバルブ
19本のケーブル
(約15m)
緩衝コード
高度調整装置・タイマーなど
緩燃性導火線
砂バラスト
焼夷弾
焼夷弾
15kg 爆弾

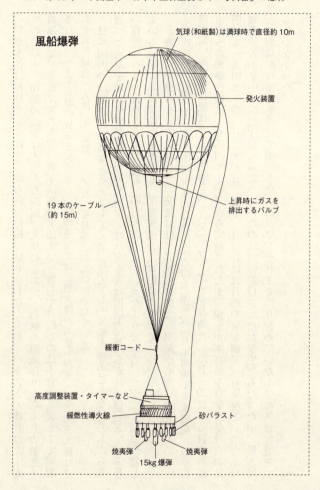

「気球本体は和紙をこんにゃくから作った糊で貼り合わせたもの。バラストの砂利は九十九里の海岸……和紙の産地は本州から四国、九州に及ぶが、和紙の原紙作りからふ号の製造・組み立て、水素ガスの充塡、放球試験の実施まで一貫して可能なのは小倉造兵廠とまで判明された。（ふ号兵器の放球を担当した「気球連隊」は三個大隊から成り、第一、二、三大隊はそれぞれ茨城県・大津、千葉県・一ノ宮、福島県・勿来に置かれていた）。

日本国内では気球担当部隊近傍の子どもたち相手でも「風船爆弾のことを口外したら死刑」と凄みを効かせて秘匿に努めていた。けれども連合国協力者たちが跳梁跋扈して、ふ号の秘密のベールはかなりの短時間で明らかにされていったようである。やがて全国に分散しているはずのふ号兵器関連施設も、米爆撃機の攻撃対象になっていった。

水素ガスで膨らませる気球部分の製造には、必然的に広大な部屋が必要になったため、一九四四年春、夏頃から大都市に所在した劇場などの大型施設（日本劇場や東宝劇場、浅草国際劇場、両国国技館ほか）が接収されていた。マリアナを基地としたB‐29による日本の都市部への爆撃作戦は一九四四年十一月から実施されたが、銀座が本格的な爆撃を受けたのは明けて一九四五年の一月二十七日。銀座、日比谷には日劇や東宝劇場、有楽座といったふ号製造施設が集中。製造作業に当たっていたのは勤労動員された女学生たちだったが、働き場所の劇場群は爆弾を受けて損害を免れられず、それまで作り貯めていたふ号の気球は焼失するしかなかった。

「和紙を貼り合わせた風船が戦争の兵器になるのだろうか」これは実際に製作にあたった関係者たちにとって共通の疑問だったという。初回にあたる十一月七日に放たれた約七百発のふ号が優雅に漂いながら東の空の彼方に姿を消してゆく様は、一生忘れられないほど印象的だっただろう。そのうちの何発かでも企図したとおり北米に到達するだろうか、という疑問は年末頃からの中国からの外電によって解消された。アメリカ国内では混乱を防ぐため、また北米が日本の攻撃に曝されている危険を関係各国に知られまいと、厳格な報道管制が敷かれたが、正体不明の風船が明確な攻撃兵器と判明された頃に中国の新聞を通じて報道され、日本側でも全く無駄な努力では終わらなかったと確認された。

そんな、二大洋によって敵国から隔てられ、「直接に攻撃に曝されることはほとんどない」と構えていた合衆国に、にわかに緊張感を醸し出させた。そのような一抹の戦果とは裏腹に、レイテ湾での連合艦隊の壊滅、マリアナからのB‐29による都市爆撃本格化と、帝国日本の命運は確実に絶望的な状態に近づきつつあった。

じつのところB‐29の方も「実戦投入を急ぎ過ぎたためエンジンの発火事故が多発」という初期不具合を乗り越えてきた機体だった。また「無差別都市爆撃は犯罪行為」という信条から工業地帯に対する照準爆撃にこだわった二一爆撃兵団（21BC）司令官のH・S・ハンセル准将が一九四五年一月下旬に退いて、対独戦略爆撃で実績があり、20BCを率いていたカーチス・E・ルメイ少将が後任として着任。訓練不足で実戦に参加した21BCの再訓練をルメイが指示したあたりから、B‐29による脅威も格段と高められていった。

そして遂に三月九～十日の夜間、三百二十五機ものB-29が東京・下町地域を中心に焼夷弾で爆撃。「日本軍の早期警戒網、夜間迎撃体制が非常に貧弱」「日本の家屋に対する爆撃は、爆弾よりも焼夷弾が適している」といった認識のもとで、周到に計画された作戦だったが、一夜にして一般市民ら約十万人が命を落とすなど、日本側も空前の大損害。ふ号兵器だけに対するものではないが、米戦略爆撃機が力いっぱい殴り返したかたちになった。またこれは、その後の都市爆撃からすると厳しい一発目に当たるもので、それから一週間の間に名古屋、大阪、神戸も大規模焼夷弾攻撃に曝された。

こうして日本の非戦闘員の継戦意欲は急速に減退させられることになるが、ほぼ同時期から沖縄への爆撃が本格化された。二月十九日からの米軍の上陸作戦に抵抗して一ヵ月以上戦い続けてきた硫黄島も三月二十六日に遂に陥落。間もなく、この島を拠点とするようになった米戦闘機も頻繁に日本上空に現われはじめた。B-29による工業地帯爆撃でふ号兵器が必要とする水素ガスの供給も難しくなっていれば、製造のために接収された劇場等施設の多くも焼失してしまっていた。

さらに米・偵察機によって本土内の基地の位置が明らかにされたこともあって、放球基地もマークされるようになった。そして四月になると、ふ号が放たれるやいなや米戦闘機に撃墜される事態に陥っていた。遂にはふ号兵器の放球作戦も停止され、日本軍の残された戦闘能力は沖縄での防戦や本土防空、連合軍の上陸作戦阻止のための準備に注ぎ込まれることになった。それまでに放たれたふ号兵器は約九千三百発。そのうちアラスカからカナダ、アメリカ本土に到達したのが三百五十発あまり（不発も含む）というのはどのように評価されるべきなのか。

こうして日本におけるふ号兵器による米本土攻撃作戦は終息したはずだったが、米側では降伏勧告（ポツダム宣言）に煮え切らない態度の日本に業を煮やし、さらには戦後国際体制におけるアメリカ合衆国の優位性を決定付けるため、原子爆弾の史上初の実戦での使用の準備を進めていた。マンハッタン計画である。通常爆弾よりも大幅に大型の原子爆弾の搭載機も、B‐29をおいてほかには考えられなかった。

原爆投下予定都市の選定はかなり早い段階から進められていたが、まだ使われたことがない核爆弾の効果を調査する意図もあったので、通常爆撃の対象から外されていた。逆に言えば、B‐29の爆撃を受けた都市は原爆投下予定から外されたということ。例えば横浜もしばらくは原爆投下予定地点にされていたが、候補から外された後の五月二十九日に大空襲に遭ったという具合だった。

そして原爆投下作戦が実施されるそのときまで候補地になっていたのが、新潟、広島、小倉、長崎。二回目の八月九日に出撃した際には特に小倉への投下にこだわったが、原爆投下に適した天候にまで回復しなかったため止むを得ず長崎に変更された。小倉への原爆投下に固執したのは、米軍側においてはなおも細菌兵器を搭載した風船爆弾の来襲が懸念され続けた……すでに日本の主要都市が焼き払われていた一九四五年夏にあっては、風船爆弾の和紙貼り合わせ、製造から水素ガス充填、放球までの一貫作業は小倉造兵廠でのみ可能とみられていたから、とも考えられている（ならば、なぜ、日本本土空襲が始まったときに先に小倉を爆撃の対象にしなかったのかという疑問も残るが）。

「日本軍は何をしでかすかわからない」という危機感が積み重なって、細菌兵器使用の懸念が終戦まで拭いきれなかったのかもしれない。しかしながら、そこに至るまでの発端は満州事変が起こった年、一九三一年の十月に行なわれた錦州市街への爆弾投下であり、日中戦争へと拡がるのにしたがい都市爆撃も拡大……中国空軍のマーチン139Wの反戦ビラ散布には、日本も空襲を受ける立場になり得ることを悟らせる意図も込められていたが、それも伝わらなければ、日本側の本当に必要な防空体制の整備も進められなかった。

さらに悪いことに、日中戦争の泥沼化は細菌部隊の暴走を招き、それが空中散布作戦に発展。そしてあり得るかどうか懸念されたハワイ・オアフ島、真珠湾に対する機動部隊艦載機による航空攻撃を経て全面戦争になだれ込んでしまった。けれども、本当の意味での戦略爆撃機に類する機材を有することなく米軍を敵に回した日本軍は、機略に富んだ風船爆弾を実戦使用。そこまで進めば、米軍の日本軍に対する（精神的な）危機感は高まらない訳がなかっただろう。なおかつレイテ湾での海戦以降は、体当たり攻撃、人間爆弾の使用にまで踏み込んでいたのだから。

そしてさらに別の切り口となったのが、非戦闘員をも攻撃対象とした無差別爆撃の規模拡大への途だった。錦州から上海、南京から重慶へと拡大した日本軍の市街地爆撃は、その後、一九四〇年から三次にわたって行なわれた細菌兵器の散布となって途を踏み外す。この挙が、実施の前後に昭和天皇に伝わっていたなら、ふ号兵器への細菌兵器搭載に賛成できなかった陛下のこと、もうひとつ別の歴史が描かれていたかもしれない。

太平洋戦争に突入すると、軍部は戦域、占領地の拡大には力を入れても、もっと必要だったはずの警戒、防衛体制の整備はおざなりになった。その不備が明らかになる機会は上記のように何度かあったが本質的に改善されるには至らず、B・29ほか連合軍機による組織的爆撃が始まってからの東京ほか大都市圏の非戦闘員の犠牲者拡大となり、その結末が広島、長崎への原子爆弾の投下となった。そして大戦終結後の世界の防衛体制は、核兵器の使用がこの二都市の惨禍の再現につながるという意識による、綱渡りの平和維持の途を歩むことになる。

日米両国が最後の全面戦争を経験してから六十年以上が経過したが、それだけの時間が経てば国民性、考え方、価値観もそれなりに変化しただろう。しかしながら、一方においてアメリカでは依然「パール・ハーバー」「カミカゼ・アタック」が忘れられていないことが、あの9・11テロで垣間見せられたということは先にも触れた。一度でも戦火を交えてしまうということは、これほどまでに両国民の精神構造に修復が困難な影響を及ぼすものなのだろうか。

吊綱 15 m　自動高度保持装置、15kg爆弾×１および２kg焼夷弾×２装備

川崎八八式偵察機１型
Kawasaki Type 88-1 Reconnaissance-plane
エンジン：川崎 BMW-6（600hp：離昇）×１　全幅 15.20 m　全長 12.80 m　全高 3.38 m　全備重量 2,850kg　最大速度 217㎞／h（高度 3,000 m）上昇限度 6,500 m　航続時間４時間半　武装：7.7㎜機銃×２（固定、旋回各１…連装旋回機銃の場合もあり）

川崎九二式戦闘機
Kawasaki Type 92 Fighter
エンジン：川崎 BMW ６改（700hp：離昇）×１　全幅 9.55 m　全長 7.10 m　全高 3.16 m　全備重量 1,800kg　最大速度 320㎞／h　上昇限度 9,400 m　航続距離 850㎞　武装：7.7㎜機銃×２

ブローム＆フォスＢｖ・P.202（計画機）
Blohm und Voss Bv·P.202
エンジン：BMW003（800kg）×２　全幅 11.98 m（35 度傾き時は 10.06 m）全長 10.45 m　全高 3.7 m　全備重量 5,400kg　武装：30㎜機関砲×２、20㎜機関砲×１

エイムス・インダストリーＡD-1 オブリーク翼機（実験機）
Ames-Dryden -1 Oblique Wing Airplane
エンジン：ミクロチュルボ TRS-18-046（0.98 ｋ N）×２　全幅 11.82 m（最大斜度 60 度）全長 9.86 m　最大速度 412㎞／h　武装：なし

11 章
ツポレフＳＢ-２ｍ
Tupolev ＳＢ-２ｍ
エンジン：M -100 A（860hp）×２　全幅 20.33m　全長 12.27 m　全高 3.25 m　全備重量 6,420kg　最大速度 423㎞／h　上昇限度 9,560 m　航続距離 2,150㎞　武装：7.62㎜機銃×４（旋回）、爆弾 600kg

マーチン 139 W（以下はマーチン B-10B）
Martin139 W
エンジン：P&W R-1820-33（775hp：離昇）×２　全幅 21.6 m　全長 13.63m　全高 3.48 m　全備重量 7,460kg　最大速度 343㎞／h（高度 2,650 m）上昇限度 7,365 m　航続距離 1,996㎞　武装：7.63㎜機銃×３（旋回）、爆弾 1,025kg

風船爆弾
Baloon Bomb
無動力　和紙製気球直径約 10 m（水素ガス 19,000 立方フィートを充填）懸

(参考) 中島フォッカー・スーパー・ユニヴァーサル
Nakajima Fokker Super-Universal Passenger plane
エンジン:中島寿2型改2(460hp)×1　全幅15.43m　全長11.09m　全高2.82m　全備重量2,700kg　最大速度250km/h　上昇限度6,000m　航続距離1,100km　武装:なし　乗客数6名

9章
フォッカーFⅦB/3m
Fokker FⅦB/3m
エンジン:ライト・ワールウインドR-975 (225hp)×3　全幅21.7m　全長14.55m　全高3.9m　全備重量5,190kg　最大速度207km/h　上昇限度3,100m　航続距離850km　搭載量1トン

ノースアメリカンA-36A
North American A-36A
エンジン:アリソンV-1710-87 (1,325hp)×1　全幅11.28m　全長9.83m　全高3.71m　全備重量3,797kg　最大速度579km/h (高度6,100m)　上昇限度7,650m　航続距離1,018km　武装:12.7mm機銃×6、227kg爆弾×2

ノースアメリカンP-51Dムスタング
North American P-51D Mustang
エンジン:パッカードV-1650-7 (1,490hp)×1　全幅11.28m　全長9.83m　全高4.16m　全備重量4,581kg　最大速度703km/h (高度7,620m)　上昇限度12,771m　航続距離3,701km　武装:12.7mm機銃×6、454kg爆弾×2および5インチHVAR×6

ノースロップF-5Aフリーダムファイター
Northrop F-5A Freedom Fighter
エンジン:GE J85-GE-13 (1,234kg)×2　全幅7.87m　全長14.37m　全高4.01m　全備重量9,379kg (フル装備)　最大速度1,489km/h (高度11,000m)　上昇限度15,392m　航続距離2,121km　武装:20mm機関砲×2、爆弾、ミサイルなど2,812kg

10章
川崎・ドルニエ八七式重爆撃機 (DoN)
Kawasaki-Dornier Type 87 Heavy Bomber
エンジン:川崎BMW-6 (600hp:離昇)×2　全幅26.80m　全長18.50m　全高5.82m　全備重量7,700kg　最大速度180km/h (海面上)　上昇限度5,000m　航続時間6時間　武装:7.7mm旋回機銃×5、爆弾1,000kg

カーチスＳＢＣ-４ヘルダイヴァー
Curtiss ＳＢＣ-４ Helldiver
エンジン:ライトＲ -1820-34（950hp:離昇）×１　全幅 10.36 m　全長 8.64 m　全高 3.84 m　全備重量 3,211kg　最大速度 381km／h（高度 4,633m）上昇限度 7,750 m　航続距離 950km　武装：7.62mm機銃×２（固定、旋回各１）、爆弾 454kg

カーチスＳＯＣ-１シーガル
Curtiss ＳＯＣ-１ Seagull
エンジン:P&W R-1340-18(600hp)×１　全幅 10.97 m　全長 8.08 m　全高 4.50 m　全備重量 2,466kg　最大速度 266km／h（高度 1,525 m）　上昇限度 4,540 m　航続距離 1,086km　武装：7.62mm機銃×２（固定、旋回各１）、爆弾 295kg

スーパーマリン・シーオッター Mk.1
Supermarine Sea Otter Mk.1
エンジン：ブリストル・マーキュリーXXX（965hp）×１　全幅 14.0 m　全長 12.2 m　全高 4.61 m　全備重量 4,536kg　最大速度 262km／h（高度 1,371 m）上昇限度 5,181 m　航続距離 1,110km　武装：7.7mm機銃×３（固定×１、旋回×２）、爆弾 454kg

８章
デ・ハヴィランドＤ.Ｈ.89Ａドミニ
De Havilland D.H.89A Dominie
エンジン：デ・ハヴィランド・ジプシークイーン（200hp）×２　全幅 14.63m　全長 10.52 m　全高 3.12 m　全備重量 2,945kg　最大速度 253km／h（高度 305 m）上昇限度 5,090 m　航続距離 917km　武装：なし

（参考）ダグラスＤＣ-２（後期型）
Douglas DC-2 advanced
エンジン：ライトＲ-1820-55（975hp）×２　全幅 25.91 m　全長 18.75 m　全高 5.69 m　全備重量 9,525kg　最大速度 338km／h（高度 1,525 m）　上昇限度 6,280 m　航続距離 1,448km　乗客数 18 名
ハンシン・ユッカ号は、武装：固定、旋回機銃各１、胴体下部に小型爆弾を装備したことがあった。

（参考）ファルマン NC223・３
Farman NC223・３
エンジン:イスパノスイザ 12Y-29（910hp）×４　全幅 33.58 m　全長 22.0 m　全高 5.08 m　全備重量 19,200kg　最大速度 400km／h　上昇限度 8,000 m　航続距離 2,400km　武装：20mm機関砲×２、7.5mm機銃×１、爆弾 4,190kg

限度10,210 m　航続距離732km　武装：7.7mm機銃×2

フィアットCR32
Fiat CR32
エンジン：フィアットA30RAbis（600hp）×1　全幅9.5 m　全長7.45 m　全高2.63 m　全備重量1,850kg　最大速度375km／h（高度3,000 m）　上昇限度8,800 m　航続距離680km　武装：12. 7 mm機銃×2

グロスター・グラディエーター Mk.2
Gloster Gladiator Mk.2
エンジン：ブリストル・マーキュリーⅧA（830hp）×1　全幅9.83m　全長8.36 m　全高3.53m　全備重量2,206kg　最大速度414km／h（高度4,450 m）上昇限度10,210 m　航続距離708km　武装7.7mm機銃×4

フィアットCR42
Fiat CR42
エンジン：フィアットA74R1C（840hp）×1　全幅9.7 m　全長8.27 m　全高3.59 m　全備重量2,300kg　最大速度430km／h（高度5,000 m）上昇限度10,200 m　航続距離780km　武装：12. 7 mm機銃×2、爆弾200kg

７章
川崎九五式戦闘機２型（キ-10 Ⅱ）
Kawasaki Type95-2 Fighter（Ki-10 Ⅱ）
エンジン：川崎ハ-9Ⅱ甲（800hp）×1　全幅10.2 m　全長7.55 m　全高3.0 m　全備重量1,740kg　最大速度400km／h（高度3,000 m）上昇限度11,500 m　航続距離1,100km　武装：7.7mm機銃×2

アラドAr68E
Arado Ar68E
エンジン：ユンカースJumo210Da（690hp）×1　全幅11.0 m　全長9.5 m　全高3.3 m　全備重量2,020kg　最大速度335km／h（高度2,650 m）上昇限度8,100 m　航続距離415km　武装：7.92mm機銃×2

グラマンＦＦ-1
Grumman FF-1
エンジン：ライトR-1820-78（750hp）×1　全幅10.5 m　全長7.46 m　全高3.35 m　全備重量2,112kg　最大速度333km／h（高度1,220 m）上昇限度6,828 m　航続距離1,178km　武装：12.7mm機銃×1、7.62mm機銃×2、爆弾91kg

発射重量 1,045kg　航続距離 18km　ＳＣ 500 爆弾の有翼誘導弾化

メッサーシュミット Me163B-1 コメート
Messerschmitt Me163B-1 Komet
エンジン:ヴァルター HWK109-509A- １（または B-１）(2,000kg) × 1　全幅 9.3 m　全長 5.92 m　全高 2.76 m　全備重量 3,100kg　最大速度 950km／h　上昇限度 15,500 m　武装：30㎜機関砲× 2
SG500 装備機は SG500 無反動弾を主翼に装填

バッヘム Ba349A ナッター
Bachem Ba349A Natter
エンジン：ヴァルター HWK109-509A- ２（1,700kg）× 1 ＋シュミッディング 109-533 ブースター（500kg）× 4　全幅 3.6 m　全長 5.72 m　全高 2.2 m　全備重量 2,050kg　最大速度 900km／h　上昇限度 16,000 m　武装：フェーン・ロケット弾× 24 または R4M ロケット弾× 32

ドイツ陸軍兵器局 A4（V2）
Heereswaffenamt（HWA）A4（V2）
エンジン:EMW（Elektromechanische Werke）ロケット・エンジン（27,500kg）× 1　全幅 3.5 m　最大直径 1.68 m　全長 14.03m　発射重量 12,870kg　最大速度 5,760km／h　最大高度 96,000 m　航続距離 330km

６章
アヴロ 504N
Avro 504N
エンジン：アームストロング・シドレー・リンクス４（180hp）× 1　全幅 10.97 m　全長 8.81 m　全高 3.30 m　全備重量 1,016kg　最大速度 161km／h　上昇限度 5,182 m　航続距離 410km　武装：なし

フェアリーⅢF
Fairey ⅢF
エンジン:ネピア･ライオンⅪ A（570hp）× 1　全幅 13.96 m　全長 10.46 m　全高 4.34 m　全備重量 2,858kg　最大速度 193km／h（高度 3,048 m）　上昇限度 6,096 m　航続時間３～４時間　武装：7.7㎜機銃× 2（固定、旋回各１）、爆弾 227kg

グロスター・ゴーントレット Mk.2
Gloster Gauntlet Mk.2
エンジン:ブリストル･マーキュリーⅥ S2(640hp) × 1　全幅 9.99 m　全長 8.10 m　全高 3.1m　全備重量 1,801kg　最大速度 370km／h（高度 4,815 m）　上昇

スーパーマリン・アタッカー FB.Mk.2
Supermarine Attacker FB.Mk.2
エンジン:RR ニーン 3（2,313kg）× 1　全幅 11.25 m　全長 11.43m　全高 3.02 m　全備重量 5,216kg　最大速度 949km／h（海面上）上昇限度 13,715 m　航続距離 1,915km　武装：20mm機関砲× 4、爆弾 907kgまたはロケット弾

ホーカー・シーホーク FGA.Mk.6
Hawker Sea Hawk FGA.Mk.6
エンジン：RR ニーン 103（2,359kg）× 1　全幅 11.89 m　全長 12.09 m　全高 2.64 m　全備重量 7,327kg　最大速度 964km／h（海面上）航続距離 1,190km　武装：20mm機関砲× 4、爆弾 907kgまたはロケット弾

4 章
中島夜間戦闘機月光 11 型（J1N1-S）
Nakajima Night Fighter Gekko Type1　J1N1-S
エンジン：中島栄 21 型（1,130hp・離昇）× 2　全幅 16.98 m　全長 12.18 m　全高 4.56 m　全備重量 6,900kg　最大速度 507km／h（高度 5,840 m）実用上昇限度 9,320 m　航続時間 7.64 時間　武装：20mm斜銃× 4、爆弾 250kg× 2

フォッケウルフ Fw190F-8
(参考)フォッケウルフ Fw190A-8
Focke-Wulf　Fw190A- 8
エンジン:BMW801D- 2（1,700hp）× 1　全幅 10.51 m　全長 8.95 m　全高 3.95 m　全備重量 4,750kg　最大速度 640km／h（高度 6,200 m）上昇限度 10,400 m　航続距離 1,450km　武装：20mm機関砲× 4、13mm機銃× 2

5 章
オペル・ザンダー Rak-1
Opel-Sander Rak-1
エンジン:火薬式ロケット× 16 を操縦席直後に配置　全幅 11 m　全長 5.4 m　全高 2 m

リピッシュ・エンテ・ロケット・グライダー
Lippisch Ente Rocket Glider
尾部に火薬式ロケットを装備する先尾翼式単座グライダー

ヘンシェル Hs293A
Henschel Hs293A
エンジン：ヴァルター 109-507B（600kg）× 1　全幅 3.10 m　全長 3.82 m

3章

マクダネルＦＤ-１ファントム

McDonnell ＦＤ-１ Phantom

エンジン：ウエスティングハウスJ30-ＷＥ-20（726kg）×２　全幅12.42ｍ　全長11.81ｍ　全高4.32ｍ　全備重量4,524kg　最大速度780km／ｈ（高度4,600ｍ）　上昇限度10,515ｍ　航続距離1,241km　武装：12.７mm機銃×４

ライアンＦＲ-１ファイアボール

Ryan ＦＲ-１ Fireball

エンジン：ライトR-1820-72W（1,425hp：水噴射時）×１およびＧＥ Ｉ-16（726kg）×１　全幅12.19ｍ　全長9.85ｍ　全高4.24ｍ　全備重量4,517kg　最大速度686km／ｈ（高度5,500ｍ）　上昇限度13,137ｍ　航続距離1,658km　武装：12.7mm機銃×４、爆弾454kgおよび５インチHVAR

カーチスＸＦ15C

Curtiss ＸＦ15Ｃ

エンジン：P&W R-2,800-34W（2,100hp）×１およびデ・ハヴィランドH1Bゴブリン（1,225kg）×１　全幅14.63m　全長13.41ｍ　全高4.64ｍ　全備重量8,481kg　最大速度755km／ｈ（高度7,711ｍ）　上昇限度12,741ｍ　航続距離2,229km　武装：20mm機関砲×４

ノースアメリカンＦＪ-１サヴェイジ

North American ＦＪ-１ Savage

エンジン：P&W・R-2800-44W（2,800hp）×２およびアリソンJ33-A-10（2,070kg）×１　全幅22.91ｍ（翼端増槽を含む）　全長19.2ｍ　全高6.2ｍ　全備重量24,948kg　最大速度644km／ｈ　航続距離3,540km　武装：通常爆弾4,000kgまたはMk.４、５、６原子爆弾いずれか１発

デ・ハヴィランドD.H.100シーヴァンパイアF.Mk.20

De Havilland D.H.100 Sea Vampire F.Mk.20

エンジン：DHゴブリン２（1,406kg）×１　全幅11.58ｍ　全長9.37ｍ　全備重量5,743kg　最大速度846km／ｈ　上昇限度13,260ｍ　航続距離1,842km　武装：20mm機関砲×４

ウエストランド・ワイバーンS.Mk.4

Westland Wyvern S.Mk.4

エンジン：アームストロング・シドレー・パイソン３（3,570shpおよび残余推力535kg）×１　全幅13.41ｍ　全長12.88ｍ　全高4.57ｍ　全備重量11,113kg　最大速度615km／ｈ（海面上）　実用上昇限度8,535ｍ　航続距離1,464km　武装：20mm機関砲×４、20インチ航空魚雷×１または爆弾、ロケット弾

三菱零式艦上戦闘機52型（Ａ６Ｍ５）
Mitsubishi Type Zero Carrier Fighter Ａ６Ｍ５
エンジン:中島栄21型（1,100hp）×１　全幅11.0ｍ　全長9.12ｍ　全高3.51ｍ　全備重量2,733kg　最大速度565km／h（高度6,000ｍ）　上昇限度10,780ｍ　航続距離1,921km　武装：20mm機銃×２、7.7mm機銃×２、30kgまたは60kg爆弾×２

三菱17試艦上戦闘機烈風11型（Ａ７Ｍ２）
Mitsubishi Carrier Fighter Reppu Ａ７Ｍ２
エンジン:三菱ハ-43（2,200hp）×１　全幅14.0ｍ　全長10.98ｍ　全高4.28ｍ　全備重量4,720kg　最大速度628km／h（高度5,660ｍ）　上昇限度10,900ｍ　巡航航続時間2.6＋全力30分　武装：20mm機銃×２、13mm機銃×２、30kgまたは60kg爆弾×２

グラマンＦ８Ｆ-２ベアキャット
Grumman F8F-2 Bearcat
エンジン:P&W R-2800-30W（2,250hp:離昇）×１　全幅10.82ｍ　全長8.43m　全高4.17ｍ　全備重量4,729kg　最大速度719km／h（高度8,500ｍ）　上昇限度12,405ｍ　航続距離1,390km　武装:20mm機関砲×４、爆弾907kgまたはロケット弾（５インチＨＶＡＲ×４またはタイニー・ティム×２）

２章

ボーイングB-17Ｄフライングフォートレス
Boeing B-17D Flying Fortress
エンジン：ライトR-1820-65（1,200hp）×４　全幅31.53m　全長20.78ｍ　全高4.69ｍ　全備重量17,835kg　最大速度512km／h　上昇限度11,521ｍ　航続距離4,088km　武装：12.6mm機銃×６、7.62mm機銃×１、爆弾2,177kg

ボーイングＢＱ-７
（参考・ボーイングＢ-17Ｆ）
エンジン：ライトR-1820-97（1,380hp）×４　全幅31.53m　全長22.78ｍ　全高5.85ｍ　全備重量22,099kg　最大速度523km／h　上昇限度11,430ｍ　航続距離7,113km　武装：12.6mm機銃×８、7.62mm機銃×１、爆弾2,177kg

ＳＡＡＢ・ボーイングB-17Ｇ改造旅客機
（参考・ボーイングB-17Ｇ）
エンジン：ライトR-1820-97（1,380hp）×４　全幅31.53m　全長22.55ｍ　全高5.85ｍ　全備重量22,102kg　最大速度486km／h　上昇限度10,850ｍ　航続距離6,035km　武装：12.6mm機銃×11、爆弾2,177kg

本書収録機体 要目表

１章

ヴォートV-143
Vought V-143
エンジン：プラット＆ホイットニーR -1535- ＳＢ４Ｇ（825hp）×１　全幅10.21ｍ　全長7.92ｍ　全高2.84ｍ　全備重量1,982kg　最大速度470km／h（高度3,500ｍ）　実用上昇限度9,327ｍ　航続距離1,300km　武装：7.7mmmm機銃×２、爆弾136kg

三菱零式艦上戦闘機21型（Ａ６Ｍ２ｂ）
Mitsubishi Type Zero Carrier Fighter Ａ６Ｍ２ｂ
エンジン：中島栄12型（940hp）×１　全幅12.0ｍ　全長9.06ｍ　全高3.51ｍ　全備重量2,410kg　最大速度533km／h（高度4,550ｍ）　実用上昇限度10,080ｍ　航続距離3,502km（増槽使用時）　武装：20mm機銃×２、7.7mm機銃×２、30kgまたは60kg爆弾×２

中島一式戦闘機隼１型（キ-43 Ⅰ）
Nakajima Type1-1 Fighter Hayabusa（Ki-43 Ⅰ）
エンジン：中島ハ-25（950hp）×１　全幅11.44ｍ　全長8.83m　全高3.27ｍ　全備重量2,048kg　最大速度492km／h（高度5,000ｍ）　実用上昇限度11,750ｍ　航続距離（行動半径）1,300km　武装：7.7mm機銃×２

グロスターF.5/34
Gloster F.5/34
エンジン：ブリストル・マーキュリーⅨ（840hp）×１　全幅11.63m　全長9.76ｍ　全高3.09ｍ　全備重量2,449kg　最大速度508km／h（高度4,875ｍ）　武装：7.7mm機銃×８

ＳＡＡＢ L-12A（J19）
ＳＡＡＢ L-12A（J19）
エンジン：ブリストル・トーラスⅡ（1,065hp）×　全幅10.5ｍ　全長・不詳　全備重量2,690kg　最大速度605km／h　武装：13.2mm機銃×４、８mm機銃×２

三菱零式艦上戦闘機32型（Ａ６Ｍ３）
Mitsubishi Type Zero Carrier Fighter Ａ６Ｍ３
エンジン：中島栄21型（1,100hp）×１　全幅11.0ｍ　全長9.06ｍ　全高3.51ｍ　全備重量2,544kg　最大速度545km／h（高度6,000ｍ）　上昇限度11,050ｍ　航続距離2,378km　武装：20mm機銃×２、7.7mm機銃×２、30kgまたは60kg爆弾×２

あとがき

じつのところ、今のように原稿を書かせていただくようになる以前には、本を作ったり写真がウリモノのカレンダーなどを作ったりしていたことがあった。「定年過ぎころには原稿を書く側になってみたい」と思っていたが、考えていたよりも早くそうなってしまったのだから、人生何が起こるかわからないということになるだろうか。

今回はこれまでのように「第二次大戦下のソ連機」とか「実戦下の輸送機」「大戦中の中立国の苦難」といった具合に、あらかじめテーマを決めてそれに沿って調べて枠組み・内容を考えてから書き綴る（図画も含めて）という方法とは異なる「興味を持っていただけそうなエピソードを集めてみる」というやり方を試みてみた。

手始めの作業はエピソードの候補を集めることだったが、今回の三倍以上の候補が挙がってから書きはじめ、なかには途中まで書いてから「全体との整合性から不適切」と考えて今回のコンテンツから外したものもあった。当然、チャンスがあれば、いずれまた調べて書いてみたいというものが実際に書いたものの二〜三倍も控えていることになる。

もうひとつの試みは「ゴテゴテ書き込まずに大づかみな記述にとどめよう」としたこと。「アントニー・フォッカーの来歴やドイツでの仕事、それがオランダのフォッカー社やアメリカでのノースアメリカン社の発展につながったこと」「日本軍の中国大陸での航空攻撃のエスカレートや細菌攻撃の実施が、太平洋戦争下での無差別爆撃や風船爆弾、原子爆弾投下という日本にとっての最悪の結果に至ったこと」などは書き流すようなテーマではなく、原稿用紙四百〜五百枚くらい（本一冊）くらいで丁寧に扱うべき課題だとは思ったが「興味、関心を持っていただくようにすることもひとつの試み」と考えて「重要な出来事のつながり……それも、ごく大まかな視点で」書き綴らせていただくことにさせてもらった。今回の記述を目にされたどなたかにこれらのテーマに興味を持っていただき、さらに踏み込んだものとして結果を出していただければ、感激の極みである。

先に述べたとおり、以前は「作って、売って」の側でやらせてもらっていたが、売る、作る、書く……のどれもが手を抜くことができないのは当たり前のことなのだが、実際にやってみてどれが一番シンドイかというと、やっぱり「売ることだろうなあ」というのが自身の経験と言えるだろう。このことは文字媒体だけでなく、映像、音楽でも当てはまるのではないだろうか。売るひとのアピールの仕方の匙加減で結果が大きく変わってきて、一見地味な田舎での祖母との思い出ばなしや大地震被災地での愛犬との再会がヒット作になる時代。絵本仕立てに描かれた頭の大きなデフォルメ動物の格言には、いい歳をしたオジサンも耳を傾けたい。もちろん、重要なのはその内容の良好さも基本的に備わっていたのだが、想いをめぐらせた情緒への訴えかけが成果への取っ掛かりになったのだろう。「歴史をほじくり出して」「理や事実をつなぎ合わせて」にこだわってきたオジサンにしてみれば、なかなかまねできることではない。これもうちあけばなしの領域だが「英独航空戦」の書名……自身では「英国の空　一九四〇年夏」と考えていた。ところが、そのアピールの度合いの低さから却下となり、以後の各冊とも書名についてはほぼお任せという丸投げ状態。例外的に「仰天機」があったが「ビックリ仰天」とノーテンキの韻を踏んでの造語。要するに、商品として考える際に最も重要なタイトルの決定の苦労は負ってこなかったということになる。そして今回の「あっと驚く飛行機の話」(旧題)。何らかのテーマに沿っての記述ではなく、各章のあいだでは脈絡に欠くコンテンツなので、編集、営業のご担当の方々にはこれまでになく手を焼かせた問題児になったことと容易に考えられる。

よって「あっと驚く」と冠したタイトルの裏には、それ相当のやり取りの経緯があったのだろう。だが「そこはかとなく驚いて」いただければすごく嬉しい。「そんなこと知っている」と極まったマニアの方々にとっても「へえ、そうだったの」ということが一ヵ所でもあれば幸いである。もうひとつ、あとがきまで読まれた方が、書名の決定ひとつもこれほど難しい問題とご理解いただければ、もっと嬉しい。

平成二十年四月

飯山幸伸

参考文献＊Angelucci, Enzo "The American fighters" Orion Books c1987 ＊Green, William & Swanborough, Gordon "Putnam The Complete book of Fighters" Smithmark c1994 ＊ Mason, Francis K. "The British Fighter since 1912" Naval Institute Press c1992 ＊ Thetford, Owen "Putnam British Naval Aircraft since 1912 6th ed" Naval Institute Press c1991 ＊ Andrews, C. F. & Morgan, E. B. "Putnam Supermarine Aircraft since 1914" Naval Institute Press 1987 ＊James, Derek N. "Gloster Aircraft since 1917" Putnam c1987 ＊ Andersson, Hans G. "Saab Aircraft since 1937" Putnam c1997 ＊Myhra, David "Secret Aircraft Designs of the Third Reich" Schiffer Pub. c1998 ＊Wagner, Ray "Mustang Designer" Smithonian Institution Press c1990 ＊ Howson, Gerald "Aircraft of the Spanish Civil War 1936-1939" Putnam c1990 ＊Miranda, J. & Mercado, P. "Die Geheimen Wunderwaffen des III Reiches" Flugzeug Pub. c1995 ＊ Ransom, Stephen & Cammann, Hans-Hermann "Me163 Vol.2" Classic Pub. 2003 ＊ Griehl, Manfred & Dressel, Joachim "German Anti-tank aircraft" Schiffer Pub. c1993 ＊Ginter, Steve "FR-1 Fireall and XF2R-1 Darkshark" Naval Fighters c1995 ＊Carpenter, D. M. & DAlessandro, P. V. "Jet deck" Jet Pioneers of America c1996 ＊ Birtles, Philip "De Havilland Vampire, Venom and Sea Vixen" Ian Allan c1986 ＊ Miranda, J. & Mercado, P. "Vertical takeoff fighter aircraft of the Third Reich" Schiffer Pub. c2001 ＊Diedrich, Hans-Peter "German rocket fighters of World War II" Schiffer Pub. c2005 ＊ Dann, Richard S. "Grumman biplane fighters in action" Squadron/Signal Pub. c1996 ＊ Punka, George "Fiat CR32/42 in action" Squadron/Signal Pub. c2000 ＊ Doll, Thomas E. "SBC Helldiver in action" Squadron/Signal Pub. c1995 ＊Crawford, Alex "Bristol Bulldog Gloster Gauntlet" Mushroom Model Pub. c2005 ＊Bowman, Martin W. "Boeing B-17 Flying Fortress" Crowood Press c1998 ＊ "Boeing B-17 Flying Fortress"(Wing of Fame Vol.6) Aerospace Pub. c1997 ＊ Smith, J. R. & Kay, Antony L. "German Aircraft of the Second World War" Putnam 1990 ＊ Avery, Norm "North American Aircraft 1934 – 1998 Vol.1" Thompson c1998 ＊瀬井勝公編著「戦略論大系6ドゥーエ」芙蓉書房出版　二〇〇二年＊永沢道雄「なぜ都市が空襲されたか」光人社　二〇〇三年＊斎藤忠直「大空の冒険者」グリーンアロー出版社　一九八九年＊中山雅洋「北欧空戦記」朝日ソノラマ　一九八二年＊土井全二郎「ソ満国境１９４５」光人社　二〇〇七年＊大澤弘之監修「日本ロケット物語」三田出版会　一九九六年＊野木恵一「報復兵器Ｖ２」朝日ソノラマ　一九八三年＊Zaloga, Steven J.「Ｖ‐２弾道ミサイル１９４２‐１９５２」大日本絵画　二〇〇五年＊国江隆夫「ＷＷⅡ

ドイツ空軍ミサイルと投下兵器1939-1945」文林堂　二〇〇七年＊Green, William「ロケット戦闘機」サンケイ新聞社出版局　一九七二年＊Ziegler, Mano「ロケット・ファイター」朝日ソノラマ　一九八四年＊Grinsell, Robert「フォッケウルフFw190」河出書房新社　一九八三年＊「超音速の夜明け　米海軍ジェット戦闘機・攻撃機1945〜1956」文林堂　一九九六年＊「ボーイングB-17フライングフォートレス」（世界の傑作機スペシャルエディション4）文林堂　二〇〇七年＊秦郁彦「第二次大戦航空史話　上」光風社出版　一九八七年＊「日本陸海軍夜間戦闘機」モデルアート社　二〇〇一年＊野原茂「ドイツ夜間戦闘機」モデルアート社　一九九六年＊秋本実「開戦前夜の荒鷲たち」グリーンアロー出版社　一九九四年＊秋本実「南方作戦の銀翼たち」グリーンアロー出版社　一九九五年＊秋本実「大いなる零戦の栄光と苦闘」グリーンアロー出版社　一九九五年＊「零戦パーフェクトガイド」（歴史群像シリーズ）学習研究社　二〇〇三年＊国江隆夫「航空機メカニカルガイド1903-1945」新紀元社　一九九六年＊佐貫亦男「ヒコーキの心、同・続、同・続々」光人社　一九九五・九六年＊佐貫亦男「飛べヒコーキ、同・続、同・続々」光人社　二〇〇〇年＊「第二次大戦米海軍機全集」文林堂　一九九三年＊野沢正編著「日本航空機総集四巻　川崎篇　改訂新版」出版協同社　一九八二年＊「日本陸軍制式機大鑑」酣燈社　二〇〇二年＊青木謙知「通史アメリカ軍用機メーカー」光栄　一九八八年＊「ミリタリーエアクラフトNo33　P-51ムスタング(1)」デルタ出版　一九九七年＊秦郁彦ほか「第2次大戦世界の戦闘機隊」酣燈社　一九八七年＊中山雅洋「中国的天空　上」大日本絵画　二〇〇七年＊鈴木俊平「風船爆弾」光人社　二〇〇一年＊吉野興一「風船爆弾」朝日新聞社　二〇〇〇年＊櫻井誠子「『風船爆弾』秘話」光人社　二〇〇七年＊常石敬一「医学者たちの組織犯罪」朝日新聞社　一九九九年＊常石敬一「七三一部隊」講談社　二〇〇六年＊「週刊エアクラフト」各号　同朋舎出版

文庫本　平成二十年五月「あっと驚く飛行機の話」光人社刊
令和元年六月　改題「飛行機にまつわる11の意外な事実」潮書房光人新社刊
文庫書き下ろし作品

NF文庫

飛行機にまつわる11の意外な事実

二〇一九年六月二十一日 第一刷発行

著 者 飯山幸伸
発行者 皆川豪志
発行所 株式会社 潮書房光人新社
〒100-8077 東京都千代田区大手町一-七-二
電話/〇三-六二八一-九八九一(代)
印刷・製本 凸版印刷株式会社

ISBN978-4-7698-3124-2 C0195
http://www.kojinsha.co.jp

NF文庫

刊行のことば

第二次世界大戦の戦火が熄《や》んで五〇年――その間、小社は夥しい数の戦争の記録を渉猟し、発掘し、常に公正なる立場を貫いて書誌とし、大方の絶讃を博して今日に及ぶが、その源は、散華された世代への熱き思い入れであり、同時に、その記録を誌して平和の礎とし、後世に伝えんとするにある。

小社の出版物は、戦記、伝記、文学、エッセイ、写真集、その他、すでに一、〇〇〇点を越え、加えて戦後五〇年になんなんとするを契機として、「光人社NF（ノンフィクション）文庫」を創刊して、読者諸賢の熱烈要望におこたえする次第である。人生のバイブルとして、心弱きときの活性の糧《かて》として、散華の世代からの感動の肉声に、あなたもぜひ、耳を傾けて下さい。

Ｂ－17の組立工場。米国は第二次大戦参戦から１年を経ずにヨーロッパ、太平洋戦線に高性能機を組織的に送り出すことになったが、Ｂ－17はその代表格ともいえるものである。胴体の大型化や銃座の設置など、高高度での能力発揮や防御火器の充実が図られた機体は敵国の脅威となっていった。

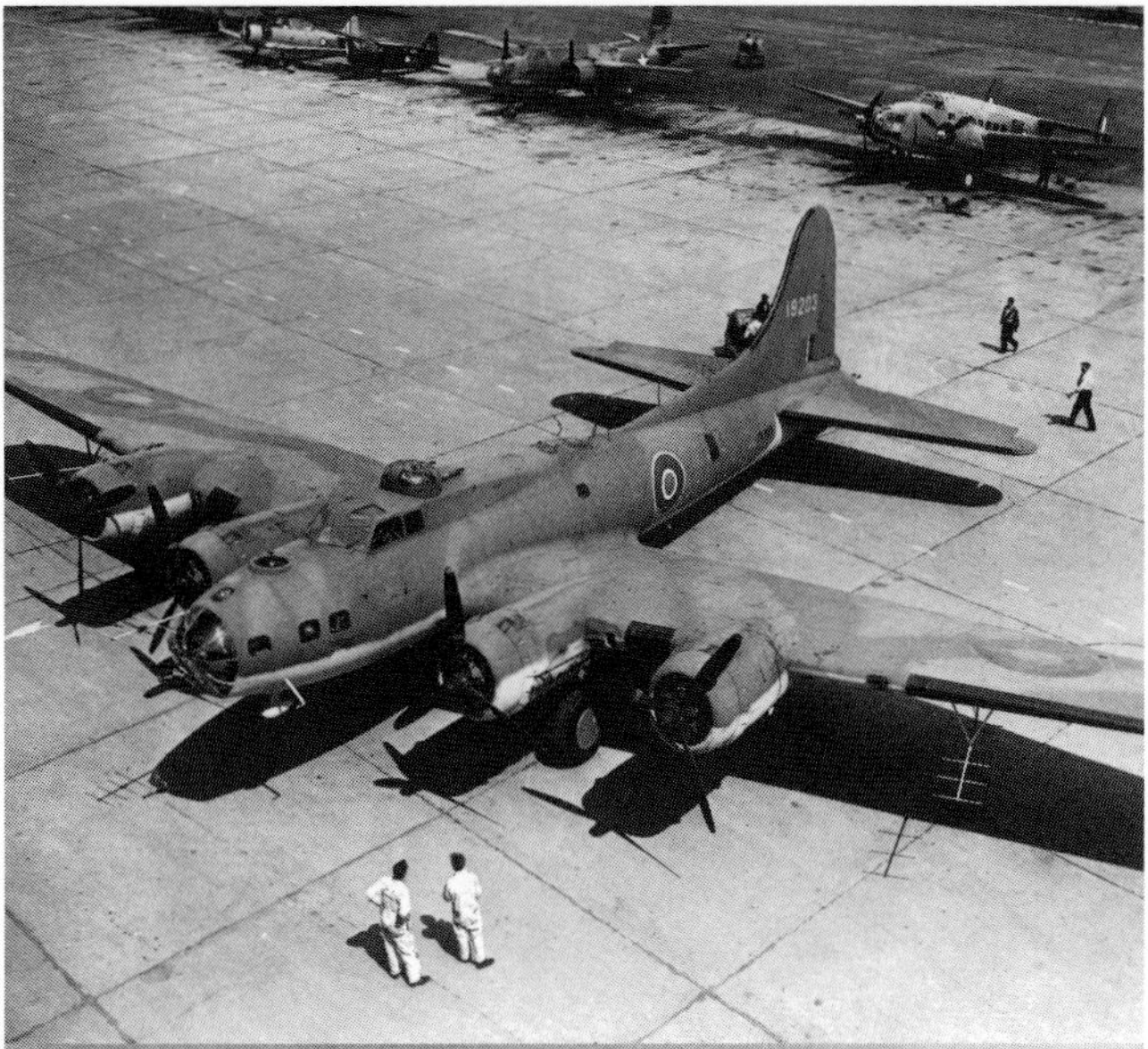

(上)英空軍のフォートレスＭｋ・ⅡＡ。機首や主翼などにレーダー・アンテナを装備した機体で、哨戒任務に使用されたと思われる。
(下)損傷しながらも飛行中のＢ－17。同機の堅牢さをうかがわせる。